期表

10	11	12	13	14	15	16	17	18	族 / 周期
								2 **He** ヘリウム 4.003	1
			5 **B** ホウ素 10.81	6 **C** 炭素 12.01	7 **N** 窒素 14.01	8 **O** 酸素 16.00	9 **F** フッ素 19.00	10 **Ne** ネオン 20.18	2
			13 **Al** アルミニウム 26.98	14 **Si** ケイ素 28.09	15 **P** リン 30.97	16 **S** 硫黄 32.07	17 **Cl** 塩素 35.45	18 **Ar** アルゴン 39.95	3
Ni ニッケル 58.69	29 **Cu** 銅 63.55	30 **Zn** 亜鉛 65.38	31 **Ga** ガリウム 69.72	32 **Ge** ゲルマニウム 72.63	33 **As** ヒ素 74.92	34 **Se** セレン 78.97	35 **Br** 臭素 79.90	36 **Kr** クリプトン 83.80	4
Pd ラジウム 106.4	47 **Ag** 銀 107.9	48 **Cd** カドミウム 112.4	49 **In** インジウム 114.8	50 **Sn** スズ 118.7	51 **Sb** アンチモン 121.8	52 **Te** テルル 127.6	53 **I** ヨウ素 126.9	54 **Xe** キセノン 131.3	5
Pt 白金 195.1	79 **Au** 金 197.0	80 **Hg** 水銀 200.6	81 **Tl** タリウム 204.4	82 **Pb** 鉛 207.2	83 **Bi** * ビスマス 209.0	84 **Po** * ポロニウム (210)	85 **At** * アスタチン (210)	86 **Rn** * ラドン (222)	6
Ds * ムスタチウム (281)	111 **Rg** * レントゲニウム (280)	112 **Cn** * コペルニシウム (285)	113 **Nh** * ニホニウム (284)	114 **Fl** * フレロビウム (289)	115 **Mc** * モスコビウム (288)	116 **Lv** * リバモリウム (293)	117 **Ts** * テネシン (293)	118 **Og** * オガネソン (294)	7

Eu フロピウム 152.0	64 **Gd** ガドリニウム 157.3	65 **Tb** テルビウム 158.9	66 **Dy** ジスプロシウム 162.5	67 **Ho** ホルミウム 164.9	68 **Er** エルビウム 167.3	69 **Tm** ツリウム 168.9	70 **Yb** イッテルビウム 173.1	71 **Lu** ルテチウム 175.0
Am * メリシウム (243)	96 **Cm** * キュリウム (247)	97 **Bk** * バークリウム (247)	98 **Cf** * カリホルニウム (252)	99 **Es** * アインスタイニウム (252)	100 **Fm** * フェルミウム (257)	101 **Md** * メンデレビウム (258)	102 **No** * ノーベリウム (259)	103 **Lr** * ローレンシウム (262)

JN098802

Guide to Materials Science and Engineering

物質工学入門シリーズ

基礎からわかる 化学工学

CHEMICAL ENGINEERING

石井 宏幸

成瀬 一郎

衣笠 巧

金澤 亮一

[共著]

森北出版株式会社

シ リ ー ズ 編 集 者

笹本　忠

神奈川工科大学名誉教授　工学博士

高橋　三男

東京工業高等専門学校名誉教授　理学博士

執 筆 者

石井　宏幸

第1章，第2章，第3章，第4章，第5章，第6章，付録

成瀬　一郎

第1章，第2章，第3章

衣笠　巧

第4章，第5章

金澤　亮一

第5章

●本書のサポート情報を当社Webサイトに掲載する場合があります．下記のURLにアクセスし，サポートの案内をご覧ください．

https://www.morikita.co.jp/support/

●本書の内容に関するご質問は，森北出版 出版部「(書名を明記)」係宛に書面にて，もしくは下記のe-mailアドレスまでお願いします．なお，電話でのご質問には応じかねますので，あらかじめご了承ください．

editor@morikita.co.jp

●本書により得られた情報の使用から生じるいかなる損害についても，当社および本書の著者は責任を負わないものとします．

■本書に記載している製品名，商標および登録商標は，各権利者に帰属します．

■本書を無断で複写複製（電子化を含む）することは，著作権法上での例外を除き，禁じられています．複写される場合は，そのつど事前に (一社)出版者著作権管理機構（電話03-5244-5088，FAX03-5244-5089，e-mail：info@jcopy.or.jp）の許諾を得てください．また本書を代行業者等の第三者に依頼してスキャンやデジタル化することは，たとえ個人や家庭内での利用であっても一切認められておりません．

シリーズ まえがき

　いつの時代でも，大学・高専で行われる教育では，教科書の果たす役割は重要である．編集者らは，長年にわたって化学の教科を担当してきたが，その都度，教科書の選択には苦慮し，また実際に使ってみて不具合の多いことを感じてきた．

　欧米の教科書の翻訳書には，内容が詳細・豊富で丁寧に書かれた良書が多数存在するが，残念なことにそのほとんどの本が，日本の大学や高専の講義用の教科書に使うには分量が多すぎる．また，日本の教科書には分量がほどよく，使いやすい教科書が多数あるが，その多くは刊行されてからかなりの時間がたっており，最近の成果や教育内容の変化を考慮すると，これもまた現状に合わない状態にある．

　このような状況のもとで教科書の内容の過不足を感じていたときに，大学・高専の物質工学系学科のための標準的な基礎化学教科書シリーズの編集を担当することとなった．この機会に教育経験の豊富な先生方にご執筆をお願いし，編集者らが日頃求めている教科書づくりに携わることにした．

　編集者らは，よりよい教育を行うためには，『よき教育者』と『よき教科書』が基本的な条件であり，『よき教科書』というのは，わかりやすく，順次読み進めていけば無理なく学力がつくように記述された学習書のことであると考えている．私どもは，大学生・高専生の教科書離れが生じないよう，彼らに親しまれる教科書となることを念頭の第一におき，大学の先生と高専の先生との共同執筆とし，物質工学系の大学生・高専生のための物質工学の基礎を，大学生・高専生が無理なく理解できるように懇切丁寧に記述することを編集方針とした．

　現在，最先端の技術を支えているのは，幅広い領域で基礎力を身につけた技術者である．基礎力が集積されることで創造性が育まれ，それが独創性へと発展してゆくものと考えている．基礎力とは，樹木に喩えると根に相当する．大きな樹になるためには，根がしっかりと大地に張り付いていないと支えることができない．根が吸収する養分や水にあたるものが書物といえる．本シリーズで刊行される各巻の教科書が，将来も『座右の書』としての役割を果たすことを期待している．

シリーズ編集者
笹本　忠・高橋三男

　21世紀に暮らすわれわれは，ガソリン，肥料，合成繊維，プラスチック，医薬・化粧品など，化学プロセスから生産される化学製品によって，便利な生活を過ごしている．化学プロセスは前世紀に研究，開発され，公害問題，廃棄物処理，省エネルギー対策などの課題に対処しつつ，高度に発展してきた．そして，ガソリンやプラスチックの製造に関する石油化学技術の体系化のために誕生した化学工学は，現在，化学プロセス全体を対象とする総合工学とよぶことができる．

　いまや化学工学の考え方は，化学，生物学はもとより，地球環境問題や宇宙開発といった分野においても用いられている．つぎの世代や世紀においても，限られた資源から工業製品をより効率的かつ安全に製造していくことで，われわれの安心で心豊かな生活を未来に続けていきたい．その夢を実現するためには，化学工学を学び，さらに発展させる必要がある．

　本書は，大学，高等専門学校において化学工学を初めて学ぶ学生を対象としている．化学工学には煩雑な数式展開が少なからずあるが，「化学工学を基礎から学ぶ」という観点で，図表を多く交えながら基礎式の意味をていねいに説明している．また，多くの例題や演習問題によって，化学プロセスの装置設計が身につくようにもしている．自学自習でも十分に理解できるようになっているので，自らの手で数式を濃く，太く鉛筆で書き，理解を深めてほしい．

　また，技術の歴史や技術開発の理由，秘話や異分野との関連性を説明するCoffee Breakや，内容の難易度に区別をつけるStep upを随所に入れることで，学生の興味や挑戦意欲がわくようにしている．ただし，基礎の習得を急いでいる場合や，化学工学の授業科目数が少ない場合には，飛ばして読み進めてもかまわない．

　本書の構成はつぎのとおりである．

　まず第1章では，化学工学の構成や，基礎概念について述べる．単位操作，対象とする系，移動する物理量，平衡状態と定常状態，収支，対象とする系との境界などの基礎概念は，第2章以降のあらゆる場面で使われている．

　化学プロセスでは物質，エネルギー，運動量の三つが移動する．その性質を考える移動現象論においては，流体の流れについて第2章で，熱の流れについて第3章で，それぞれ述べる．また，物質の流れ（拡散）については第5章で触れる．なお，物質，エネルギー，運動量の移動現象においては，類似性があることを強調して解説しているので，注意して学んでほしい．

　第4章では，化学反応装置のサイズを決める反応工学について述べる．そして第5章では，反応装置で製造された物質を分離する操作に関することを述べ

る.

　第5章までは気体と液体に関する化学プロセスを扱うが，最終章の第6章では，化学反応の固体触媒などに関連する粉体（固体）の基礎を解説する.

　なお，数式展開を単純化するために，物質収支，エネルギー収支，運動量収支は定常状態のみ，温度，圧力は一定の条件としている．専門的に化学工学を修得される方は，より詳細な内容の化学工学書を読み深めていただきたい.

　最後に，森北出版の大橋様，太田様を始め，多くの方々に大変お世話になったことを厚く御礼申し上げる.

2020年2月

著者代表　石井宏幸

目　次

■ギリシャ文字表■

大文字	小文字	名称	読み	大文字	小文字	名称	読み
A	α	alpha	アルファ	N	ν	nu	ニュー
B	β	beta	ベータ	Ξ	ξ	xi	クサイ
Γ	γ	gamma	ガンマ	O	o	omicron	オミクロン
Δ	δ	delta	デルタ	Π	π	pi	パイ
E	ε	epsilon	イプシロン	P	ρ	rho	ロー
Z	ζ	zeta	ゼータ	Σ	σ	sigma	シグマ
H	η	eta	イータ	T	τ	tau	タウ
Θ	θ	theta	シータ	Υ	υ	upsilon	ユプシロン
I	ι	iota	イオタ	Φ	ϕ	phi	ファイ
K	κ	kappa	カッパ	X	χ	chi	カイ
Λ	λ	lambda	ラムダ	Ψ	ψ	psi	プサイ
M	μ	mu	ミュー	Ω	ω	omega	オメガ

第1章
化学工学の基礎

　紙，ゴム，合成繊維，医薬品，洗剤，化粧品など，私たちの生活に欠かせないこれらの製品は化学製品とよばれている．これらの化学製品を日々大量に製造するためには，原料や熱の流れ，反応や分離などの現象を適切に制御する必要がある．化学工学は，これらを効率よくつくるために必要とされる生成や製造の過程，装置，システムなどを考える学問である．

　この章では，まず化学工学の概要を述べ，化学工学の理解に必要な基本操作と物理量などの基礎，そして，化学工学において共通する考え方である基礎概念について説明する．

KEY 🗝 WORD

| 化学工学 | 化学プロセス | 物性 | 移動現象 | 単位操作 |
| 系 | 物理量 | 収支 | 境膜 | 収支式 |
| SI単位 |

1.1 化学工学とは

1.1.1 化学実験と化学プロセス

　授業で行うような化学実験は，複数の操作が組み合わさっている．例として，塩化銀の沈殿反応の化学実験の過程を図1.1(a)に示す．まず，濃度を調整した硝酸銀と食塩水がそれぞれ入ったビーカーを用意する．両方の水溶液をピペットで量りとり，別のビーカーに入れて撹拌する．すると，ビーカー内で化学反応が起こり，白い沈殿物である塩化銀が生成される．最後に，ロートの上にろ紙を乗せ，この水溶液を通すことで，沈殿物である塩化銀と溶液に分離する．このように，① 原料を調整して，② 化学反応を起こし，③ 分離を行う，といった数種類の操作が組み合わさった工程を，化学プロセス（chemical process）とよぶ．

　一方，化学製品の製造工場など，実際に稼働している化学に関する大規模な製造，処理施設も，化学実験と同様の化学プロセスに沿って行われる．例として，工場や家庭から1日に約10万トンの排水を受け入れ，中和処理をした後，川に放流する水再生センターを考えよう．図1.1(b)にその過程を示す．まず，排水は沈殿池でゴミが沈殿によって除かれ，前処理される．つぎに，微生物処理槽，中和反応槽に順次送られ，そこで微生物による有機物の分解反応や中和反応が行われる．この中和反応槽ではpHの値に応じて中和剤が投入される．そこで中和反応が起こり，排水基準を満たすpHに調整後，膜分離槽へ送られる．非常に小さな穴をもつ分離用の膜[*1]を通して小さな汚

***

★1　0.1 μm～1 μm の粒子が通過することを阻止する膜であり，MF膜（micro-filtration membrane）とよばれる．この膜で細菌，ウィルス，バクテリアも除去できる．

1

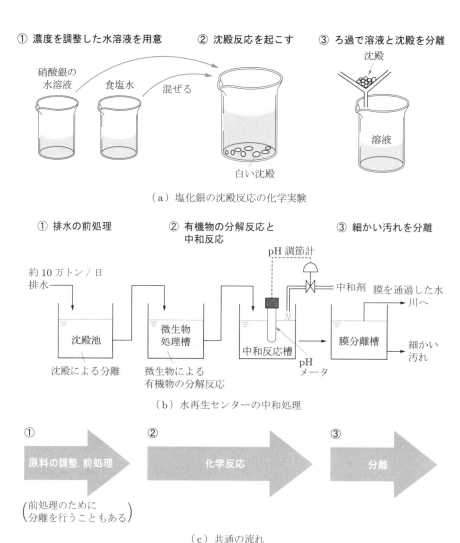

① 濃度を調整した水溶液を用意　② 沈殿反応を起こす　③ ろ過で溶液と沈殿を分離

沈殿

硝酸銀の
水溶液　　食塩水　　混ぜる

白い沈殿

溶液

（a）塩化銀の沈殿反応の化学実験

① 排水の前処理　　② 有機物の分解反応と　　③ 細かい汚れを分離
　　　　　　　　　　　中和反応

pH 調節計

約 10 万トン／日
排水　　　　　　　　　　　　　　　　　　　　　　　中和剤　膜を通過した水
　　　　　　　　　　　　　　　　　　　　　　　　　　　　　　　川へ

沈殿池　　　微生物　　　　中和反応槽　　膜分離槽
　　　　　　処理槽　　　　　　　　　　　　　　　　細かい
　　　　　　　　　　　　　　　　　　　　　　　　　汚れ

沈殿による分離　微生物による　　　pH
　　　　　　　　有機物の分解反応　メータ

（b）水再生センターの中和処理

①　　　　　　　　　　②　　　　　　　　　　③

原料の調整，前処理　　　　化学反応　　　　　分離

(前処理のために
分離を行うこともある)

（c）共通の流れ

●図1.1● 化学実験と工業化プロセス

れを取り除いた後，排水基準に適合した水は川へ流される．

図 1.1(b) も図 (a) と同様，大まかには図 (c) の三つの手順（原料の調整，化学反応，分離）で行われているのがわかる．実際の化学プロセスでは原料の調整や前処理のために分離を行うなど，原料調整，反応，分離というシンプルなステップではないことも多いが，化学プロセスの基本はこの 3 ステップである．なお，微生物処理槽や中和反応槽のように反応を起こす装置のことを反応器（reactor）といい，膜分離槽のように分離を行う装置のことを分離器（separator）という．

一方で，塩化銀の沈殿反応のような化学実験と水再生処理のような実際の工場では，その規模は大きく異なる．化学実験では①～③の工程はすべて手作業によって行われるが，日々大量の排水を処理する水再生センターではそうはいかない．図 1.1(b) にあるように，中和剤の量は中和反応槽に設置された pH 調節計の値をもとに自動で調節され，排水の pH を制御している．また，効率よく中和反応を行うためには，中和反応槽や分離槽へ流れる排水の量も制御する必要があり，それも自動で調節されている．

このように，化学プロセスを実際の工場で稼働

させることを考える場合，すなわち，化学製品を効率よく（つまり，合理的に，経済的に，自動的に，生産規模に合わせて）つくるには，化学装置，化学プロセスおよび，化学に関係するすべてのシステムを統一的に考える必要がある．これらを対象とした学問が化学工学（chemical engineering）である．

1.1.2 化学工学の構成

化学工学は概ね，以下に述べる「物質の性質」，「物質，熱および運動量の移動」，「化学反応」，「分離」，「プロセス制御」の五つから構成される．

(1) 物質の性質

化学プロセスにおいて，操作条件である温度，圧力，流量，組成それぞれにおける物質の性質（物性）を知る必要がある．具体的には密度，比熱，粘度，熱伝導度などの物性と平衡状態を表す関係などがある．また，これらの推算式も重要となる．

(2) 物質，熱および運動量の移動

原料や生成物は，原料タンクや反応器などをつなぐ配管を流れていく．このような化学プロセス内で流れるもの（液体や気体）を総称して流体（fluid）という．また，流体（物質）の移動と同様に，熱や運動量も移動する．そして，流体や熱，運動量が移動することを移動現象（transport phenomena）という．

流体が配管を流れる場合，配管内の摩擦によって流体の圧力が下がる（これを圧力降下（pressure drop）という）．圧力降下の大きさによって，流体の流れの量や速さが変わってくる．また，温度や濃度が異なる物質どうしが接すると，熱や物質が移動して一定の熱・濃度になろうとする．

化学反応や分離を正しく行うためには，各工程での物質の熱や濃度を正確に管理しなければならない．そのためには，圧力降下，熱の移動量および物質の移動量をモデル化し，定量的に解析する

必要がある．

(3) 化学反応

原料は原料タンクから反応器に送られ，そこで化学反応を起こし，生成物になる．この化学反応がいくつもの段階を踏む場合は，それらを反応プロセスとよぶ．化学プロセスの目的に応じて，反応プロセスや，一つひとつの化学反応の温度，圧力，流量などの操作条件を決定する必要がある．また，種々の反応器には，固定層，移動層，流動層などの型式がある．目的に合ったものを選定し，その反応器が所定の性能を満足するように大きさ（直径や高さ）を決めなければならない．この反応プロセスの決定に必要な知見をまとめた学問を反応工学という．

(4) 分離

反応器でつくられた生成物は，分離器に送られ，そこで目的物質（化学製品）と副産物，未反応物，有害物質などに分離される．この分離操作が複数ある場合は，それらを分離プロセスとよぶ．未反応物や化学反応に用いられた触媒は回収され，再生される．これらの回収も分離操作である．また，空気とその中にある有害物質を分ける排ガス処理も分離の一種である．分離プロセスの選定，評価，設計も目的に応じて行う必要がある．そして，この決定に必要な知見をまとめた学問を分離工学という．

(5) プロセス制御

化学プロセスでは，製品の生産量，品質や生産の安定性を目標値まで高める必要がある．そのためには，操作条件である温度，圧力，流量，組成などを調節し，物質の性質，時間あたりの移動量を制御しなければならない．この制御のことをプロセス制御という．本書では，この後の Step up で代表的な制御例を紹介するにとどめる．

プロセス制御

代表的なプロセス制御について例をもとに説明しよう。図1.2に示すように，あるタンクに原料が一定量で供給されており，そこから反応器に送っているとする。タンクに供給される液量や，タンクから抜き出される液量が変化すると，タンクの液面の高さが変化する。タンクが空になる，もしくは溢れ出してしまうと，化学プロセスを維持できない。そこで，液面の高さを測る液位センサを取り付け，液面の高さと連動するように抜き出し口の弁を制御して，液位を一定に保つ必要がある。その方法の代表例として，以下の二つがある。

(1) ON/OFF 制御

制御操作には，操作量の上限値と下限値が存在する。弁の場合は，開度0%と100%である。操作をすべき状況が発生した際に，上限値か下限値のどちらかだけで制御する方法をON/OFF制御とよぶ。最も単純で安価なこの制御方法はもっとも早く液面の高さを変えられるが，弁の開閉をしてから液面の高さが変化するまでに時間差が大きい場合は，目標値を中心にして計測値が波打つ不都合（ハンチング）が生じる可能性がある。

(2) PID 制御

目標値の液位と計測値の差を偏差とよぶ。その偏差に対して比例して弁を開閉させる操作が比例動作である。偏差に対して時間積分した値に比例して弁を開閉させる操作が積分動作であり，これと同様に，偏差の微係数の大きさに比例して弁を開閉させる操作が微分動作である。これら三つの動作を組み合わせたものによる制御方法がPID制御である。この名称は，比例，積分，微分の英語表記Proportional，Integral，Derivativeの頭文字からきている。プロセス制御の約8割に，このPID制御が使用されている。

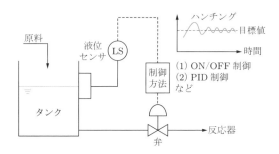

●図1.2● タンクの液位の制御

1.1.3 化学工学の構成例（ガソリンの製造）

1.1.2項でみた化学工学を構成している五つのことに注目して，ガソリンの製造について実例を見てみよう。図1.3に，重油を分解してガソリンを製造する化学プロセスを示す。日本で最大級のガソリン製造工場では，1日あたり約6000 m^3 の重油をガソリンにする。原料となる重油は，常圧，360℃の運転条件で原油を蒸留してつくられる。

(1) 物質の性質：原油の性状は産地が異なれば変わり，それにともない重油の物性にも影響する。たとえば，硫黄分の多い原油はそれを取り除く工程が大変だが，価格は安い。

(2) 物質，熱および運動量の移動：原料の重油は，

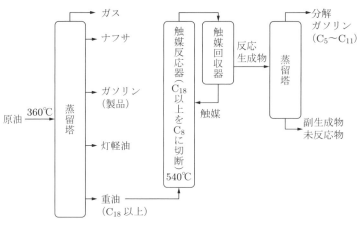

●図1.3● ガソリン製造プロセスの概要

第1章

第2章

第3章

第4章

第5章

第6章

付録・付表

演習問題解答

参考文献・さくいん

所定の流量で配管内を通って，蒸留塔から触媒反応器へ送られる．この触媒反応器の入り口において，重油と高温の固体触媒（850℃）が混合されることによって，重油は液体から気体になり，反応温度の540℃に調整される．

(3) 化学反応：触媒反応器に送られたガス状の重油は，化学反応を起こりやすくする触媒によって炭素の結合が切断され，C_8 が主成分のガソリンに分解される．重油と触媒は 20 m/s の速度で反応塔の高さ 40 m を駆け上がる．したがって，反応時間は 2 秒である．

(4) 分離：反応生成物と触媒は，触媒回収器（サイクロンともよばれる）において遠心力と密度差によって分離される．分離回収された使用済の触媒は，触媒に付着した炭素分を850℃で燃焼させることによって再生され，再び化学反応に使われる．反応生成物は常圧で蒸留することによって，分解ガソリンと副生成物，未反応物に分離される．

(5) プロセス制御：安全に，安定してこのガソリン製造プロセスを運転するには，反応温度や蒸留する圧力，原料や製品の流量，固体触媒の流量も所定の値に制御する必要がある．

　以上のように，重油からガソリンを製造する化学プロセスも，物質の性質，物質や熱の移動，化学反応，分離，プロセス制御の五つから構成されていることがわかる．

1.2 化学工学における基礎概念

　化学工学を学習するうえで，以下に示すような重要な考え方や基礎概念がある．これらを理解することによって，システマティックに化学工学を学ぶことができる．

1.2.1 単位操作

　化学プロセスは一般に，原料を調整・混合し，化学反応を起こして，分離精製を行う．反応器での化学反応や分離器での分離操作など，化学プロセスにおける操作を分解して得られる基本的な操作のことを，化学工学では単位操作（unit operation）とよぶ．単位操作は大別すると，以下の三つがある．

- 移動現象：流動，伝熱
- 化学的な操作：蒸発，蒸留，ガス吸収，抽出，乾燥，晶析，吸着など
- 機械的な操作：混合，撹拌，粉砕，ろ過，集塵など

　単位操作の原理や取り扱い方を習得すれば，それが組み合わさった化学プロセスの取り扱いは容易になり，単純化できる．このような考えから生まれたものが，単位操作という概念である．

1.2.2 対象とする系

　化学では，考える対象を一部の範囲に限定して，化学反応などの現象を解析する．この対象の範囲のことを系（system）とよぶ．前節のガソリン製造プロセスでいうと，工場全体を一つの系とする場合もあれば，触媒反応や蒸留などの単位操作一つひとつを系とする場合もある．大規模な化学プロセスでは，検討する事象ごとに，考えるべき系の範囲を適切に判断する必要がある．

　化学プロセスを超えて系を拡大すると，図1.4に示すように地球も一つの系だと考えられる．それは地球が物質やエネルギーの出入りに関して，検討する対象の範囲となっているからである．

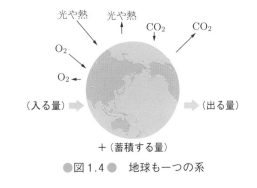

●図1.4● 地球も一つの系

1.2.3 移動する物理量

化学プロセスでは，流体の移動にともない，物質，熱，運動量が系内を移動する．このため，化学工学では物質量，熱量，運動量の三つの物理量を取り扱う．これら三つの変化の仕方には類似した点も多く，これに着目することによって，化学工学における移動現象が効率的に理解できる．

三つの物理量に関する記号や変数を付表1に，移動現象における三つの物理量の類似性を付表2にそれぞれまとめた．次章以降で適宜参照すべき便利な整理の仕方なので，覚えておいてほしい．

1.2.4 平衡状態と定常状態

対象とする系において，すべての性質（温度，圧力，流量，組成）が時間に関係なく一定につりあっている状態を平衡状態（equilibrium state）といい，一定でない状態を非平衡状態という．非平衡状態では，三つの物理量は平衡状態になろうとする．流れの観点からいい方をかえると，平衡状態は物質や熱が双方向に移動するため，みかけ上静止した状態である．

これに対して，定常状態（steady state）は，移動するもの（物質や熱）の流入速度と流出速度が一方向に一定で，一見変化のない状態である．

1.2.5 収支

家庭や会社の活動を円滑に行うためには，お金の出入りである収支を考え，きちんと管理しなければならない．化学工学でも同様に，それぞれの系において，出入りする物理量の収支を考える必要がある．系を出入りする物理量には，物質，エネルギー，運動量の三つがあり，それぞれに対する収支を物質収支（material balance），エネルギー収支（energy balance），運動量収支（momentum balance）とよぶ．

図1.5のように，人間に対してもエネルギー収支を考えることができる．

1.2.6 対象とする系との境界

対象とする系には範囲があるので，必ず境界（boundary）が存在する．たとえば，図1.6(a)のような川の水には，陸地や空気の境界が存在する．

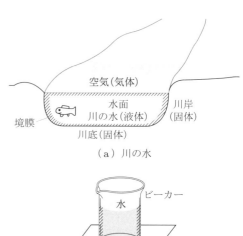

（a）川の水

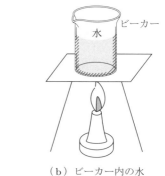

（b）ビーカー内の水

●図1.6● 対象とする系と境界の具体例

食物　体内で燃焼
$C_xH + O_2 \rightarrow CO_2 + H_2O$
O_2　　　　　CO_2

（入る量）➡　　➡（出る量）

3000 kcal
摂取（食べた）

2500 kcal
運動した

＋（蓄積する量）
500 kcal 太った

物質も，エネルギーも，運動量も，収支式が成り立つ
（3000 − 2500 ＝ 500）

●図1.5● 人間におけるエネルギー収支

川の水の流れは，どの場所も一定というわけではない．川岸や川底の近くのほうが，川の中心部分よりも流れが緩やかである．

これは，図1.6(b)のようなビーカーでお湯をつくる場合でも同様である．ビーカー内で水を熱すると，温まった底の水が浮力によって上昇し，対流が起こる．このときも，ビーカーの側面や底面近くの水は，ビーカーの中心部分の水よりも流れが緩やかになる．

このように，境界における物理量（物質量，熱量，運動量）の移動を考える場合には，境界付近と中心部分とで物理量の移動する挙動を分けて考える必要がある．この境界の付近のことを境膜（boundary - layer）とよぶ．化学工学では，化学反応，蒸留，吸収，抽出などのすべての単位操作において，気体，液体，固体のいずれの組み合わせに対しても，接している面，すなわち，界面が存在するところには境膜を考える．

第1章　第2章　第3章　第4章　第5章　第6章　付録・付表　演習問題解答　参考文献・さくいん

Coffee Break

化学工学の歴史と未来

1900年初頭，米国のフォード社による車の大量生産によって自動車が急速に普及したが，それにともないガソリンの需要も増大した．石油化学製品であるガソリンを製造する装置は，はじめは経験的に装置が設計されていたが，米国マサチューセッツ工科大学（MIT）が設計技術の体系化に取り組み始めた．これが，化学工学という学問の始まりである．その後，化学反応，分離操作などの装置設計法が確立され，化学プロセス全体に研究対象が進化した．

現在では，地球環境，資源エネルギー，食料危機のようなグローバルな課題も化学工学の得意とする分野である．たとえば，中東・アフリカ乾燥地域での食料生産システムの開発，火力発電所から生じたCO_2を分離回収して貯留するCCS（Carbon dioxide Capture and Storage）や，水素エネルギーシステムの実用化などもある．バイオや医療分野においても，化学工学的なアプローチによる解決が試みられている．

1.3 収支式の立て方

化学プロセスでは注目した系に関して，さまざまな物理的，化学的変化が起こる．これを定量的に取り扱うために，収支式を用いる．化学工学や工学のみならず，すべての自然現象において収支式は適用することができる．

1.3.1 収支式とは

1.2.5項で三つの物理量に関する収支について述べた．この三つの物理量に対しては，それぞれつぎの三つの保存則が常に成り立つ．

- 質量保存の法則
- エネルギー保存の法則
- 運動量保存の法則

したがって，それぞれの保存則に従って収支がつりあうので，

$$（入る量）－（出る量）＝（蓄積する量）\qquad(1.1)$$

という式を書くことができる．この式を収支式といい，化学プロセス全体でも，一つひとつの単位操作においても，系の大きさによらず立てることができる．

系と収支式の関係を図1.7に示す．対象とする系のある時間内において，左側からあるものが入

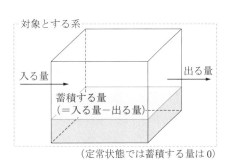

（定常状態では蓄積する量は0）

●図1.7● 収支式の概念

ってきて，右側に出ていく．その時間内に蓄積する量は，入る量から出る量を引いたものである．定常状態では流入速度と流出速度が等しいので，時間内に蓄積する量は0である．

1.3.2 収支式の立て方

収支式を立てる手順を以下に示す．

① 収支を考える系を決め，その概略図を描く．
② 概略図に既知の数値を書き込む．
③ 計算をしやすくする適当な基準を選ぶ．
④ 注目する成分や全体量について収支式を立てる（できれば表をつくる）．
⑤ その収支式を連立方程式として解く．

手順①では，装置や配管など，対象とする系を図1.7のように示す．

手順②では，そこに出入りする量や使用する式，記号をすべて書く．このとき，記号は統一し，単位はSI単位（the international system of units）にする[★2].

手順③は，扱う問題によって基準が異なる．たとえば，%（パーセント）で示された組成を求める問題では100 molあたりを基準にするとよい．また，生産量を求める問題では1時間や1日あたりを基準にするとよい．

手順④では，注目する成分や全体量の各々について，求めるものや未知数をx, yとし，質量保存の法則などを用いて式(1.1)を作成する．

以下の例題で，収支式を実際に立ててみよう．化学プロセスには，化学反応をともなうものとともなわないものがある．化学反応をともなわないほうが，簡単に収支式を立てることができる．そこでまずは，化学反応をともなわない物質収支式を例題1.1で考えよう．その後，例題1.2において，化学反応をともなわない熱収支式を実際に立ててみよう．物理量が異なっていても，同様の計算で式を立てることができる．

例題 1.1 内径（内側の直径）が0.1 mの円管内に20 ℃の水が流れている．この水の速度を測定するために円管入口に同一温度の10 wt%の食塩水を10 kg/hで注入したところ，円管出口における食塩水の濃度は0.1 wt%として検出された．水の管断面積あたりの平均速度u [m/s]を求めよ．ただし，水の密度ρは1000 kg/m^{3}とする．

解答
① 物質収支を考える系は円管の入り口から出口までとする．この操作の概略図を図1.8のように描く．
② 図1.8に既知の数値を書き込む．wは1時間あたりに流れる水の質量（質量流量）であり，mは1時間あたりに流れる混合溶液の質量であるとする．
③ 計算のための基準を1時間あたりとする．
④ 注目する成分（水，食塩）と全体量について表1.1をつくり，収支式を立てる．収支式を連立方程式として，以下の2式が書ける．

$$w + (1 - 0.1) \times 10 = (1 - 0.001) \times m$$
$$w + 10 = m$$

収支式は，入口＋混合＝出口となるように作成する．
⑤ この連立方程式を解くと，$w = 990$，$m = 1000$となる．計算のための基準を1時間としているので，求める水の平均速度uは，流量を管断面積で割ってつぎのようになる．

$$u = \frac{w/\rho}{\pi D^2/4} = \frac{(990 \, \text{kg/h})/(1000 \, \text{kg/m}^3)}{\pi (0.1)^2/4} \times \frac{1}{3600 \, \text{s/h}} = 0.035 \, \text{m/s}$$

［補足］ 詳しくは2.1節で解説するが，この例題の中で求めた単位時間あたりの流体の体積を，体積流量とよぶ．

★2 SI単位の詳細は付録「単位と単位換算」参照．

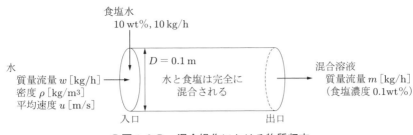

第1章

第2章

第3章

第4章

第5章

第6章

付録・付表

演習問題解答

参考文献・さくいん

●図 1.8 ● 混合操作における物質収支

■表 1.1 ■ 内管内における物質収支

基準は1時間	入口	混合	出口
水 [kg]	w	$(1-0.1) \times 10$	$(1-0.001) \times m$
食塩 [kg]	0	0.1×10	$0.001 \times m$
全体 [kg]	w	10	m

 例題 1.2 100 mL ビーカーに 293 K（20 ℃）のエタノールが 60 g 入っている。これに 363 K（90 ℃）のお湯 40 g を入れたときの混合溶液の温度 T [K] を求めよ。ただし、エタノール、水の定圧比熱 C_p はそれぞれ 2.4 kJ/(kg・K)，4.2 kJ/(kg・K) とし、熱損失は無視できるとする。

解答 ① 熱収支を考える系（領域）は 100 mL ビーカー内とする。

② 図 1.9 に示す概略図に検討条件（既知の数値）を書き込む。

③ 計算のための基準となる温度を 293 K（20 ℃）とする。

④ ビーカー内のエタノールと水、それぞれについて混合前と後の熱量を表 1.2 にまとめる。表中の全体の混合前後において、熱量が等しいという収支式を立てる。

$$10.08 = 0.06 \times 2.4 \times (T - 293)$$
$$+ 0.04 \times 4.2 \times (T - 293)$$

⑤ これを解いて、混合溶液の温度は T [K] = 325 K となる。

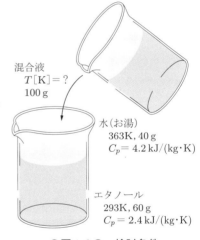

●図 1.9 ● 検討条件

■表 1.2 ■ 熱収支

もっている熱量	前	後
エタノール [kJ]	$0.06 \times 2.4 \times (363 - 293) = 10.08$	$0.06 \times 2.4 \times (T - 293)$
水 [kJ]	$0.04 \times 4.2 \times (293 - 293) = 0$	$0.04 \times 4.2 \times (T - 293)$
全体 [kJ]	10.08	$0.06 \times 2.4 \times (T - 293) + 0.04 \times 4.2 \times (T - 293)$

実際の化学プロセスは化学反応をともなうものがほとんどであり，その代表格が，物質と酸素が化合して起こる燃焼反応である．都市ガスの主成分であるメタンの燃焼反応を例として，化学反応をともなう物質収支式を実際に立ててみよう．化学反応をともなう分，例題1.1，1.2よりも計算が複雑になるが，大枠の手順は変わらない．

　完全燃焼に必要な酸素量を理論酸素量といい，同様に，完全燃焼に必要な空気量を理論空気量とよぶ．また，理論空気量よりも過剰に含まれている空気量を過剰空気量という．そして，（過剰空気量）/（理論空気量）× 100 を過剰空気率という．

　メタンを過剰空気率10%の空気で燃焼させたときの排ガス組成を求めよ．ただし，反応率は90%，空気の組成はO_2：21%，N_2：79%とする．

解　答
① 化学プロセスの概略図を図1.10のように書く．
② 図1.10に既知の数値を書き込む．
③ メタン100 molを基準とする．
④ メタンの燃焼反応式は$CH_4 + 2O_2 \rightarrow CO_2 + 2H_2O$であるので，メタン100 molに対して完全燃焼に必要な酸素量は，200 molである．過剰空気率が10%なので，酸素も10%過剰になり，220（$= 200 \times 1.1$）mol供給される．そして，メタン100 molが反応率90%で反応し，CO_2とH_2Oが生成する．このとき，N_2は反応しないので，828 mol（$= 220 \times (0.79/0.21)$）のままである．したがって，表1.3に示すように，CH_4，O_2，N_2，CO_2，H_2O各々について，反応前，90%反応，反応後の欄にモル数が書ける．
⑤ 求める排ガス組成は，反応後の全体のモル数（1148 mol）で各成分のモル数を除した値となる．答えは，CO_2：0.87 mol%，O_2：3.5 mol%，N_2：72 mol%，CO_2：7.8 mol%，H_2O：16 mol%である．

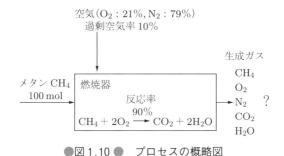

●図1.10● 　プロセスの概略図

■表1.3■ 　メタン燃焼の反応前後の物質量（mol）変化と排ガス組成（メタン100 molを基準とする）

ガスの種類	反応前	90%反応	反応後	排ガス組成
メタンCH_4 [mol]	100	$-100 \times 0.9 = -90$	10	$10/1148 = 0.0087$
空気中のO_2 [mol]	$100 \times 2 \times (1+0.1) = 220$	$-200 \times 0.9 = -180$	40	$40/1148 = 0.035$
空気中のN_2 [mol]	$220 \times 0.79/0.21 = 828$	0	828	$828/1148 = 0.72$
生成ガスCO_2 [mol]	0	$+100 \times 0.9 = 90$	90	$90/1148 = 0.078$
生成ガスH_2O [mol]	0	$+100 \times 2 \times 0.9 = 180$	180	$180/1148 = 0.16$
全体	$100 + 220 + 828 = 1148$		1148	

演・習・問・題・1

1.1

第 2 章では，レイノルズ数 Re（$= \rho u D/\mu$）という数を考える．この単位を示せ．ここで，ρ は密度，u は速度，D は長さ，μ は粘度である．それぞれの単位は付表 1 を参照のこと．

1.2

圧力の単位である 1 atm（気圧）をそれぞれ [Pa]，[mH$_2$O]，[kg 重/m^2] に換算せよ．また，1 kg 重とは，1 kg の物体に地球の重力 $g = 9.8\,\mathrm{m/s^2}$ の加速度がかかった力である．

1.3

大気圧下で $-10\,\mathrm{℃}$ の氷 100 g に 10 kcal の熱を与えた．熱損失はないものと仮定した場合，何度の氷あるいは水になるか．ただし，氷と水の比熱はそれぞれ $2.029\,\mathrm{kJ/(kg \cdot K)}$ と $4.186\,\mathrm{kJ/(kg \cdot K)}$，氷の融解熱は $7.663\,\mathrm{kJ/mol}$ である．

1.4

都市ガス（組成をメタン 90 mol%，エタン 10 mol% とする）を過剰空気率 15% で燃焼させたときの排ガス組成を求めよ．ただし，メタン，エタンとも反応率（燃焼率）は 95%，空気の組成は O$_2$：21%，N$_2$：79% とする．

1.5

質量分率（特定の成分の質量と全体の質量の比で表したもの）0.2 の水分を含む固体を 500 kg/h という供給量で乾燥機に投入し，これを質量分率で 0.02 の水分含有固体に乾燥したい．この乾燥用に絶対湿度 0.005 kg-水/kg-乾燥空気の湿潤空気（1 kg の乾燥空気に対して 0.005 kg の水分である混合比の空気）を送風する．出口空気の絶対湿度が 0.05 kg-水/kg-乾燥空気である場合，最低何 kg/h の空気量が必要か．

第**2**章

流体の流れ

　化学プロセスの原料や製品は流体として配管を流れ，原料タンクから反応器や分離器を経て製品タンクへ送られる．化学製品の生産量は配管を流れる流体の速度によって決まる．反応器や分離器での効率は容器内の流体の流れ方によって大きく左右される．また，流体が配管を流れる場合，流体と配管との摩擦によって流体の圧力低下が起こり，エネルギーが失われることも考える必要がある．したがって，化学プロセスを設計し，化学製品を製造するためには，流体の流れの特性を理解し，配管内での収支計算や圧力低下の計算ができなければならない．
　化学プロセスに用いられる管は一般に，つくりやすく，圧力低下が少ない円管が用いられる．このため，本書では円管内の流体の流れのみを扱う．本章では，まず円管内を流れる流体の物質収支について説明する．つぎに，流体の流れには層流と乱流という 2 種類の状態があることと，それらの性質や両者の違いについて述べる．そして最後に，圧力低下の計算方法について解説する．

KEY 🔑 WORD

体積流量	質量流量	質量流束	連続の式	ベルヌーイの式
ニュートンの法則	レイノルズ数	層流	乱流	運動量収支
圧力損失	ファニングの式	摩擦係数	摩擦損失係数	

2.1 管内流れの物質収支

2.1.1 流量と流束

　化学プロセスにおける原料や製品などの物質（気体または液体[*1]）が図 2.1 のような内径（内側の直径）D [m] の円管断面をすべて満たしながら，連続的に流れている系を考える．その物質が単位時間に流れている流体の体積を，体積流量（volume flow rate）[m³/s] とよぶ．この円管のある断面における流体の速度は場所によって異なるので，断面平均の値を代表値とする．したがって，この体積流量 v [m³/s] は，管断面平均速度 u [m/s] に管断面積 A [m²] をかけた次式で与えられる．

$$v \, [\text{m}^3/\text{s}] = u \, [\text{m/s}] \times A \, [\text{m}^2] \tag{2.1}$$

　また，単位時間に流れている流体の質量を質量流量（mass flow rate）[kg/s] とよぶ．質量流量 w [kg/s] は，体積流量 v [m³/s] に物質の密度（density）ρ [kg/m³] をかけたものであるので，管断面平均速度 u [m/s]，管断面積 A [m²] と物質の密度 ρ [kg/m³] の三つをかけた次式で与えられる．

$$
\begin{aligned}
w \, [\text{kg/s}] &= \rho \, [\text{kg/m}^3] \times v \, [\text{m}^3/\text{s}] \\
&= \rho \, [\text{kg/m}^3] \times u \, [\text{m/s}] \times A \, [\text{m}^2]
\end{aligned} \tag{2.2}
$$

　単位面積での質量流量を質量流束（mass flux）[kg/(m²·s)] とよぶ．すなわち，質量流束 N [kg/(m²·s)] は質量流量 w [kg/s] を管断面積

★1　配管を用いて固体を移動させるには，固体を小さな粒か粉（粉体）にしてほかの物質と一緒に流す方法がとられる．この場合の流体の状態は，気体と固体（気固系），液体と固体（固液系）と気体，液体，固体の三つ（三相系）の 3 種類がある．本書では，固体と気体の取り扱いについて第 6 章で述べる．

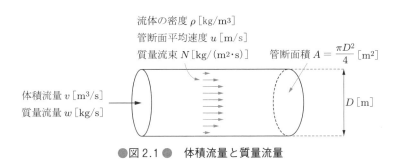

流体の密度 ρ [kg/m³]
管断面平均速度 u [m/s]
質量流束 N [kg/(m²·s)]
管断面積 $A = \dfrac{\pi D^2}{4}$ [m²]

体積流量 v [m³/s]
質量流量 w [kg/s]

D [m]

●図 2.1 ● 体積流量と質量流量

■表 2.1 ■ 2 種類の流量と質量流束の求め方

物質の流量	記号，単位	求め方	計算式	
体積流量	v [m³/s]	流体の平均速度×管断面積	$v = u$ [m/s] $\times A$ [m²]	(式 (2.1))
質量流量	w [kg/s]	体積流量×流体の密度 ρ ＝平均速度×管断面積×流体の密度	$w = \rho$ [kg/m³] $\times v$ [m³/s] $= \rho$ [kg/m³] $\times u$ [m/s] $\times A$ [m²]	(式 (2.2))
質量流束	N [kg/(m²·s)]	質量流量÷管断面積 ＝体積流量×流体の密度÷管断面積	$N = w$ [kg/s]$/A$ [m²] $= \rho$ [kg/m³] $\times v$ [m³/s]$/A$ [m²]	(式 (2.3))

A [m²] で割った次式で与えられる．

$$N \,[\mathrm{kg/(m^2 \cdot s)}] = \frac{w\,[\mathrm{kg/s}]}{A\,[\mathrm{m^2}]}$$
$$= \frac{\rho\,[\mathrm{kg/m^3}] \times v\,[\mathrm{m^3/s}]}{A\,[\mathrm{m^2}]} \quad (2.3)$$

表 2.1 に体積流量，質量流量および質量流束の求め方をまとめる．流量と流束は間違えやすいので気を付けてほしい．

1.1.2 項の化学工学の構成で述べたように，移動するものは物質のほかに，熱と運動量もある．したがって，質量流束と同様に，流束には熱流束 (heat flux) [J/(m²·s)] と運動量流束 (momentum flux) [kg(m/s)/(m²·s)] の二つがある．熱流束は第 3 章で，運動量流束は 2.4 節でそれぞれ説明する．

Coffee Break

流速の測定方法

流体の流速の測定方法にはおもに 3 種類ある．

一つ目は，回転式流速計とよばれる，流体中に回転体を入れたときの回転速度から流速を求める方法である．

二つ目は，熱線風速計 (hot - wire velocimeter) である．それは，気流中に熱した金属線を入れ，気流の流速が及ぼす金属線への冷却作用を感知することによって流速を求めるものである．

三つ目は，図 2.2 に示すピトー管 (Pitot tube) を用いる方法である．流れに起因する圧力（全圧）と流れに起因しない圧力（静圧）には，流速の違いによって差が生じるため，流速が測定できる．飛行機の先頭部分にはピトー管が取り付けられており，この原理を利用して飛行機の速度（流体の速度）を測定している．

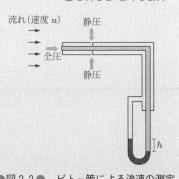

流れ（速度 u）
静圧
全圧
静圧
h

●図 2.2 ● ピトー管による流速の測定

第1章
第2章
第3章
第4章
第5章
第6章
付録・付表
演習問題解答
参考文献・さくいん

2.1.2 連続の式

化学プロセスにおける原料や製品が管内を流れることについて考えよう. 図2.3に示すように, 流体が断面1から入り, 断面2から出ていく系を考える. 断面1と2の面積が異なっていたとしても, 管内を流れている流体には, 式 (1.1) に示す質量保存の法則が成り立つ. また, この系における配管内において蓄積する量はないので, 単位時間に系内へ入る物質の質量と出る物質の質量は等しい. したがって, 物質収支に関してつぎの関係が成り立つ.

（単位時間に断面1に入る物質の質量）
　＝（単位時間に断面2から出る物質の質量）

これを式で表すと, 質量流量 w_1, w_2 [kg/s] について次式が書ける.

$$w_1 = w_2 \tag{2.4}$$

質量流量を表す式 (2.2) を用いて式 (2.4) を書

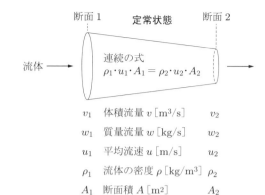

●図2.3● 定常状態における物質収支（連続の式）

v_1	体積流量 v [m³/s]	v_2	
w_1	質量流量 w [kg/s]	w_2	
u_1	平均流速 u [m/s]	u_2	
ρ_1	流体の密度 ρ [kg/m³]	ρ_2	
A_1	断面積 A [m²]	A_2	

きかえると, 連続の式（equation of continuity）とよばれる次式が得られる.

$$\rho_1 \cdot u_1 \cdot A_1 = \rho_2 \cdot u_2 \cdot A_2 \tag{2.5}$$

1.2.4項で述べたように, 物質の流入速度と流出速度が一方向に一定である状態が定常状態であるので, 連続の式は定常状態における流体の物質収支の式である.

例題 2.1 図2.3と類似の管を考える. 断面1は内径2B（2インチ）であり, 断面2は内径1B（1インチ）であった. 断面1における流体の平均流速が3.5 m/sであるときの断面2における体積流量 v_2 [m³/s], 質量流量 w_2 [kg/s], 質量流束 N [kg/(m²·s)] を求めよ. ただし, 流体の密度 ρ は1000 kg/m³, 1 B = 25.4 mm とする.

解答 断面2における流体の平均流速を u_2 とし, 断面1と断面2に連続の式である式 (2.5) を適用すると, つぎのようになる.

$$1000 \times 3.5 \times \frac{\pi(0.0254 \times 2)^2}{4} = 1000 \times u_2 \times \frac{\pi(0.0254 \times 1)^2}{4}$$

よって, u_2 はつぎのようになる.

$$u_2 = 14 \ [\text{m/s}]$$

断面2における体積流量 v_2 [m³/s], 質量流量 w_2 [kg/s] はそれぞれ, 式 (2.1), 式 (2.2) を用いて算出する.

$$v_2 = u_2 \times A_2 = 14 \times \frac{\pi(0.0254 \times 1)^2}{4} = 7.1 \times 10^{-3} \ \text{m}^3/\text{s}$$

$$w_2 = \rho \times u_2 \times A_2 = 1000 \times 14 \times \frac{\pi(0.0254 \times 1)^2}{4} = 7.1 \ \text{kg/s}$$

質量流束 N [kg/(m²·s)] は質量流量 w_2 を管断面積 A_2 で割ったものであるので, 次式となる.

$$\text{質量流束 } N = \frac{7.1}{\dfrac{\pi(0.0254 \times 1)^2}{4}} = 1.4 \times 10^4 \ \text{kg/(m}^2\text{·s)}$$

2.2 管内流れのエネルギー収支

前節において管内流れにおける化学物質の物質収支を学習した．つぎに，エネルギー収支について考える．

図2.4に示すように，断面1から密度 ρ_1 の化学原料をポンプで送り，途中に設置した熱交換器によって，所定の反応温度まで加熱し，密度 ρ_2 で断面2から出すことを考える．ここで，熱交換器（heat exchanger）とは，高温流体と低温流体との間で熱の移動を行わせることによって，流体を加熱または冷却する装置である．

この系において考えるべきエネルギーは，表2.2に示す位置エネルギー（potential energy），運動エネルギー（kinetic energy），内部エネルギー，圧力エネルギー，外部からのエネルギー，エネルギーの損失の六つである．物質収支の場合と同様

にして，この六つのエネルギーについてエネルギー保存の法則（熱力学第一の法則）が成り立つ．この系においてエネルギーが蓄積することはないので，単位時間に入るエネルギーの量と出るエネルギーの量は等しくなり，つぎの関係が成り立つ．

（単位時間に入るエネルギーの量）
　＝（単位時間に出るエネルギーの量）

図2.4の断面1へ入ってくるエネルギーは，断面1における流体がもつ位置エネルギー，運動エネルギー，圧力のエネルギーと内部エネルギーの総和である．断面1から断面2へ流体が流れる過程で，ポンプの仕事と熱交換器からの熱が外部からのエネルギーとして加わり，流体が流れるときの摩擦損失（friction loss）などによってエネルギ

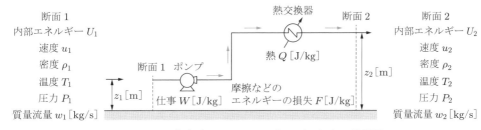

●図2.4● 管内流れにおけるエネルギー収支の検討図
（ポンプと熱交換器がある系）

■表2.2■ エネルギー収支において考えるべきエネルギー

エネルギーの種類 [単位]	説明	求め方	備考
位置エネルギー [J/kg]	高さ z にある質量1kgのもつエネルギー	gz	g：重力加速度9.8 m/s^2 z：高さ [m]
運動エネルギー [J/kg]	質量1kgの物体が速度 v で運動しているときのエネルギー	$1/2u^2$	u：速度 [m/s]
内部エネルギー [J/kg]	物質内部の原子の回転，振動などによるもの	物理化学の教科書参照	温度の関数である
圧力エネルギー [J/kg]	流体が外部の圧力に打ち勝つエネルギー	P/ρ	P：外部の圧力 [Pa] ρ：流体の密度 [kg/m^3]
外部からのエネルギー [J/kg]	ポンプや加熱器によって加えられたエネルギー	流体の温度変化やモーターの出力 [kW]	記号は W, Q [J/kg]
エネルギーの損失 [J/kg]	流体が流れるときの摩擦損失など	式 (2.24)，式 (2.27) など	記号は F [J/kg]，2.5節を参照

ーの損失が起こる．したがって，つぎのエネルギー収支がとれる．

（断面 1 へ入ってくるエネルギー）
　　＋（ポンプの仕事）＋（熱交換器からの熱）
　　＋（エネルギーの損失）
　　＝（断面 2 から出ていくエネルギー）　(2.6)

式 (2.6) を図 2.4 に示す記号で書き直し，流体 1 kg あたりのエネルギー収支式として表すと，次式となる．

$$gz_1 + \frac{1}{2}{u_1}^2 + \frac{P_1}{\rho_1} + U_1 + W + Q + F$$

$$= gz_2 + \frac{1}{2}{u_2}^2 + \frac{P_2}{\rho_2} + U_2 \qquad (2.7)$$

とくに，等温状態で内部エネルギー U の変化がなく，ポンプによる仕事 W，熱交換器による熱 Q，摩擦損失などのエネルギーの損失を考慮しない場合，式 (2.7) は次式で表され，これをベルヌーイの式とよぶ．

$$gz_1 + \frac{1}{2}{u_1}^2 + \frac{P_1}{\rho_1} = gz_2 + \frac{1}{2}{u_2}^2 + \frac{P_2}{\rho_2} \qquad (2.8)$$

 例題 2.2　深さ 3 m の水の入っている大きなタンクがある．タンクの底に小さな穴があき，水が流出し始めた．このときの流出する水の速度を求めよ．ただし，摩擦損失を考慮せず，ベルヌーイの式を用いること．

解答　まず，図 2.5 のように断面積が十分大きい水のタンクを描く．タンク内の水面を断面 1，タンクの底を断面 2 とし，その深さを 3 m とする．

ベルヌーイの式である式 (2.8) に，題意に沿って，$g = 9.8\,\mathrm{m/s^2}$，$z_1 = 3\,\mathrm{m}$，$u_1 = 0\,\mathrm{m/s}$，$z_2 = 0\,\mathrm{m}$，$P_1 = P_2$，$\rho_1 = \rho_2$，$U_1 = U_2$ を代入すると，つぎのようになる．

$$9.8 \times 3 + \frac{1}{2} \times 0^2 = 9.8 \times 0 + \frac{1}{2}{u_2}^2$$

したがって，$u_2 = (2 \times 9.8 \times 3)^{1/2} = 7.7\,\mathrm{m/s}$ となり，摩擦損失を考慮しない場合の流出する水の速度 v_2 は 7.7 m/s である．

［補足］　摩擦損失を考慮する場合には，摩擦損失は式 (2.6) に示す「エネルギーの損失」にあたるので，まずこれを求めた後に，式 (2.7) を用いて流出する水の速度を求めることになる．

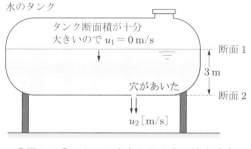

●図 2.5 ●　タンク底穴からの水の流出速度

第1章

第2章

第3章

第4章

第5章

第6章

付録・付表

演習問題解答

参考文献・さくいん

Step up　オリフィス流量計

オリフィス流量計（orifice flow meter）の測定原理は，ベルヌーイの式に基づいている．図2.6はオリフィス流量計の原理を説明するためのものである．流体の流れ中にJIS（Japanese Industrial Standards）で規定された孔の開いた薄い円盤（オリフィスプレートとよぶ）を挿入し，その前後の圧力（P_1, P_2）を測定することで流量を測定する．式（2.8）で表されるベルヌーイの式に，$z_1 = z_2$ と $\rho_1 = \rho_2 = \rho$ を代入すると，次式になる．

$$\frac{1}{2}{u_1}^2 + \frac{P_1}{\rho} = \frac{1}{2}{u_2}^2 + \frac{P_2}{\rho} \tag{2.9}$$

連続の式が成り立つので，$\rho_1 u_1 S_1 = \rho_2 u_2 S_2$ となり，u_2 について解くと次式となる．

$$u_2 = \frac{\rho_1 u_1}{m\rho_2} \quad （開口面積比 m = S_2/S_1） \tag{2.10}$$

式（2.10）を式（2.9）に代入すると

$$u_1 = m\left\{\frac{2(P_1 - P_2)}{\rho(1 - m^2)}\right\}^{1/2}$$

となる．したがって，体積流量 v [m³/s] は u_1 と S_1 の積であるので，次式となる．

$$v = u_1 \times S_1 = m\left\{\frac{2(P_1 - P_2)}{\rho(1 - m^2)}\right\}^{1/2} \times S_1$$

$$= S_2 \times \left\{\frac{2(P_1 - P_2)}{\rho(1 - m^2)}\right\}^{1/2} \text{ [m}^3\text{/s]} \tag{2.11}$$

ただし，図2.6のように流れを単純化したが，実際のオリフィスプレート近傍の流れは複雑なので，補正が必要となる．そのため，式（2.11）は流量係数（coefficient of discharge）C_d [-] とよばれる補正係数によって，つぎの式に修正され，流量の測定に用いられる．

$$v = C_d S_2 \cdot \left\{\frac{2(P_1 - P_2)}{\rho(1 - m^2)}\right\}^{1/2} \text{ [m}^3\text{/s]} \tag{2.12}$$

なお，流量係数 C_d [-] は，開口面積比 m（$= S_2/S_1$）やレイノルズ数によって決定される．

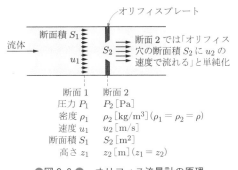

●図2.6●　オリフィス流量計の原理

Coffee Break

内部エネルギー U とエンタルピー H

表2.2中の内部エネルギーとは，分子の並進（平行に移動すること），回転，振動によるエネルギーである．この内部エネルギー U に関して，熱力学の第一法則から，内部エネルギーの増減 ΔU は入ってくる熱量 Q から外部へする仕事 L を引いたものであるから，次式が書ける．

$$\Delta U = Q - L$$

ここで，外部にする仕事 L を体積や圧力変化によるものと考えると，$L = \Delta(PV)$ であるので，上式に代入して Q について解くと，次式のようになる．

$$Q = \Delta U + \Delta(PV) = \Delta(U + PV)$$

この式において，$H \equiv U + PV$ と定義すると $Q = \Delta H$ と表記でき，単純化され便利である．H はエンタルピーとよばれ，物質のもつ全エネルギーを表す．すなわち，入ってくる熱量 Q はエンタルピー変化である．詳しくは物理化学で学習する．

2.3　流体の粘性と層流，乱流

水あめのように粘性の高いドロドロとしたものと，水のように粘性の低いサラサラとしたものでは，流体の流れ方の様式が異なる．その粘性の大きさが，流体の抵抗力へ影響するからである．本節では，この粘性と抵抗力の関係であるニュートンの法則と，流体の流れ方の様式について学習する．

2.3.1 流体の粘性（ニュートンの法則）

図 2.7 に示す配管の中を化学物質（液体）が流れていること考えよう. 管の中心では, この化学物質の流れる速度が大きく, 管壁付近では速度が小さい. これは, 粘性による抵抗力 F [N] は力のかかる面積（管壁の面積）A [m^2] と速度（velocity）u [m/s] に比例し, 管壁からの距離 h [m] に反比例するためである. これを式で表すと, つぎのようになる.

$$F \propto \frac{Au}{h} \text{ [N]} \tag{2.13}$$

この抵抗力 F [N] を面積 A [m^2] で割った, すなわち, 単位面積での抵抗力はせん断応力（shear stress）τ [N/m^2] とよばれ, 次式で表される.

$$\tau = \frac{F}{A} = \mu \frac{u}{h} \text{ [N/m}^2\text{]} \tag{2.14}$$

ここで, μ は比例定数であり, 流体の粘度（viscosity）[Pa·s] である.

さらに, 式 (2.14) を, 図 2.7 に示す座標系で考える. y 軸方向のある二つの地点 y_1, y_2 における流体の速度を u_{y1}, u_{y2} とすると, 次のようになる.

$$\Delta y = y_2 - y_1$$
$$\Delta u = u_{y2} - u_{y1}$$

このとき, 流体にかかるせん断応力 τ は

$$\tau = -\mu \frac{\Delta u}{\Delta y}$$

となり, 微分形では次式で表される. これがニュートンの法則（Newton's law）である.

$$\tau_{yx} = -\mu \frac{\mathrm{d}u}{\mathrm{d}y} \tag{2.15}$$

ここで, τ_{yx} は, y 軸に直交した面で x 軸の負の方向にはたらいていることを示す.

つまり, ニュートンの法則は, 流体の粘性による抵抗力 [N = kg·m/s^2] によって流れと逆向きにせん断応力 [N/m^2 = kg·m/s /(m^2·s)] が生じ, 単位面積, 単位時間での運動量 [kg·m/s /(m^2·s)] が流れの速度の大きいほうから小さいほうへ移動することを意味している.

2.3.2 管内流れの速度分布（層流と乱流）

化学物質が管内を流れているとき, 流れる速度の違いによって, 流れの状態は図 2.8 に示すように大きく二つに分かれる. 流体の流れが管壁に対して平行に, 乱れがなく流れる層流（laminar flow）（図 (a)）と, 乱れのある乱流（turbulent flow）（図 (b)）である. これらは流体の種類に関係なく, 表 2.3 に示されるようにレイノルズ数（Reynolds number）Re [-] によって判別される.

$$Re = \frac{\rho u D}{\mu} \tag{2.16}$$

ここで, 流体の密度 ρ [kg/m^3], 流体の速度 u [m/s], 管の内径 D [m], 流体の粘度 μ [Pa·s] である.

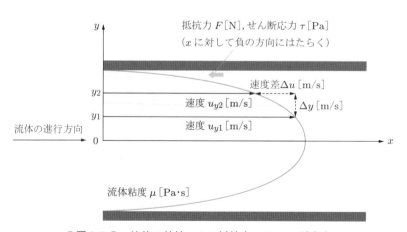

●図 2.7● 流体の粘性による抵抗力 F とせん断応力 τ

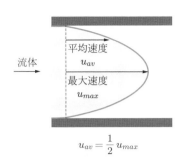

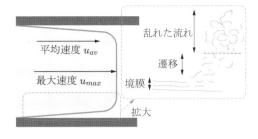

$$u_{av} = \frac{1}{2}u_{max}$$

$$u_{av} \fallingdotseq 0.8\,u_{max}$$

（a）層流（$Re \leqq 2100$）　　　　　　　　（b）乱流（$Re \geqq 4000$）

●図 2.8● 層流と乱流

■表 2.3■ 流動様式と Re の関係

流動様式	$Re\,[-]$
層流	2100 以下
遷移域	$2100 < Re < 4000$
乱流	4000 以上

レイノルズ数 Re は，つぎのように表される慣性力と粘性力の比を意味する．

慣性力 ＝ 質量 × 加速度
$$\propto \{流体の密度 \times (代表長さ)^3\}$$
$$\times \frac{(流体の速度)^2}{代表長さ}$$

$$粘性力 \propto 流体の粘度 \times \frac{流体の速度}{代表長さ}$$
$$\times (代表長さ)^2$$

つまり，式（2.16）の右辺の分子は慣性力（質量×加速度）を示し，分母は粘性力（せん断応力×面積）を示す．この両者の比を求めると Re となる．Re が大きい場合，慣性力が支配的になり，流体の流れが乱流となる．一方，Re が小さい場合，粘性力の影響が大きくなり，層流となる．層流と乱流の間は遷移域とよぶ．

なお，レイノルズ数 $Re\,[-]$ などの計算では，表 2.4 に示す水と空気における密度と粘度の値を覚えておくと便利である．

■表 2.4■ 水と空気の密度と粘度（常温常圧）

流体	密度 $\rho\,[kg/m^3]$	粘度 $\mu\,[Pa \cdot s]$
水	1000	0.001（＝1 cP）
空気	1.2	1.8×10^{-5}

 内径 10 mm の円管内を水が 1 m³/h で流れている．このときの流動状態を判定せよ．ただし，水の密度，粘度はそれぞれ 1000 kg/m³，0.001 Pa·s とする．

解答 円管のレイノルズ数 Re の定義は $Re = (\rho u D)/\mu$ であるので，管内の平均流速 $u\,[m/s]$ を計算する．
水の流量を $V\,[m^3/s]$，管の断面積を $A\,[m^2]$ とすれば，平均流速 $u\,[m/s]$ は，

$$u = \frac{V}{A} = \frac{V}{\pi D^2/4}$$

となる．上式を Re の定義である式（2.16）に代入して計算すれば，

$$Re = \frac{\rho u D}{\mu} = \frac{\rho \dfrac{V}{\pi D^2/4} D}{\mu} = \frac{4\rho V}{\pi D \mu} = \frac{4 \times 1000 \times (1/3600)}{\pi \times 0.01 \times 0.001} = 3.5 \times 10^4\,[-]$$

となり，よって，表 2.3 より流れは乱流であるものと判定できる．

第1章
第2章
第3章
第4章
第5章
第6章
付録・付表
演習問題解答
参考文献・さくいん

［補足］　装置によっては必ずしも流路の断面形状が円ではない場合がある．このような場合には，次式で定義する相当直径 D_r [m] を用いると便利である．

$$D_r = 4 \times \frac{\text{流路の断面積 [m}^2\text{]}}{\text{流路の濡れ辺長 [m]}}$$

ここで，濡れ辺長とは，液体が接している流路壁面の周囲長さを示す．

Coffee Break

層流と乱流の発見

　レイノルズ（Osborne Reynolds：1842-1912）は，円管内の水の流動状態を観察するために，水が流れている円管内の中央へ細い管を挿入して微量のインクを注入した．水の速度が小さい場合，インクは水と混合することなく線状になって流れた．これは，流体があたかも層を成して流れていることから層流と名付けられた．一方，水の速度を増加させるとインクの流れは乱れ，渦によってインクと流体は混合する様子が観察された．この状態を乱流とよんだ．

2.4 管内流れの運動量収支

　本節では，層流および乱流における管内流れの速度分布を求める．2.1，2.2 節において物質収支，エネルギー収支を考えたように，管内流れにおいては運動量収支を考える．これによって，流体の速度分布が得られる．運動量とは質量に速度をかけたものであり，単位面積，単位時間での運動量 [kg·m/s] を運動量流束 [kg·m/s /(m²·s)] とよぶ．したがって，運動量流束は圧力（応力）の次元をもつ．

　図 2.9 に示す管内流れの運動量収支をとる場合も，1.2 節の化学工学における基礎概念や 1.3 節の収支式の立て方に基づき，つぎのような手順で考えていく．

① まず，対象とする系を考え，座標をとる．
② その系への運動量の出入りを考え，収支式を立てる．
③ 対象とする系の特徴に基づき，収支式を簡略化する．
④ 微分方程式を立てる（微小領域を考え，積分できるようにする）．
⑤ 境界条件（boundary condition）や当てはまる法則（ニュートンの法則など）を入れ，微分方程式を解く．

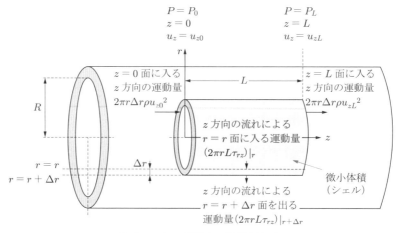

●図 2.9 ● 　円管内の運動量収支

なお，この手法は物質量（第1章）と同様に，運動量（第2章），熱量（第3章）でも同様に用いることができる．

2.4.1 円管内の層流流れ

図2.9に示す水平な半径 R [m] の円管に左から右へ流体が流れている．座標軸には半径方向を r，水平軸方向に z をとる．この円管の中に，内半径 r，外半径 $r + \Delta r$，長さ L の小さな円筒形の微小体積（シェル）を考える．

微小体積（シェル）において考える必要がある運動量は，速度差のある半径 r 方向，流れの方向である z 方向，そして，z 方向に生じる圧力差によるものの三つである．

さて，具体的に円管内の運動量収支をとろう．図2.9に示す，z 方向に時間あたりに入る運動量（せん断応力 τ）は，シェルの1周の長さである $2\pi r$ に長さ L を掛けた面積 $2\pi rL$ と，τ [N/m^2 = kg·m/s /(m^2·s)] をかけ算すると求まる．したがって，$r = r$ 面に入る z 方向の運動量が $2\pi rL\tau_{rz}|_{r=r}$ と求まる．ここで，τ_{rz} は，r 軸に直交した面で z 軸の負の方向にはたらいていることを示す．

同様にして，長さ L の薄い円筒形の微小体積（シェル）において，考える必要がある運動量を以下のように表すことができる．

z 方向の流れによる $r = r$ 面に入る運動量：
  $(2\pi rL)\tau_{rz}|_{r=r}$

z 方向の流れによる $r = r + \Delta r$ 面から出る運動量：
  $2\pi(r + \Delta r)L\tau_{rz}|_{r=r+\Delta r}$

$z = 0$ 面に入る z 方向の運動量：
  $(2\pi r\Delta r\rho u_z^2)|_{z=0}$

$z = L$ 面から出る z 方向の運動量：
  $(2\pi r\Delta r\rho u_z^2)|_{z=L}$

$z = 0$ 面にかかる圧力による運動量：
  $2\pi r\Delta rP_0$

$z = L$ 面にかかる圧力による運動量：
  $2\pi r\Delta rP_L$

これらの運動量について運動量収支式を立てると，次式が書ける．

$$
\begin{aligned}
&(2\pi rL)\tau_{rz}|_{r=r} - 2\pi(r + \Delta r)L\tau_{rz}|_{r=r+\Delta r} \\
&\quad + 2\pi r\Delta r\rho u_z^2|_{z=0} \\
&\quad - 2\pi r\Delta r\rho u_z^2|_{z=L} \\
&\quad + 2\pi r\Delta r(P_0 - P_L) \\
&= 0
\end{aligned} \tag{2.17}
$$

ここで，式 (2.4) や式 (2.5) で示す連続の式を用いると

$$
\rho u_z|_{z=0} = \rho u_z|_{z=L} \tag{2.18}
$$

となる．したがって，式 (2.18) を式 (2.17) に代入し，両辺を $2\pi r\Delta r$ で割って $\Delta r \to 0$ で極限をとれば，以下の簡略化された微分方程式が得られる．

$$
\frac{\mathrm{d}(r\tau_{rz})}{\mathrm{d}r} = \frac{(P_0 - P_L)r}{L} \tag{2.19}
$$

層流流れの場合，ニュートンの法則である式 (2.15) が適用できる．加えて，境界条件では，$r = 0$ で τ_{yx} が有限値であり，u_z が最大速度 $u_{z,max}$ である．また，管壁の $r = R$ では $u_z = 0$ である．これらの条件によって，式 (2.19) から次式に示す管内流速の半径方向分布を表す次式が得られる．

$$
u_z = \frac{(P_0 - P_L)R^2}{4\mu L} \cdot \left\{1 - \left(\frac{r}{R}\right)^2\right\} \tag{2.20}
$$

ここで，

$$
u_{z,max} = \frac{(P_0 - P_L)R^2}{4\mu L} \tag{2.21}
$$

であるので，式 (2.20) は次式となる．

$$
\frac{u_z}{u_{z,max}} = 1 - \left(\frac{r}{R}\right)^2 \tag{2.22}
$$

すなわち，円管内の層流流れにおける半径方向の速度分布は，中心が速度最大 u_{max} の放物線である．

2.4.2 円管内の乱流流れ

乱流流れの速度分布は，層流の場合のように解析的に求めることは難しいので，実験的に求めた次式が用いられる．

$$\frac{u_{av}}{u_{max}} = \left\{1 - \left(\frac{r}{R}\right)\right\}^{1/n} \qquad (2.23)$$

とくに，$Re < 10^5$ の範囲では $n = 7$ が実測値とよく一致するので，1/7 乗則とよぶ場合がある．

Step up 平均速度 u_{av}

図 2.8 の中に，$u_{av} = 1/2 \times u_{max}$，$u_{av} \fallingdotseq 0.8 u_{max}$ という記述がある．これは管内の平均速度 u_{av} が層流，乱流それぞれの場合で最大速度 u_{max} の半分，80%であることを意味する．このことを導いてみよう．

平均速度 u_{av} は，体積流量 $v\,[\mathrm{m^3/s}]$ を管断面積 $A\,[\mathrm{m^2}]$ で割ったものであるので，次式で表される．

$$u_{av} = \frac{v}{A} = \int \frac{2\pi r u_r}{\pi R^2}\,\mathrm{d}r$$

そこで，層流の場合は式 (2.22)，乱流の場合は式 (2.23) を上式に代入すると，u_{max} との関係式が得られる．乱流の場合には，$n = 7$ を用いると $u_{av} \fallingdotseq 0.8 u_{max}$ が導ける．

2.5 管内流れにおける圧力損失の計算

2.2 節の管内流れのエネルギー収支で述べたように，流体が流れるときには摩擦損失によってエネルギーが損失される．これによって，流体の圧力が下がる．この圧力降下（損失）を見誤ると所定の圧力，流量を満足できなくなり，化学プロセスが成り立たない．ここでは，円管内における圧力損失を計算しよう．

2.5.1 直管の圧力損失（ファニングの式）

図 2.10 に示すように，管内を流れる流体によって管壁に摩擦力が作用するため，管壁に力がはたらく．この管壁にはたらく力 $F_k\,[\mathrm{N}]$ は，力がはたらく面積（$= \pi DL$）と流体の運動エネルギー（$= \rho u^2/2$）に比例する．したがって，次式で示される．

$$F_k = f\pi DL\,\frac{\rho u^2}{2} \qquad (2.24)$$

ここで，比例定数の $f\,[\text{-}]$ は摩擦係数（friction coefficient）とよばれる．

図 2.10 における円管内の力のつりあいを考えると，管壁にはたらく力 $F_k\,[\mathrm{N}]$ は，断面 1 と断面 2 にかかる力の差（= 差圧×断面積）となり，次式で書き表せる．

$$F_k = f\pi DL\,\frac{\rho u^2}{2} = (P_1 - P_2)\cdot\frac{\pi D^2}{4} \qquad (2.25)$$

式 (2.25) 中の $P_1 - P_2$ は，流体の圧力損失 $\Delta P\,[\mathrm{Pa}]$ とよばれ，これについて解くと，次式が求められる．

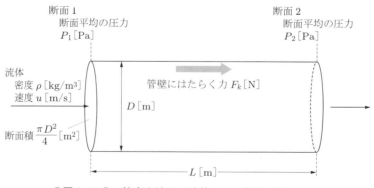

●図 2.10 ● 管内を流れる流体による管壁に加わる力

$$\Delta P\ [\text{Pa}] = \frac{4f\rho u^2 (L/D)}{2} \qquad (2.26)$$

この式が**ファニングの式**（Fanning's equation）である．

摩擦係数 f [-] は，レイノルズ数 Re の関数で表され，以下の式から求められる．

層流の場合：$f = \dfrac{16}{Re}$

乱流の場合（平滑管）：$f = 0.079\,Re^{-1/4}$

ただし，円管が平滑管でなく，管の表面に粗さがある管の f を求める場合には，最大の粗さ ε と管径の比 ε/D をパラメータとして，f と Re の関係が示されている図を用いる．

2.5.2　直管以外の圧力損失

実際の配管には，直管以外に，図2.11に示すような**バルブ**（valve），**エルボ**（elbow），管の拡

（a）バルブ

（b）エルボ

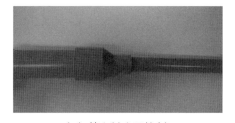

（c）縮小（または拡大）

●図2.11 ● フィッティング類

大や縮小など（**フィッティング**（fitting）類とよぶ）がある．その場合には，**摩擦損失係数** e_v [-] を次式によって定義し，これを用いて直管以外の圧力損失を求める．

$$F = \frac{1}{2}u^2 e_v\ [\text{J/kg}] \qquad (2.27)$$

ここで，F は，エネルギー収支式（式 (2.7)）中に示される摩擦損失でもある．摩擦損失係数は形状によって定まり，代表的な値を表2.5に示す．

したがって，フィッティング類の圧力損失は次式で求められる．

$$\Delta P\ [\text{Pa}] = \rho F = \frac{1}{2}\rho u^2 e_v \qquad (2.28)$$

実際の配管の圧力損失を計算する場合には，直管，エルボ，**ゲートバルブ**（gate valve）の摩擦損失係数 e_v や個数がそれぞれ異なるため，フィッティング類ごとに計算した後に合計することになる．なお，表2.5の e_v の値は1個あたりの値である．

■表2.5 ■　摩擦損失係数

管の断面積変化と管の付属物	摩擦損失係数 e_v [-]
管の入口	0.5
急縮小	0.45
急拡大	$(1/\beta - 1)^2$
オリフィス	$2.7(1-\beta)(1-\beta^2)/\beta^2$
90° エルボ（小口径管）	0.8
90° ベンド	0.25〜0.5
グローブ弁（全開）	6〜10
ゲート弁（全開）	0.2

β：（小さいほうの断面積）/（大きいほうの断面積）

例題 2.4　図2.12 に示すように，ポンプを使って，タンク A からタンク B への水平配管に水を流す．内径 1B（1 インチ = 25.4 mm），長さ 11 m の市販鋼管に水が流量 $v = 2.5 \times 10^{-3}$ [m³/s] で流れている．この図に示すゲートバルブ A，B 間の摩擦による圧力損失 ΔP [Pa] を求めよ．なお，この配管には 90°エルボが二つとゲート弁（全開）が二つある．ただし，水の物性である密度 ρ を 1000 [kg/m³]，粘度 μ を 0.001 [Pa·s] とする．

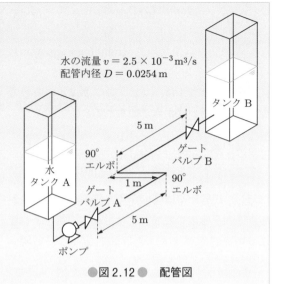

●図 2.12●　配管図

解答　題意より，表2.6 に示すように ① 直管部，② エルボ部，③ ゲートバルブ部に分けて圧力損失を計算したほうがわかりやすい．直管部の圧力損失はレイノルズ数 Re を求め，乱流を確認し，$f = 0.079\,Re^{-1/4}$ から摩擦損失係数 f を求め，式 (2.26) によって計算する．エルボ部およびゲートバルブ部の圧力損失は，表2.5 から e_v 値を求め，式 (2.28) によって計算する．以下に表2.6 に示す値を説明しながら，例題を解いていく．

① 直管部の圧力損失：管内流速 u とレイノルズ数 Re は，それぞれつぎのように求められる．

$$u = \frac{2.5 \times 10^{-3}}{\pi \times (0.0254)^2/4} = 4.93 \,\text{m/s}$$

$$Re = \frac{\rho u D}{\mu} = 1000 \times 4.93 \times \frac{0.0254}{0.001} = 125000$$

$f = 0.079\,Re^{-1/4}$ に $Re = 125000$ を代入することによって，摩擦係数 $f = 0.0042$ が得られる．

続いて，水の密度 $\rho = 1000\,\text{kg/m}^3$，管内流速 $u = 4.93\,\text{m/s}$，管の長さ $L = 11\,\text{m}$，管の直径 $D = 0.0254\,\text{m}$ を式 (2.26) に代入すると，直管部の圧力損失 $\Delta P_p = 88.4\,\text{kPa}$ が得られる．

② エルボ部の圧力損失 $\Delta P_e = 19.4\,\text{kPa}$，③ ゲートバルブ部の圧力損失 $\Delta P_v = 4.9\,\text{kPa}$ と計算される．
したがって，これらの圧力損失を合計すると，求めるべき ΔP が得られる．

$$\Delta P = \Delta P_p + \Delta P_e + \Delta P_v = 113\,\text{kPa}$$

■表 2.6 ■　各部の圧力損失の計算

	数量	摩擦係数 f [-]	摩擦損失係数 e_v [-]	ΔP を求める式	圧力損失 [kPa]
① 直管	$L = 11\,\text{m}$	0.0042	—	$4f\rho v^2(L/D)/2$	$\Delta P_p = 88.4$
② エルボ	$n = 2$ 個	—	0.8	$1/2 \times \rho v^2 e_v \times n$	$\Delta P_e = 19.4$
③ ゲートバルブ	$n = 2$ 個	—	0.2	$1/2 \times \rho v^2 e_v \times n$	$\Delta P_v = 4.9$
求める合計の圧力損失					$\Delta P = 112.7$

2.5.3 流動実験

　管内を流れる流体の圧力損失を測定する流動実験装置を図2.13に示す．水道水をホースで上部タンクに供給する．その水は，PVC（polyvinyl chloride，ポリ塩化ビニル）製の配管を通り，上部タンクの2, 3 m 下にある下部タンクに溜まる．このとき，上部タンクの水位は一定になるようにする．また，水平部分の配管長さは，2〜3 m とする．

　配管内を流れる水の流量は，単位時間の水の重量を測定し，水の密度で割ることによって求める．

水の流れによる摩擦損失の実験値は，水マノメータの水位差から求める（後述の Step up 参照）．PVC 製バルブの操作によって管内流速を変化させることで，層流と乱流とに流動状態を切り替える．層流と乱流のそれぞれの場合において，直管と 90° エルボの圧力損失 ΔP [mmH$_2$O] を実験で測定した値とファニングの式から求めた計算値とを比較検討することができる．

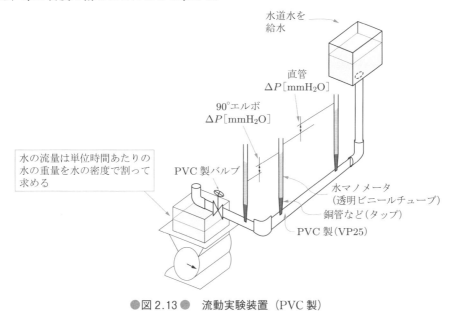

水道水を給水

直管
ΔP[mmH$_2$O]

90°エルボ
ΔP[mmH$_2$O]

水の流量は単位時間あたりの水の重量を水の密度で割って求める

PVC 製バルブ

水マノメータ
（透明ビニールチューブ）

銅管など（タップ）

PVC 製（VP25）

●図 2.13 ●　流動実験装置（PVC 製）

Step up　マノメータによる圧力の測定原理

　圧力の測定には，図2.14に示すU字型圧力計（マノメータ）が用いられる．U字管の内部に密度 ρ' の液を封入し，封液の両側の流体の密度を ρ_1, ρ_2 とすると，ベルヌーイの式より次式が成立する．

$$P_1 + \rho_1 g h_1 = P_2 + \rho_2 g h_2 + \rho' g h$$

U字管の一端が大気に開放されている場合は，大気圧 P_0 を用いて次式のように計算される．

$$P_1 - P_0 = \rho' g h - \rho_1 g h_1$$

気体の圧力を測定する場合は $\rho_1 \ll \rho'$ であるので，次式としてもよい．

$$P_1 - P_0 = \rho' g h$$

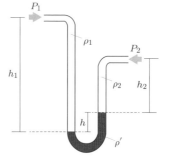

P_1

ρ_1

P_2

h_1

ρ_2

h_2

h

ρ'

●図 2.14 ●　圧力測定に用いるU字型圧力計（マノメータ）

演・習・問・題・2

2.1

図 2.4 と類似の配管を考える．断面 1 は内径 2 B（インチ）であり，断面 2 は内径 1 B であった．断面 1 における空気の平均流速 u_1 [m/s] が 5 m/s であるときの断面 2 における体積流量 v_2 [m³/s]，質量流量 w_2 [kg/s]，質量流束 N [kg/m²·s] を求めよ．ただし，空気の密度 ρ は 1.2 kg/m³，1 B = 25.4 mm とする．

2.2

内径 1 B（25.4 mm）の配管とポンプを用いて，密度 $\rho = 700$ kg/m³，粘度 $\mu = 0.01$ Pa·s の油をタンク A から上部のタンク B へ送る．このときの流れによるエネルギー損失 F は 20 [J/kg] であった．ポンプが行った仕事 W [J/kg] を求めよ．なお，タンク A，B の高低差は 3 m であり，タンク A，B の圧力は大気圧とする．

2.3

内径 1 B（25.4 mm）の円管を 20 ℃ の流体が 2 m/s で流れている．この流体が水および空気の場合において，それぞれの流動状態（層流，乱流または，遷移流か）を判断せよ．また，円管内における摩擦係数 f を求めよ．

2.4

図 2.13 において，上部水タンクの高さを 2 m，PVC 直管の長さ 2 m，90 度エルボ 2 個，PVC 製ゲートバルブ 1 個の流動実験装置を組み立てた．この場合の流れる水の質量流量 [kg/s] を求めよ．ただし，VP25 の内径は 25 mm，全直管長は 4 m，摩擦係数は $f = 0.005$ とする．

第3章

熱の流れ

化学反応には発熱反応，吸熱反応があり，化学プロセスの中には加熱，冷却，蒸発など熱の移動をともなう操作がある．本章では，これら熱が移動する現象について学ぶ．「熱が流れる」ことと第2章で学んだ「流体が流れる」ことは，移動する現象として同様に考えることができる．たとえば，第2章で流体の速度差によってせん断応力が移動したように，温度差によって熱が移動する．また，第2章では運動量収支から円管内の速度分布を求めたように，熱収支から円管内の温度分布が求められる．しかしその一方で，伝熱管を挟んだ内側と外側，加えて管自体でも熱の移動が起こり，それらを組み合わせる伝熱操作特有の取り扱いが必要である．

本章では，まず3種類（伝導，対流，ふく射）の熱の伝わり方について述べた後，伝熱管自体における熱の伝わり方や二つの流体間における熱の伝わり方について解説する．最後に，実際の化学プロセスにおいて，原料などを加熱する装置である熱交換器とその性能評価の仕方について述べる．

KEY 🔑 WORD

伝導伝熱	対流伝熱	ふく射伝熱	熱流量	熱流束
フーリエの法則	伝熱面積	総括伝熱係数	境膜伝熱係数	対数平均温度差
熱交換器				

3.1 伝熱の種類

3.1.1 熱の伝わる形態

熱が伝わる形態には，表3.1に示すように3種類ある．物体内の温度勾配による**伝導伝熱**（conductive heat transfer），流体の移動による**対流伝熱**（convective heat transfer），そして電磁波による**ふく射伝熱**（radiative heat transfer）である．

伝導伝熱の具体例に，ステーキ肉の調理がある．ステーキ肉をフライパンで焼くと，その表面温度は高くなるが，内側は低い．このとき生じる温度勾配によって，肉の内部に熱が伝わる．

鍋でお湯を沸かすことは，対流伝熱の例である．鍋に火をかけると，底のほうが熱くなり，温度勾配によって水（お湯）に密度差が生じ，水の移動が起こる．また，ぐつぐつと煮えることによっても水は移動する．これらの移動によって，鍋の中

の水全体に熱が伝わる．

ふく射伝熱の例としては，たき火がある．高温なたき火の炎からは約 $0.4\,\mu\mathrm{m} \sim 100\,\mu\mathrm{m}$ の電磁波（electromagentic wave）が放たれ，これによって熱が伝えられる．

■表3.1■ 熱の伝わる形態

種類	伝熱の仕組み	具体例	使用する数式
伝導伝熱	物体内の温度勾配によるもの	ステーキ	フーリエの法則 $q = -k\dfrac{\mathrm{d}T}{\mathrm{d}x}$
対流伝熱	流体の移動によるもの	鍋	伝熱係数 k を用いた熱移動速度の式 $q = h \cdot (T_1 - T_2)$
ふく射伝熱	電磁波によるもの	たき火	ステファン・ボルツマンの法則 $q = \sigma T^4$

表3.1中の使用する数式については，次項以降で順次説明していく．

3.1.2　伝導伝熱

伝導伝熱における熱の移動の仕方を考える．静止流体中において図3.1に示すような固体平板に温度分布が生じる場合，高温部から低温部へ熱が移動する．この移動する熱量においても，2.1.1項で述べた質量流量と同様に，単位時間に流れている熱量を考え，それを熱流量 Q（heat transfer rate）[J/s] とよぶ．また，単位面積での熱流量を熱流束 q [J/(m^2·s)] とよぶ．すなわち，熱流束 q [J/(m^2·s)] は熱流量 Q [J/s] を断面積 A [m^2] で割ったものである．このように，第2章で学んだ流体（物質）の流れの単位である kg を熱量の単位 J にかえることによって，熱の流れも表される．

この熱流束 q [J/(m^2·s)] は温度勾配（temperature gradient）dT/dx に比例することが知られている．このときの比例定数 k は熱伝導度（thermal conductivity）とよばれる物性値であり，その単位は J/(m·s·K) である．これはフーリエの法則（Fourier's law）とよばれ，次式で表される．

$$q = \frac{Q}{A} = -k\frac{dT}{dx} \tag{3.1}$$

たとえば，図3.2のように鉄棒のある場所（x_1）が温度 T_1 に加熱された場合，熱が別の場所（x_2）に移動する．この鉄棒（熱伝導度 k [J/(m·s·K)]）における伝導伝熱による熱流量 Q [J/s] は，次式のように書ける．

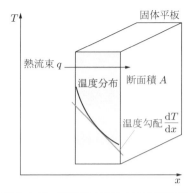

●図3.1●　固体平板における伝導伝熱による熱移動（フーリエの法則）

$$Q = Ak\frac{T_1 - T_2}{L} \tag{3.2}$$

ここで，温度勾配 dT/dx は次式で表される．

$$\frac{dT}{dx} = \frac{T_2 - T_1}{L} \tag{3.3}$$

式 (3.2)，式 (3.3) から熱流束 q [J/(m^2·s)] は次式で表され，式 (3.1) で表されるフーリエの法則が示される．

$$q = \frac{Q}{A} = -k\frac{dT}{dx}$$

3.1.3　対流伝熱

つぎに，対流伝熱における熱の移動の仕方を考える．対流伝熱は流体の移動によって熱が移動するものであり，伝熱係数（heat transfer coefficient）h [J/(m^2·s·K)] と温度差 $T_1 - T_2$ を用いて，熱流束 q [J/(m^2·s)] は次式で表される．

$$q = h(T_1 - T_2) \tag{3.4}$$

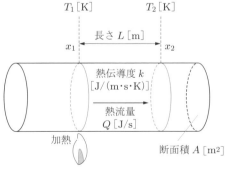

●図3.2●　熱伝導度 k の物質中の熱流束

例題 3.1 大きな断面積をもつ厚さ 10 mm の発泡ポリスチレン製の断熱材を考える．両表面温度が
それぞれ 303 K と 313 K であり，定常状態にあるとする．このときの熱流束はいくらか．
また，発泡ポリスチレン板のかわりに B1 レンガ板，ならびにステンレス鋼板であったらどうなるか．ただし，
発泡ポリスチレン板，B1 レンガ板，ステンレス鋼板の熱伝導度はそれぞれ 0.035, 0.12, 15.0 [J/(m·s·K)]
とする．

解答 問題の検討条件を図 3.3 に示す．厚さに対して大きな断面積をもつ
ため，厚さ方向の断面から熱が失われることは無視する．すなわち，
x 方向のみ熱が移動するので，式 (3.1) より $q = -k\dfrac{dT}{dx}$ [J/(m²·s)] である．板の
厚さを b [m] とし，境界条件 $x = 0$ において $T = T_1$, $x = b$ において $T = T_2$
で積分する．

$$q \int_0^b dx = -k \int_{T_1}^{T_2} dT$$

$$q = k\frac{T_1 - T_2}{b} \tag{3.5}$$

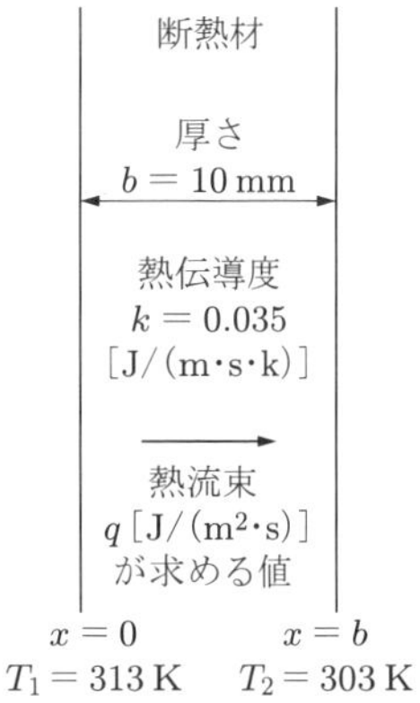

ポリスチレン板の場合，熱伝導度 $k = 0.035$ J/(m·s·K)，$T_1 = 313$ K,
$T_2 = 303$ K，厚さ $b = 0.01$ m を式 (3.5) に代入すると，求める熱流束

$$q = 0.035 \times (313 - 303)/0.01 = 35 \text{ J/(m}^2\text{·s)}$$

が得られる．
B1 レンガ，ステンレス鋼板の場合も同様に計算して，120 J/(m²·s)，15 kJ/(m²·s) を得る．

断熱材
厚さ
$b = 10$ mm
熱伝導度
$k = 0.035$ [J/(m·s·k)]
熱流束 q [J/(m²·s)] が求める値
$x = 0$ $x = b$
$T_1 = 313$ K $T_2 = 303$ K

●図 3.3● 検討条件（発泡スチレン）

Coffee Break

温度の測定方法

温度の測定方法には，接触式と非接触式のものがある．
接触式で代表的なものは，温度による液体の体積変化を利用する水銀温度計などの膨張式温度計があげられる．また，温度によって抵抗率が変わる原理を利用した白金抵抗温度計や熱電対など，金属線を用いる電気式の測定方法もよく用いられる．
非接触方式としては，赤外線サーモグラフィなど，放出される赤外線を検出するタイプのものが広く用いられている．

■表 3.2■ 温度の測定方法

接触式	膨張式	水銀温度計
	電気式	白金抵抗温度計 熱電対
非接触式		赤外線サーモグラフィ

Step up ▼ **ふく射伝熱**

太陽の熱が地球へ届くことを考えよう．太陽と地球の間は真空であるが，電磁波によって熱が伝わる．その熱流束 q [J/(m²·s)] は，ステファン・ボルツマン（Stefan-Boltzmann's law）の法則である次式で与えられる．

$$q = \sigma T^4 \tag{3.6}$$

ここで，σ はステファン・ボルツマン定数（$\sigma = 5.67 \times 10^{-8}$ J/(m²·s·K⁴)）であり，T は太陽の表面温度 T [K]（= 5773 K）である．

この式から太陽からの熱流束を求めると，6.3×10^7 [J/(m²·s)] となる．このように，ふく射伝熱量は温度 T の 4 乗に比例することから，1000 ℃ 以上の高温になると，表 3.1 に示した三つの伝熱形態のうち，ふく射熱の寄与が最も大きくなる．一方，地球上における通常の化学プロセスでは，火炉（ボイラー）や工場火災などの特別な場合を除いてふく射熱を考慮することはない．そのため，本章ではふく射熱の詳細を取り扱わない．

3.2 円筒状固体内における熱伝導

　化学工学における代表的な伝熱装置に熱交換器があり，その多くは伝熱管を用いて熱を移動させる．熱交換器では一般に，伝熱管の内側に高温流体，外側に低温流体を流すことによって管の内側から外側に向かって熱を移動させつつ，外への放熱を防ぐ．

　2.4.1項の円管内の層流流れにおいて用いた手法と同様のことを，熱量について行う．熱交換器の伝熱管における伝導伝熱について，図3.4(a)を用いて考える．まず，1.3.2項で述べたように熱量について収支式を立てる．つぎに，この熱収支式から微分方程式を立て，フーリエの法則と境界条件を用いて解いていく．

　計算は以下の手順で行う（図3.4(b)）．

① 対象とする系，座標の作成：図3.4(b)に示すような，長さ L [m]，内半径 R_1 [m]，外半径 R_2 [m] の水平な円管を考え，半径方向 r，軸方向 z に座標をとる．この円管の中に内半径 r，外半径 $(r + \Delta r)$ の薄い円筒形のシェルを考え，単位時間の熱収支をとる．

② 収支式の作成：

a) 半径 r 面に入る熱伝導による熱流量 Q_r [J/s] は，円周 $2\pi r$ に長さ L をかけて求められる面積 [m²] に，半径 r における熱流束 $q|_r$ [J/(m²·s)] を乗じたものである．したがって，$2\pi rL \cdot q|_r$ [J/s] となる．

b) 半径 $r + \Delta r$ 面から出る熱伝導による熱流量 $Q_{r+\Delta r}$ は，円周 $2\pi(r + \Delta r)$ に長さ L をかけて求められる面積に，半径 $r + \Delta r$ における単位断面積での熱流束 $q|_{r+\Delta r}$ [J/(m²·s)] を乗じたものである．したがって，

$$2\pi(r + \Delta r)L \cdot q|_{r+\Delta r} \text{ [J/s]} \tag{3.7}$$

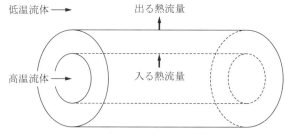

低温流体 →　　　　　出る熱流量

高温流体 →　　　　　入る熱流量

（a）熱交換器の伝熱管

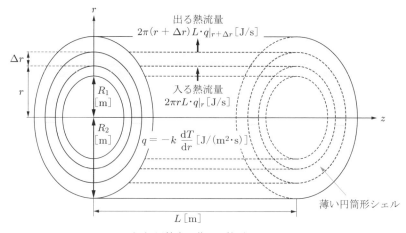

出る熱流量
$2\pi(r + \Delta r)L \cdot q|_{r+\Delta r}$ [J/s]

Δr

R_1 [m]

r

入る熱流量
$2\pi rL \cdot q|_r$ [J/s]

R_2 [m]

$q = -k \dfrac{dT}{dr}$ [J/(m²·s)]

薄い円筒形シェル

L [m]

（b）円管内の薄い円筒形シェル

●図3.4●　伝熱管材料内の伝導伝熱

■表3.3■ 伝熱管材料内の熱収支

考える熱流量	表す式
a) 半径 r 面に入る熱伝導による熱流量	$2\pi rL \cdot q\|_r$ [J/s]
b) 半径 $(r+\Delta r)$ 面から出る熱伝導による熱流量	$2\pi(r+\Delta r)L \cdot q\|_{r+\Delta r}$ [J/s]　　　（式 (3.7))
c) 定常状態なので （入る熱流量）－（出る熱流量）＝0	$2\pi rL \cdot q\|_r - 2\pi(r+\Delta r)L \cdot q\|_{r+\Delta r} = 0$　（式 (3.8))

となる.

c) 対象としている微小体積において，熱流量の蓄積はなく定常状態なので，入る熱流量と出る熱流量が等しくなる. したがって，これらをまとめると次式のように熱収支がとれる.

$$2\pi rL \cdot q\|_r - 2\pi(r+\Delta r)L \cdot q\|_{r+\Delta r} = 0 \quad (3.8)$$

a) から c) の式の導出を表3.3にまとめる.

③ 収支式の簡略化：熱収支式の式 (3.8) の両辺を $2\pi L\Delta r$ で割れば，次式が得られる.

$$\frac{(r+\Delta r) \cdot q\|_{r+\Delta r} - r \cdot q\|_r}{\Delta r} = 0$$

④ 微分方程式の作成と解法：Δr で極限をとれば，つぎの微分方程式が得られる.

$$\frac{\mathrm{d}(rq)}{\mathrm{d}r} = 0 \quad (3.9)$$

この式において，伝導伝熱の場合，熱流束 q はフーリエの法則が適用できるので，

$$\frac{\mathrm{d}}{\mathrm{d}r}\left\{r\left(-k\frac{\mathrm{d}T}{\mathrm{d}r}\right)\right\} = 0$$

が得られる. これを2回積分すると，次式が得られる.

$$r\frac{\mathrm{d}T}{\mathrm{d}r} = C_1$$

$$T = C_1\ln r + C_2 \quad (C_1, \ C_2 \text{は積分定数})$$

⑤ 境界条件を用いた微分方程式の解：図3.4(b)の半径 R_1 と R_2 における温度がそれぞれ T_1, T_2 と与えられた場合（たとえば，実測する），これを境界条件として解を求める. その結果，次式が得られる.

$$T = \frac{T_1\ln(r/R_2) - T_2\ln(r/R_1)}{\ln R_1 - \ln R_2} \quad (3.10)$$

以上のように式 (3.8) について数式展開を行い，式 (3.10) によって伝熱管材料内の半径方向の温度分布が求められた. この導出をまとめると，表3.4になる.

つぎに，この伝熱管材料内における，熱流束 q [J/(m²·s)] および熱流量 Q [J/s] も求めてみよう. 式 (3.10) を半径 r で微分すると次式が得られる.

$$\frac{\mathrm{d}T}{\mathrm{d}r} = \frac{1}{r} \cdot \frac{T_1 - T_2}{\ln(R_1/R_2)}$$

この式に式 (3.1) を代入して，熱流束 q [J/(m²·s)] が次式のように得られる.

$$\text{熱流束 } q = \frac{k}{r} \cdot \frac{T_1 - T_2}{\ln(R_1/R_2)} \quad (3.11)$$

熱流量 Q [J/s] を求めるには，熱流束 q [J/(m²·s)]

■表3.4■ 伝導伝熱における伝熱管の半径方向温度分布

数式の導出方法	得られる数式
式 (3.8) の両辺を $2\pi L\Delta r$ で割り，Δr で極限をとる.	$\dfrac{\mathrm{d}(rq)}{\mathrm{d}r} = 0$　　　（式 (3.9))
フーリエの法則 $q = -k\dfrac{\mathrm{d}T}{\mathrm{d}x}$ を式 (3.9) に適用	$\dfrac{\mathrm{d}}{\mathrm{d}r}\left\{r\left(-k\dfrac{\mathrm{d}T}{\mathrm{d}r}\right)\right\} = 0$
境界条件：$r = R_1$ で $T = T_1$, $r = R_2$ で $T = T_2$ を代入	$T = \dfrac{T_1\ln(r/R_2) - T_2\ln(r/R_1)}{\ln(R_1/R_2)}$　（式 (3.10))

に伝熱が行われる面積（伝熱面積（heat transfer surface））A [m²] をかければよい．$A = 2\pi rL$ なので，次式となる．

$$Q = 2\pi rL \cdot q = 2\pi rL \cdot \frac{k}{r} \cdot \frac{T_1 - T_2}{\ln(R_1/R_2)}$$
$$= 2\pi Lk \frac{T_1 - T_2}{\ln(R_2/R_1)}$$

ここで，対数平均（logarithmic mean）の伝熱面積

$$A_{lm} = \frac{A_2 - A_1}{\ln(A_2/A_1)} \tag{3.12}$$

を用いる．$A_1 = 2\pi R_1 L$，$A_2 = 2\pi R_2 L$ であるので，熱流量 Q は次式に示す簡潔なものとなる．

$$Q = \frac{kA_{lm}(T_1 - T_2)}{R_2 - R_1} \tag{3.13}$$

これらの導出をまとめると，表3.5となる．

■表3.5■ 伝導伝熱における伝熱管の熱流束と熱流量

数式の導出方法	得られる数式
式 (3.10) を半径 r で微分して，式 (3.1) に代入する．	熱流束 $q = \dfrac{k}{r} \cdot \dfrac{T_1 - T_2}{\ln(R_1/R_2)}$ （式 (3.11)）
式 (3.11) を熱流量 Q [J/s] で表すために，対数平均の伝熱面積 A_{lm} [m²] を用いて整理する	熱流量 $Q = \dfrac{kA_{lm}(T_1 - T_2)}{R_2 - R_1}$ （式 (3.13)）

 例題 3.2　内径 1.5 m，外径 2.0 m の耐火物製の熱風供給管（$k = 1.2$ J/(m·s·K)）がある．管の内表面温度が 1473 K，外表面温度が 373 K であるとき，管の長さ 1 m あたりの熱流量はいくらか．また，管壁の中心の温度はいくらか．

解答　式 (3.13) より，管長 1 m あたりの熱流量 Q を求める．まず，式 (3.12) を用いて対数平均伝熱面積 A_{lm} [m²] を計算すると，$L = 1$ m，$R_1 = 0.75$ m，$R_2 = 1.0$ m より，

$$A_{lm} = \frac{A_2 - A_1}{\ln(A_2/A_1)} = \frac{2\pi L(R_2 - R_1)}{\ln(R_2/R_1)} = \frac{2 \times \pi \times 1.0 \times (1.0 - 0.75)}{\ln(1.0/0.75)} = 5.46 \text{ m}^2$$

つぎに，$T_1 = 1473$ K，$T_2 = 373$ K を式 (3.13) に代入し

$$Q = \frac{kA_{lm}(T_1 - T_2)}{R_2 - R_1} = \frac{1.2 \times 5.46 \times (1473 - 373)}{1.0 - 0.75} = 28.8 \text{ kJ/s}$$

となる．したがって，管の長さ 1 m あたりの熱流量は 28.8 kJ/s である．

管壁の中心 $r = (R_1 + R_2)/2 = (0.75 + 1.0)/2 = 0.875$ m における温度 T [K] は，式 (3.10) よりつぎのようになる．

$$T = \frac{T_1 \ln(r/R_2) - T_2 \ln(r/R_1)}{\ln R_1 - \ln R_2} = \frac{1473 \times \ln(0.875/1.0) - 373 \times \ln(0.875/0.75)}{\ln 0.75 - \ln 1.0} = 880 \text{ K}$$

Step up　対数平均を用いる理由

図3.1のような平板における熱移動では，移動する場所によって断面積は変化しない．しかし，円管の半径方向に移動する場合，その半径によって断面積が変化する．そこで，図3.4(b) のように内表面積 $A_1 = 2\pi R_1 L$，外表面積 $A_2 = 2\pi R_2 L$ ととり，A_1，A_2 の対数平均 A_{lm} をとる．これによって，円管における式 (3.12) の A_{lm} は，平板における式 (3.2) の A と同様の形で表される．

Coffee Break

熱収支や熱の移動における基本式

熱収支や熱の移動に関する計算を行う場合は，エネルギー保存の法則（熱力学の第一法則）に基づく基礎的な二つの関係を用いる．

一つ目は，1.3.1項で述べた式 (1.1) である．これは単位時間における式である．

(蓄積する熱量)
　＝ (入ってくる熱量)
　　－ (出ていく熱量)

二つ目は，温度の高い物質と温度の低い物質が存在するとき，その間での熱の受け渡しについて，つぎの関係が成り立つことである．

(低温側が高温側から奪う熱量)
　＝(高温側が低温側へ与える熱量)

Step up　物質量の移動への拡張〈棒状芳香剤の拡散〉

芳香剤の香りの成分物質（芳香性の分子である）も，熱と同じように移動（拡散 (diffusion)）する．本節で学んだフーリエの法則は，移動する熱流束が温度勾配に比例した．その式を展開することによって，温度分布を示す式 (3.10) を導いた．芳香剤の成分物質の物質流束も熱流束と類似して，濃度勾配に比例する（5.2.3項で後述）．すなわち，温度と濃度の勾配に比例して移動することが類似している．このことを使って，熱伝導の温度分布と同様に，物質量についてもその濃度分布を数式によって定量化ができる．

図3.5に示すように，半径方向 r，軸方向 z に座標をとり，$r=0$ に垂直な長さ L の芳香剤を考える．この座標軸において，半径 r，外半径 $(r+\Delta r)$ の微小体積（薄い円筒形のシェル）について，単位時間での物質収支に関する微分方程式を立てる．この式に，5.2.3項で示すフィックの法則 (Fick's law) と境界条件を用いることによって，芳香性成分物質の半径方向の濃度分布が次式で求められる．

$$C = \frac{C_1 \ln (r/R_2) - C_2 \ln (r/R_1)}{\ln R_1 - \ln R_2} \tag{3.14}$$

この濃度分布式である式 (3.14) は，伝熱管内の温度分布式である式 (3.10) と同じ形であることがわかる．

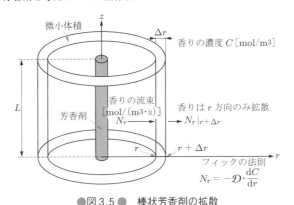

●図 3.5 ● 棒状芳香剤の拡散

3.3 固体壁を挟んだ二つの流体間の伝熱

3.2 節において，熱交換器の伝熱管の材料内では，伝導伝熱によって熱が伝わることを学んだ．管の内側と外側における管壁近傍には境膜があり，伝熱管の材料内の伝導伝熱とは異なるため，境膜での伝熱を別途考える必要がある（図3.6参照）．

そこで本節では，まず境膜伝熱について説明する．その後，伝熱管材料内の伝導伝熱とそれを挟

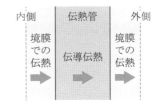

●図 3.6 ● 伝熱管を挟んだ二つの流体間の伝熱形態

んだ二つの境膜伝熱を組み合わせる．これによって，実際の伝熱管における伝熱を考えることができる．

3.3.1 境膜伝熱係数

管壁近傍の流体の流れに第1章の図1.6や第2章の図2.8(b) 示したような境膜が存在する．同様に，移動する熱についても伝熱管の内側と外側の境膜において伝熱が起こる．

図3.7は，管の厚さ x の伝熱管の側面図である．図の左側を流体1が，右側を流体2が流れている．流体はある速度をもって流れているが，管壁では流体の速度が0である．このことによって，管壁からある地点（点線で示す）まで層流域が存在する．この領域を境膜とよぶ．図3.7に示す伝熱モデルは，現象を単純化するため，境膜内では層流の流れで，境膜以外は乱流で流れると考えたものである．層流の流れにおける熱流束 q [J/(m²·s)] を定量化すると，ここではフーリエの法則が成り立つので，次式となる．

$$熱流束 \quad q_1 = -k\frac{dT}{dx} \ [\mathrm{J/(m^2 \cdot s)}]$$

熱流量 $Q_1 = q_1 A_1 = \left(-k\dfrac{dT}{dx}\right)A_1$
$$= h_1 A_1 (T_1 - T_{w1}) \ [\mathrm{J/s}] \qquad (3.15)$$

ここで，h_1（$= k/\delta$）は境膜伝熱係数（film coefficient of heat transfer），δ は境膜の厚さである．

すなわち，熱流量 Q_1 は温度差 $T_1 - T_{w1}$ によって引き起こされ，境膜伝熱係数 h_1 が比例定数であることがわかる．

3.3.2 総括伝熱係数

前項によって，流体1側の境膜での熱流量 Q_1 [J/s] は，境膜伝熱係数 h_1 [J/(m²·s·K)] を用いて次式で表された．

$$Q_1 = h_1 A_1 (T_1 - T_{w1}) \qquad (3.16)$$

伝熱管の材料内での伝熱は式 (3.1) のフーリエの式によって表され，その熱流量 Q_k [J/s] は次式で書ける．

$$Q_k = -k\frac{A_{av}\,dT}{dx} = \frac{kA_{av}(T_{w1} - T_{w2})}{x} \qquad (3.17)$$

流体2側も，流体1側と同様に以下の式が書ける．

$$Q_2 = h_2 A_2 (T_{w2} - T_2) \qquad (3.18)$$

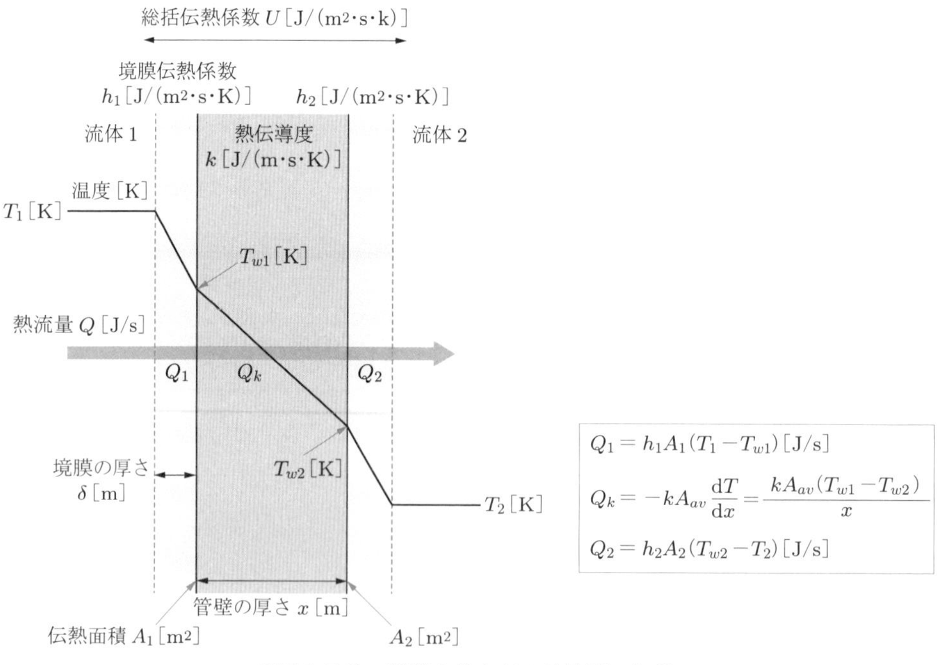

●図3.7● 管壁を挟んだ2流体間の伝熱

定常状態では上記の式 (3.16)～(3.18) で示す熱流量 Q_1, Q_k, Q_2 が等しいので，これらを Q [J/s] とおくと，以下の式が書ける.

$$Q = h_1 A_1 (T_1 - T_{w1}) = \frac{kA_{av}(T_{w1} - T_{w2})}{x}$$
$$= h_2 A_2 (T_{w2} - T_2)$$
$$= \frac{T_1 - T_2}{\dfrac{1}{h_1 A_1} + \dfrac{x}{kA_{av}} + \dfrac{1}{h_2 A_2}} \qquad (3.19)$$

ここで，

$$\frac{1}{U_1 A_1} = \frac{1}{U_2 A_2} = \frac{1}{h_1 A_1} + \frac{x}{kA_{av}} + \frac{1}{h_2 A_2}$$
$$(3.20)$$

で表される総括伝熱係数（overall coefficient of heat transfer）U_1, U_2 [J/(m²·s·K)] を用いると，式 (3.19) はつぎのように簡単に書ける.

$$Q = U_1 A_1 (T_1 - T_2) = U_2 A_2 (T_1 - T_2) \quad (3.21)$$

U_1 は伝熱面積 A_1 を基準としたものであり，U_2 は伝熱面積 A_2 を基準としたものである.

すなわち，式 (3.21) は流体 1 側の境膜，伝熱管の材料内，流体 2 側の境膜における三つの伝熱抵抗を一つにまとめた総括伝熱係数 U を用いて，熱流量を表したものである. 総括伝熱係数 U の値は，熱交換器の性能を評価するためにも用いられるので重要である.

3.3.3 円管の強制対流伝熱における境膜伝熱係数

対流伝熱には強制対流伝熱と自然対流伝熱の二つがある. 強制対流伝熱とは，ポンプやブロワーなどで強制的に流体を流した場合に起る伝熱である. 一方，自然対流伝熱は，流体内の温度差に起因する密度差によって，自然に流体が移動することによる伝熱である. 自然対流伝熱は化学プロセスにおいてほとんど採用されないので，本書では強制対流伝熱について学ぶ.

円管内の強制対流伝熱における境膜伝熱係数は，伝熱面の形状や流体の物性値，流体の流れの状態などによって影響を受ける. それらの関係は実験的に求められ，相関式として提出されている.

(1) 円管内の場合

円管内を流体が乱流で流れる場合（$Re = \rho u D/\mu > 10000$）は，以下の式が実験的に知られている.

$$Nu = 0.023 (Re)^{0.8} (Pr)^{0.4} \qquad (3.22)$$

ここで，Nu（ヌッセルト数（Nusselt number）），Pr（プラントル数（Prandtl number））はそれぞれ次式で定義される無次元数である.

$$Nu = \frac{hD}{k} \qquad (3.23)$$

$$Pr = \frac{C_p \mu}{k} \qquad (3.24)$$

h [J/(m²·s·K)] は境膜伝熱係数，D [m] は管内径，k [J/(m·s·K)] は流体の熱伝導度，C_p [J/(kg·K)] は流体の比熱（specific heat），μ [Pa·s] は流体の粘度である.

一方，管内が層流の場合（$Re \leq 2100$）は，つぎの式が知られている.

$$Nu = 1.86 (Re)^{1/3} (Pr)^{1/3} \left(\frac{D}{L}\right)^{1/3} \left(\frac{\mu}{\mu_w}\right)^{0.14} \quad (3.25)$$

ここで，L [m] は管の長さ，μ_w [Pa·s] は管壁（温度 T_w）における流体の粘度である.

(2) 円管外表面の場合

流体が円管の外側を垂直に流れる場合，次式によって求められる.

$$Nu = C(Re)^n Pr^{0.37} \qquad (3.26)$$

ただし，Re, Pr を求める場合，代表長さには管の外径を，代表速度には管の影響を受けない十分離れた場所での速度を用いる. 定数 C, 指数 n の値を表 3.6 に示す.

■表 3.6 ■ 式 (3.26) の C と n の値

Re	C	n
1～40	0.75	0.4
40～1000	0.51	0.5
1000～2×10^5	0.26	0.6
2×10^5～1×10^6	0.076	0.7

第1章
第2章
第3章
第4章
第5章
第6章
付録・付表
演習問題解答
参考文献・さくいん

例題 3.3 外径 45 mm，内径 41 mm の鋼管内を以下の液体が流れているとき，それぞれの境膜伝熱係数を求めよ．

(1) 平均温度 313 K，流速 1 m/s の水　(2) 平均温度 313 K，流速 10 m/s の空気（圧力 101.3 kPa）

解答　(1) 313 K の水の物性値は，密度 $\rho = 992\,\mathrm{kg/m^3}$，粘度 $\mu = 6.53 \times 10^{-4}\,\mathrm{Pa \cdot s}$，熱伝導度 $k = 0.632\,\mathrm{J/(m \cdot s \cdot K)}$，比熱 $C_p = 4.18\,\mathrm{kJ/(kg \cdot K)}$ である．

まず，Re および Pr を計算すると，つぎのようになる．

$$Re = \frac{\rho u D}{\mu} = \frac{992 \times 1.0 \times 0.041}{6.53 \times 10^{-4}} = 6.23 \times 10^4$$

$$Pr = \frac{C_p \mu}{k} = \frac{4.18 \times 10^3 \times 6.53 \times 10^{-4}}{0.632} = 4.32$$

Re の値より，流れは乱流であると判断できるので，式 (3.22) を用いて境膜伝熱係数 h を計算する．

$$h = 0.023 \left(\frac{k}{D}\right)(Re)^{0.8}(Pr)^{0.4} = 0.023 \times \frac{0.632}{0.041} \times (6.23 \times 10^4)^{0.8} \times 4.32^{0.4}$$

$$= 4.4\,\mathrm{kJ/(m^2 \cdot s \cdot K)}$$

(2) 313 K，101.3 kPa の空気の物性値は，密度 $\rho = 1.127\,\mathrm{kg/m^3}$，粘度 $\mu = 1.90 \times 10^{-5}\,\mathrm{Pa \cdot s}$，熱伝導度 $k = 0.0272\,\mathrm{J/(m \cdot s \cdot K)}$，比熱 $C_p = 1.006\,\mathrm{kJ/(kg \cdot K)}$ である．

Re および Pr を計算すると，

$$Re = \frac{\rho u D}{\mu} = \frac{1.127 \times 10 \times 0.041}{1.90 \times 10^{-5}} = 2.43 \times 10^4$$

$$Pr = \frac{C_p \mu}{k} = \frac{1.006 \times 10^3 \times 1.90 \times 10^{-5}}{0.0272} = 0.703$$

となる．流れは乱流であると判断できるので，(1) と同様に h を計算すると，

$$h = 0.023 \left(\frac{k}{D}\right)(Re)^{0.8}(Pr)^{0.4} = 0.023 \times \frac{0.0272}{0.041} \times (2.43 \times 10^4)^{0.8} \times 0.703^{0.4}$$

$$= 43\,\mathrm{J/(m^2 \cdot s \cdot K)}$$

となり，空気の場合の h は，流速が 10 倍であるにもかかわらず，水の h に比べてかなり小さい．たとえ水と空気の Re が同じであっても，Pr の値の差から，空気の h は小さくなる．

3.4 熱交換器

3.4.1 熱交換器の種類

　高温流体と低温流体との間で熱の移動を行い，流体を所定の温度に加熱・冷却する伝熱装置が熱交換器である．化学プロセスで用いられる熱交換器の中で比較的小型なものは，二重管式，コイル式，ジャケット式やプレート式がある．

　図 3.8 に，向流の二重管式熱交換器の概略構造を示す．二重管式熱交換器は，直径の異なる二つの円管を組み合わせたものであり，図の場合では内側の管内を流れる高温流体から二つの管の隙間

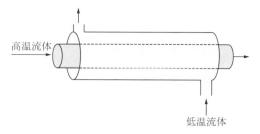

●図 3.8●　二重管式熱交換器の概略

の環状路を流れる低温流体に熱を移動させる構造である．向流とは，高温流体と低温流体を逆方向

第1章

第2章

第3章

第4章

第5章

第6章

付録・付表

演習問題解答

参考文献・さくいん

に向かい合って流すことである．一方，並流とは，高温流体と低温流体を同じ方向に流すことであり，流体の温度条件によっては採用されることもある．

大型のものでは多管式熱交換器が最も一般的に用いられる（図3.9）．図(c)に示す数多くのU字管が束となったもの（管束）が，胴状の容器に納められており，管側を流れる流体と胴側を流れる流体間で熱交換を行わせる．U字管に垂直もしくは水平にバッフル（baffle）を配置することにより，効率的に熱交換を行わせる．設計の自由度も高く，単純な構造からメンテナンスも容易なため，大型の熱交換器におもに採用されている．

3.4.2 熱交換器におけるマクロな熱の移動

熱交換器には多くの種類があるが，ここでは最も構造が単純な二重管式熱交換器を用いて熱の移動を考える．

図3.10に，向流の二重管式熱交換器における熱の移動と温度分布を示す．熱交換器内の高温流体と低温流体との温度差 $(T_h - T_c)$ は，場所によって異なる．そこで，微小区間 Δz で熱収支を

とり，微分方程式を立てる．その式を $z = 0$ から $z = L$ まで積分すれば，熱交換器全体における熱の移動を考えることができる．以下に具体的な方法を示す．

まず，高温流体側の熱収支をとる．微小区間 Δz における移動する熱流量 ΔQ は，高温流体の比熱 C_{ph}，質量流量 w_h を用いると，次式で書ける．

$$\Delta Q = C_{ph} w_h (T_h|_z - T_h|_{z+\Delta z}) \tag{3.27}$$

この ΔQ は，伝熱面積が $\pi D \Delta z$ なので，総括伝熱係数 U を用いて表すと次式となる．

$$\Delta Q = U \pi D \Delta z (T_h - T_c) \tag{3.28}$$

式 (3.27) と式 (3.28) から ΔQ を消去すると，次式となる．

$$C_{ph} w_h (T_h|_z - T_h|_{z+\Delta z}) = U \pi D \Delta z (T_h - T_c)$$

これを変形すると，

$$\frac{T_h|_{z+\Delta z} - T_h|_z}{\Delta z} = -\frac{U \pi D (T_h - T_c)}{C_{ph} w_h}$$

であり，$\Delta z \to 0$ で極限をとると，つぎの微分方

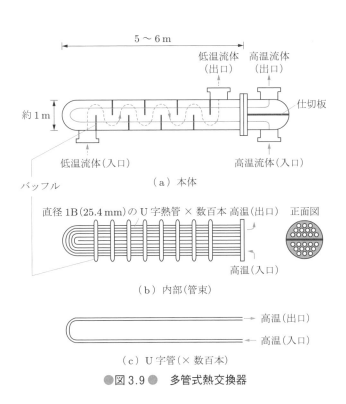

（a）本体

直径1B（25.4 mm）のU字熱管 × 数百本　高温（出口）　正面図

（b）内部（管束）

高温（出口）
高温（入口）

（c）U字管（×数百本）

●図3.9●　多管式熱交換器

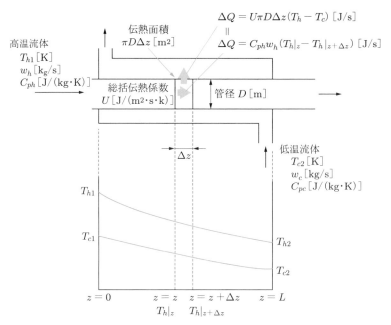

高温流体
T_{h1} [K]
w_h [kg/s]
C_{ph} [J/(kg·K)]

伝熱面積
$\pi D \Delta z$ [m²]

$$\Delta Q = U \pi D \Delta z (T_h - T_c)\ [\text{J/s}]$$
$$\|$$
$$\Delta Q = C_{ph} w_h (T_h|_z - T_h|_{z+\Delta z})\ [\text{J/s}]$$

総括伝熱係数
U [J/(m²·s·k)]

管径 D [m]

Δz

低温流体
T_{c2} [K]
w_c [kg/s]
C_{pc} [J/(kg·K)]

T_{h1}

T_{c1}

T_{h2}

T_{c2}

$z = 0$　　$z = z$　$z = z + \Delta z$　　$z = L$
$T_h|_z$　$T_h|_{z+\Delta z}$

●図 3.10 ●　向流の二重管式熱交換器

程式となる.

$$\frac{dT_h}{dz} = -\frac{U \pi D (T_h - T_c)}{C_{ph} w_h} \tag{3.29}$$

同様に, 低温側においても熱収支をとり, 微分方程式を求めると, 次式となる.

$$\frac{dT_c}{dz} = -\frac{U \pi D (T_h - T_c)}{C_{pc} w_c} \tag{3.30}$$

式 (3.29) の両辺から式 (3.30) の両辺をそれぞれ引けば, 次式が得られる.

$$\frac{dT_h}{dz} - \frac{dT_c}{dz} = -\frac{U \pi D (T_h - T_c)}{C_{ph} w_h}$$
$$- \left\{ -\frac{U \pi D (T_h - T_c)}{C_{pc} w_c} \right\}$$

まとめると次式となる.

$$\frac{d(T_h - T_c)}{dz} = -U \pi D (T_h - T_c)$$
$$\times \left\{ \frac{1}{C_{ph} w_h} - \frac{1}{C_{pc} w_c} \right\} \tag{3.31}$$

この式 (3.31) を, 境界条件 $z = 0$ のとき $T_h = T_{h1}$, $T_c = T_{c1}$, $z = L$ のとき $T_h = T_{h2}$, $T_c = T_{c2}$ を用いて解けば, 次式となる.

$$\ln \left(\frac{T_{h1} - T_{c1}}{T_{h2} - T_{c2}} \right) = U \pi D L \left\{ \frac{1}{C_{ph} w_h} - \frac{1}{C_{pc} w_c} \right\} \tag{3.32}$$

ここで, 伝熱面積 $A = \pi D L$ [m²] である.

　また, 3.2 節の Coffee Break「熱収支や熱の移動における基本式」で述べたように, 高温流体から低温流体への熱流量 Q [J/s], および低温流体から高温流体への熱流量は等しく, 次式が成り立つ.

$$Q = C_{ph} w_h (T_{h1} - T_{h2})$$
$$= C_{pc} w_c (T_{c1} - T_{c2})\ [\text{J/s}] \tag{3.33}$$

　式 (3.33) 中の $C_{ph} w_h$ と $C_{pc} w_c$ を式 (3.32) に代入し, 対数平均温度差

$$(\Delta T)_{lm} = \frac{\Delta T_1 - \Delta T_2}{\ln (\Delta T_1 / \Delta T_2)}$$

を用いて整理すると, 次式が求められる.

$$Q = UA (\Delta T)_{lm} \tag{3.34}$$

この U が, 実際に必要とする総括伝熱係数 U_D である.

3.4.3 熱交換器の性能評価

熱交換器の設計において重要なことは，伝熱面積を決定することである．すなわち，伝熱管の直径，長さ，本数を決めることである．それには，式 (3.20) にて計算で算出される総括伝熱係数 U が，式 (3.34) によって求められる実際に必要とする総括伝熱係数 (overall feat transfer coefficient for demand) U_D 以上となるように，伝熱面積 A [m²] を確保する必要がある．

ところで，総括伝熱係数 U に関して，断面 1 基準と断面 2 基準の 2 通りがあり，その値も正確には異なる．一般的に総括伝熱係数 U には，管外基準（管の外径基準）の U_1 が用いられるので，本書でも U_1 を採用する．したがって，次式となる．

$$U_1 = \cfrac{1}{h_1 + \cfrac{x}{k\,(A_{av}/A_1)} + \cfrac{1}{h_2\,(A_2/A_1)}} \quad (3.35)$$

つぎに，実際に必要とする総括伝熱係数 U_D に関しては，式 (3.33) で表される熱流量 Q [J/s] を式 (3.34) に代入することによって，次式のように求める．

$$U_D = \frac{C_{ph}w_h(T_{h1} - T_{h2})}{A\,(\Delta T)_{lm}} = \frac{C_{pc}w_c(T_{c1} - T_{c2})}{A\,(\Delta T)_{lm}} \quad (3.36)$$

したがって，式 (3.35)，(3.36) から U_1，U_D の値を算出し，$U_1 > U_D$ を満たすように伝熱面積 A [m²] を決める．

なお，実際の熱交換器の基本設計では，U_1/U_D = 1.2～1.3 の余裕をみる．また，熱交換器が連続的に運転されるため，内外部に汚れが付着して伝熱抵抗となるので，その影響を汚れ係数（fouling factor）を用いて考慮する必要がある．

 3.4 図 3.10 に示したような二重管式熱交換器を用いて，流量 1.6 t/h，90 ℃の温排水によって，10 ℃の冷水を 50 ℃まで加熱したい．冷水の流量は 0.8 t/h である．必要な伝熱面積 A [m²] を以下の場合についてそれぞれ求めよ．ただし，二重管式熱交換器の総括伝熱係数 U は 200 J/(m²·s·K)，水の比熱は 4.2 kJ/(kg·K) とする．
(1) 向流の場合　(2) 並流の場合（高温流体と低温流体を同じ方向に並行して流す場合）

解答 高温流体と低温流体間を伝熱する熱流量 Q [J/s] は，式 (3.33) よりつぎのようになる．

$$Q = C_{ph}w_h(T_{h1} - T_{h2}) = 4.2 \times (0.8 \times 10^3/3600) \times (50 - 10) = 37.3\,\text{kJ/s}$$
$$Q = C_{pc}w_c(T_{c1} - T_{c2}) = 4.2 \times (1.6 \times 10^3/3600) \times (90 - T_{h2}) = 37.3\,\text{kJ/s}$$
$$T_{h2} = 70\,℃$$

(1) 向流は，図 3.10 のように高温流体と低温流体が向かい合って流れる方式である．したがって，対数平均温度差は，

$$(\Delta T)_{lm} = \frac{\Delta T_1 - T_2}{\ln(\Delta T_1/\Delta T_2)} = \frac{\{(273+90)-(273+50)\} - \{(273+70)-(273+10)\}}{\ln[\{(273+90)-(273+50)\}/\{(273+70)-(273+10)\}]} = 49.3\,\text{K}$$

となる．式 (3.34) より必要な伝熱面積 A を求めると，つぎのようになる．

$$A = \frac{Q}{U_D(\Delta T)_{lm}} = \frac{37.3 \times 10^3}{200 \times 49.3} = 3.8\,\text{m}^2$$

(2) 並流は高温流体と低温流体が同じ方向に流れる方式であり，このときの対数平均温度差は，

$$(\Delta T)_{lm} = \frac{\{(273+90)-(273+10)\} - \{(273+70)-(273+50)\}}{\ln[\{(273+90)-(273+10)\}/\{(273+70)-(273+10)\}]} = 49.3\,\text{K}$$

$$A = \frac{Q}{U_D(\Delta T)_{lm}} = \frac{37.3 \times 10^3}{200 \times 43.3} = 4.3\,\text{m}^2$$

となる．この二重管式熱交換器の系では，向流のほうが伝熱面積を少なくできる．

伝熱実験で理解を深めよう

熱伝導度 k [J/(m·s·K)] の異なる容器（たとえば，銅，ステンレス（SUS304），ガラス，ポリエチレン）を用いて，自然対流伝熱と強制対流伝熱の場合における総括伝熱係数 U [J/(m²·s·K)] を求めよう．簡易な伝熱実験装置と実験方法を図3.11に示す．冷却用の大きなコンテナ箱に氷を入れ，容器にはお湯（安全のため 60℃ くらい）を入れ，お湯と氷水の温度変化を測定する．なお，強制対流の場合には，約1m/sの速さを一定に保つように，お湯の入った容器を手動で動かす．

表3.7に，自然対流と強制対流における実験および，計算による総括伝熱係数 U の求め方を示す．実験による U の求め方は，まずお湯と氷水の温度の経時変化をそれぞれグラフにする．実験開始5分後と10分後のお湯の温度，氷水の温度を，それぞれ T_{h1} と T_{h2}，T_{c1} と T_{c2} とし，これらを測定する．これらの温度と C_p, w, A, $(\Delta T)_{lm}$ の

値を，表中の式 (1) に代入して U を求める．伝熱面積 A はお湯が容器に接している面積とする．対数平均温度差は，

$$(\Delta T)_{lm} = \frac{(T_{h1} - T_{h2}) - (T_{c1} - T_{c2})}{\ln\left[(T_{h1} - T_{h2}) - (T_{c1} - T_{c2})\right]}$$

として求める．一方，計算による自然対流伝熱の U 方は，式 (3) から求めた h_1, h_2，容器がお湯に接している面積 A_1，容器が氷水に接している面積 A_2，その平均 A_{av}，容器厚さ x, k を式 (2) に代入して求める．強制対流伝熱における計算による U の求め方は，3.3節を参照してほしい．

手軽な実験装置，実験方法による実験値とラフな仮定による計算値によって，自然対流と強制対流における総括伝熱係数 U の違い，熱伝導度 k の影響について実感してみよう．

- 容器を約1m/sで動かす
- 1分ごとに温度を測定

- 動かさず放置
- 5分ごとに温度を測定

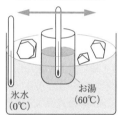

（a）強制対流　　　　　　　　（b）自然対流

● 図3.11 ● 伝熱実験装置

■ 表3.7 ■ 自然対流伝熱，強制対流伝熱における実験および，計算による総括伝熱係数 U の求め方

U の求め方	実験	計算
自然対流伝熱	$U = \dfrac{C_p w (T_{h1} - T_{h2})}{\Delta t A (\Delta T)_{lm}}$ (1) C_p：水の比熱 [J/(kg·K)] $T_{h1} - T_{h2}$：お湯の温度変化 [K] A：伝熱面積 [m²] w：容器内のお湯の質量 [kg] Δt：T_{h1} から T_{h2} までの時間 [s] $(\Delta T)_{lm}$：対数平均温度差	$\dfrac{1}{U_1 A_1} = \dfrac{1}{h_1 A_1} + \dfrac{x}{k A_{av}} + \dfrac{1}{h_2 A_2}$ (2) $h_1, h_2 : hD/k = [0.60 + 0.387\{GrPr f(Pr)\}^{1/6}]^2$ (3) $Gr = D^3 \rho^2 \beta g (T_w - T_f)/\mu^2$ D：容器の内径 [m] ρ：流体の密度 [kg/m³] g：重力加速度 9.8 [m/s²] β：流体の体膨張係数 [K^{-1}] $T_w - T_f$：壁と流体の温度差 [K] T_w：容器の壁の温度 [K] T_f：流体の温度 [K] μ：流体の粘度 [Pa·s] $Pr = C_p \mu/k$ $f(Pr) = \{1 + (0.559/Pr)^{9/16}\}^{-16//9}$ T_w は妥当な値を仮定する．
強制対流伝熱	同上	$\dfrac{1}{U_1 A_1} = \dfrac{1}{h_1 A_1} + \dfrac{x}{k A_{av}} + \dfrac{1}{h_2 A_2}$ 容器の外側の境膜伝熱係数 h_1 は，次式より求める． $Nu = C(Re)^n Pr^{0.37}$ C, n の値は表3.6参照 容器の内側の境膜伝熱係数 h_2 は，次式より求める． $Nu = 1.86(Re)^{1/3}(Pr)^{1/3}(D/L)^{1/3}(\mu/\mu_w)^{0.14}$ 容器内の水の流れを $Re = 2100$ と仮定する．

氷水（0℃）　お湯（60℃）

演・習・問・題・3

3.1

二重管式熱交換器を用いて，293 K の水を向流に流すことによって 343 K のトルエンを 313 K まで冷却したい．伝熱管には内径 29 mm，外径 35 mm の銅管を用い，環状側に水を 1.5 kg/s，管内にトルエンを 1.3 kg/s の割合で流す．このとき，伝熱管の長さ L [m] を求めよ．ただし，伝熱管の内表面，外表面での境膜伝熱係数は，それぞれ 2.7，6.3 kJ/(m²·s·K) とする．また，トルエン，水の比熱はそれぞれ 1.84，4.18 kJ/(kg·K)，銅の熱伝導度は 400 J/(m·s·K) とする．

3.2

向流式二重管型熱交換器において，473 K の高温流体を 283 K の水にて冷却したところ，それぞれの出口温度は 363 K，303 K であった．夏季において冷却水の入口温度が 303 K に上昇した場合でも，高温流体の出口温度を 363 K に保つためには，伝熱面積を当初設計の何倍にする必要があるか．ただし，夏季においても境膜伝熱係数は変化しないとする．

3.3

3.4 節の Step up「伝熱実験で理解を深めよう」に示す実験を行った．実験に用いた銅製容器，SUS304 製容器，ガラス製容器（ビーカー），ポリエチレン容器とも，大きさは内径 80 mm，外径 84 mm とする．三つの容器とも，容器内のお湯の高さは 100 mm であり，大きなコンテナ容器内に浸けて冷却している高さも 100 mm とする．これら材質の異なる三つの容器を用いた伝熱実験における，強制対流時の総括伝熱係数 U_1 を計算せよ．ただし，水の物性値は，平均温度 30 ℃での 8.0 × 10^{-4} Pa·s とし，銅，ガラス，ポリエチレンの熱伝導度はそれぞれ，400，1，0.4 J/(m·s·K) とする．また，容器内のレイノルズ数 Re は 2100 とし，お湯の粘度 μ と壁面温度におけるお湯の粘度 μ_w は等しいものとする．

第**4**章

反応工学

　原料は原料タンクから反応器に送られ，化学反応を起こし，反応生成物を分離し，化学製品になる．この一連の化学プロセスの中で化学反応は中心的な役割を担う．化学反応を行うには，反応温度，圧力，流量，組成などの操作条件，反応器の選定やその反応器が所定の性能を満足する大きさ（直径や高さ）を決める必要がある．そのため，化学反応が起こる速度（時間），反応率，原料や生成物の濃度，反応器内の混合状態の関係を理解することが重要となる．このような反応器の設計法は，化学工学の中の反応工学とよばれる分野で体系化されている．

　本章では，反応工学の基礎として，まず化学反応や反応器の分類と反応速度式について説明する．その後，反応器内の混合状態によって三つに分類された反応器内の濃度変化や反応率変化を表す基礎式を学ぶ．そして，この基礎式を用いて反応器の設計と操作，および反応速度実験のデータ解析法について学ぶ．

KEY 🔑 WORD

回分反応器	連続槽型反応器	管型反応器	完全混合流れ	押出し流れ
反応速度式	反応速度定数	定常状態近似法	律速段階近似法	ミカエリス-メンテンの式
アレニウスの式	反応率	設計方程式	積分法	微分法

4.1 化学反応と反応装置の分類

　反応工学を学ぶにあたって，どのような化学反応や化学反応器があり，それらの反応条件や操作条件がどう分類されるかを理解することは大変重要である．この節では，これらの分類について述べていく．

4.1.1 化学反応の分類

　反応工学（chemical reaction engineering）は反応器の設計と操作を目的としているので，化学量論式の数および反応混合物の相の数によって化学反応を分類するのが適切である．通常の化学反応の分類，すなわち，無機化学反応，有機化学反応，高分子化学反応，生化学反応などの分類とは異なる．

（1）単一反応と複合反応

　窒素と水素からアンモニアを生成する反応は，つぎの反応式で書ける．

$$N_2 + 3H_2 \rightarrow 2NH_3 \qquad (4.1)$$

　これは，反応する窒素と水素および生成するアンモニアの物質量の比が$1:3:2$になることを表している．このように，各成分の物質量の相対的な関係を表す式を化学量論式，または単に量論式といい，量論式の係数を化学量論係数（stoichiometric coefficient）という．

　反応を記述するのに量論式が一つでよい反応を単一反応（single reaction），複数の量論式を必要とする反応を複合反応（multiple reaction）という．式（4.1）の反応は，この量論式一つで表せるので単一反応である．可逆反応は，正反応と逆反

■表 4.1 ■　相の数による化学反応の分類と反応の適用例

反応の分類		反応の適用例
均一反応	気相反応	ナフサの熱分解反応，塩化水素の合成反応
	液相反応	エステル化反応，加水分解反応
不均一反応	気固反応	石炭の燃焼・ガス化反応，鉄鉱石の還元反応
	気液反応	炭化水素の液相酸化反応，CO_2 の反応吸収
	液液反応	炭化水素のニトロ化・スルホン化反応，乳化重合反応
	液固反応	イオン交換反応
	固固反応	セメント製造反応，セラミックスの合成反応
	気固触媒反応	アンモニア合成反応，炭化水素の水蒸気改質反応
	液固触媒反応	固定化酵素反応
	気液固触媒反応	原油の水素化脱硫反応，油脂の水素添加反応

応の二つの量論式が書けるが，量的関係を表すにはどちらか一方で十分なので，通常は正反応の量論式を用いて単一反応として取り扱う．一般化した単一反応の量論式をつぎのように表す．

$$aA + bB \rightarrow cC + dD \qquad (4.2)$$

複合反応にはさまざまな種類があるが，基本的には式 (4.3) に示す並列反応（parallel reaction）と式 (4.4) に示す逐次反応（consecutive reaction）の二つが組み合わさったものである．

$$\begin{cases} a_1A \rightarrow cC \\ a_2A \rightarrow dD \end{cases} \qquad (4.3)$$

$$aA \rightarrow cC \rightarrow dD \qquad (4.4)$$

単一反応であっても，実際には中間生成物を生成する過程を経て反応が進行する場合がある．各過程において，これ以上分割できない反応を素反応（elementary reaction）という．式 (4.1) のアンモニア生成反応も，窒素と水素が触媒表面に吸着し，いくつかの素反応によって中間生成物を経由して進行する．中間生成物は，一般に反応活性が高くて寿命が短いため検出が困難で，濃度が求められないため，量論式に含めずに表現する．単一反応は素反応とは限らず，むしろいくつかの素反応からなる場合が多い．

(2) 均一反応と不均一反応

均質な単一の相で起こる反応を均一反応（homogeneous reaction），複数の相が関与する反応を不均一反応（heterogeneous reaction）という．均一反応には，反応物質が気体の状態のみである気相反応と液体の状態のみである液相反応がある．どちらも反応物が分子レベルで均一に混合しており，相のいたるところで反応が進行する．不均一反応は気相，液相，固相の組み合わせにより，表 4.1 に示すようないくつかの種類がある．たとえば，気固反応では，気相中の反応物と固相中の反応物は気固界面で接触して反応が進行するため，界面まで反応物が拡散する過程も考慮する必要がある．反応を促進させる物質（おもに固体）を触媒（catalyst）とよび，これを用いた化学反応が気固，液固，気液固触媒反応となる．

4.1.2　反応装置の分類

反応装置（反応器）は多種にわたっており，その分類法もさまざまである．ここではおもに均一反応を念頭において，操作法と装置形状の観点から分類する．

(1) 回分操作と連続操作

反応器の操作法は，回分操作（batch operation），連続操作（continuous operation），半回分操作（semi-batch operation）に分類される．

回分操作は，あらかじめ反応物をすべて反応器に仕込んでから反応を開始し，適当な時間が経過

■表 4.2■　装置形状と操作法による反応器の分類

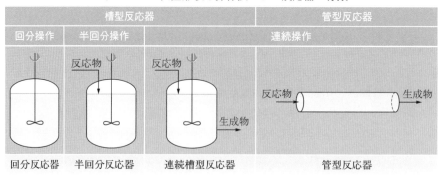

槽型反応器			管型反応器
回分操作	半回分操作	連続操作	
回分反応器	半回分反応器	連続槽型反応器	管型反応器

した後，生成物を取り出す操作である．反応が進行している間は，反応器外と物質の出入りはない．

連続操作は流通式ともよばれ，反応物を連続的に反応器入口から供給し，生成物を連続的に反応器出口から取り出す操作である．反応が定常的に進行していれば，出口の生成物濃度は時間にかかわらず一定である．

半回分操作は，回分操作と連続操作の中間的な操作であり，たとえば反応物 A をあらかじめ反応器に仕込んでおき，反応物 B を連続的あるいは間欠的に供給しながら反応を進める．

一般に，回分操作や半回分操作は，付加価値が高く高機能性である精密化学製品の製造，すなわち，ファインケミカル（fine chemical）のような少量多品種生産に適している．一方，連続操作は汎用プラスチックの大量生産のようなバルクケミカルに（bluk chemical）向いている．

微生物を用いた培養プロセスには，半回分操作が用いられることがある．たとえば，培養中にグルコースのような基質を必要に応じて加えるが，目的生成物の抜き出しは培養終了まで行わないような操作である．特定の基質が微生物の増殖や目的物の生成を阻害する場合によく適用される．

(2)　槽型反応器と管型反応器

反応器は，その形状から槽型反応器と管型反応器に分類される．反応器の形状は操作法と密接な関係があり，表 4.2 にまとめる．

一般に，槽型反応器には撹拌翼が付属しており，反応器内の反応物は十分に混合されている．槽型反応器は回分操作，半回分操作，連続操作のいずれもが適用できる．槽型反応器のうち回分操作を行うものを，単に回分反応器（batch reactor, BR），半回分操作を行うものを半回分反応器（semi-batch reactor）とよぶ．また，連続操作を行う槽型反応器を連続槽型反応器（continuous stirred tank reactor, CSTR）とよぶ．

一方，管型反応器は細長い管路を流れている間に反応が進行する．したがって，管型反応器は連続操作になる．

(3)　反応器内の反応物の流れ

図 4.1 に，連続操作を行っている 3 種類の反応器内における反応物の濃度分布を示す．反応器の体積を V，反応物の入口濃度を C_0，出口濃度 C_f とする．

連続槽型反応器では反応流体は撹拌翼で十分に混合されるため，供給された反応物成分は速やかに分散される．混合が理想的な場合，その濃度は槽内の場所によらず均一になる．反応器出口の反応物濃度 C_f は反応器内と同じであるので，図 4.1 (a) のような濃度分布となる．このような反応器内の流れの状態を完全混合流れ（perfectly mixing flow）という．

連続槽型反応器を直列に数段つないで操作する方法を多段化という．3 槽の多段連続槽型反応器の濃度分布を図 4.1(b) に示す．反応物濃度は，各槽内では均一であるが，つぎの槽に入るごとに段階的に減少していく．

なお，多段連続槽型反応器の槽数が増えると，

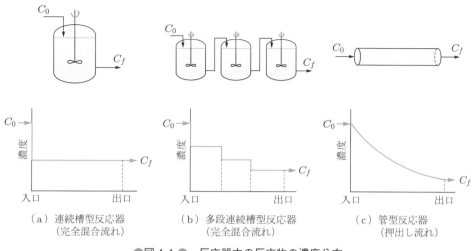

（a）連続槽型反応器
（完全混合流れ）

（b）多段連続槽型反応器
（完全混合流れ）

（c）管型反応器
（押出し流れ）

●図4.1● 反応器内の反応物の濃度分布

その濃度分布は次第に管型反応器の濃度分布の形に近づく.

管型反応器において，反応流体が管の同じ断面内では同じ流速で流れ，管の軸方向にまったく混合が起きない理想的な場合，反応流体は管内をトコロテンのように押し出される. このような流れの状態を押出し流れ（plug flow）またはピストン流れ（piston flow）という. このときの反応物濃度は，図4.1(c)に示すように出口に近づくにつれて連続的に減少していく. このような管型反応器のことを押出し流れ反応器（plug flow reactor,

PFR）またはピストン流れ反応器（piston flow reactor）とよぶ.

このように，槽型反応器と管型反応器の分類は，単なる装置形状による区別というよりも反応器内の流動状態の違いに対応している. 完全混合流れと押出し流れは，反応器内の流れの両極端な状態を表しており，理想流れ（ideal flow）とよばれる. 実際の反応器内の流れは複雑であり，二つの理想流れの中間的な状態にあるが，本書では，理想流れについてのみ取り扱う.

Step up 固定層，移動層，流動層

固体を含む反応では，接触面積を大きくするために粒子として用いることが多い. 反応器は，固体と流体との接触方式によって，図4.2に示すような固定層（fixed bed），移動層（moving bed），流動層（fluidized bed）に大別される.

固定層反応器は，固体粒子を充填して静置した層に流体を流す方式である. 流体の流れは押出し流れに近い.

移動層反応器は，固体粒子を充填したままゆっくりと移動させ，流体と向流または並流で接触させる方式である. 固体，流体ともに押出し流れに近似できる.

流動層反応器は，底部から送入した流体によって固体粒子を浮遊させる. 固体，流体ともに完全混合流れに近く，反応器内の温度を均一に保つ利点がある.

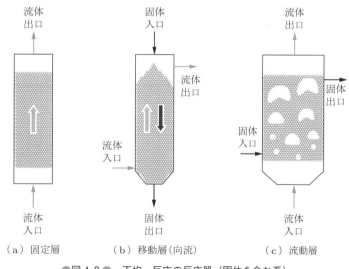

（a）固定層　　（b）移動層（向流）　　（c）流動層

●図4.2● 不均一反応の反応器（固体を含む系）

非理想流れのモデル

完全混合流れと押出し流れの中間的な流れの状態を，非理想流れという．非理想流れが理想流れからどの程度ずれているかを表すモデルに，混合拡散モデルや槽列モデルがある．

混合拡散モデルは，押出し流れからのずれを混合拡散係数 $\mathcal{D}_z$ で表す考え方である．押出し流れではまったく流体混合が起きないので $\mathcal{D}_z = 0$ であり，$\mathcal{D}_z \to \infty$ が完全混合流れとなる．

槽列モデルは，多段連続槽型反応器に置きかえたとき，どの程度の槽数 N に相当するかによって混合の程度を表す．$N = 1$ のときが完全混合流れで，$N \to \infty$ が押出し流れである．

4.2 反応速度式

化学反応は所定の温度，圧力のもとで行なわれるが，反応物の流量（時間あたりの物質量），濃度，組成は，目的に応じて化学工学の技術者が決めなければならない．この流量は化学反応の進む速度に依存するだけでなく，濃度や組成によっても影響を受ける．そこで本節では，前節で述べた分類に沿って，まず化学反応の進む速度の表し方を学ぶ．

4.2.1 反応速度の定義

(1) 単一反応の反応速度

量論式 (4.2) で表される一般的な単一反応の場合，成分 A の反応速度 r_A [mol/(m³·s)] は，反応混合物の単位体積 V [m³]，単位時間 t [s] に増加する成分 A の物質量 n_A [mol] と定義される．

$$r_A = \frac{1}{V} \cdot \frac{dn_A}{dt} \tag{4.5}$$

ここで，その他の成分 B，C，D についても同様に反応速度 r_B，r_C，r_D が定義できる．反応物 A と B の量は反応の進行とともに減少するので負の値となり，生成物 C と D は増加するので正の値となる．たとえば，式 (4.1) で示したアンモニア生成反応において，単位体積，単位時間での窒素が 1 mol 消失したとすると，化学量論係数より，水素は 3 mol 消失し，アンモニアは 2 mol 生成される．このように，各成分の反応速度は異なるが，その絶対値を化学量論係数で割った値は等しくなる．すなわち，式 (4.2) に対してはつぎの関係が成り立つ．

$$-\frac{r_A}{a} = -\frac{r_B}{b} = \frac{r_C}{c} = \frac{r_D}{d} = r \tag{4.6}$$

ここで，r は量論式に対する反応速度という．

各成分の反応速度 $r_A \sim r_D$ は成分によって異なり，量論式に対する反応速度 r は量論式の表し方によって異なる．単一反応では，反応物のうち化学量論比に対して存在比の最も小さい成分を限定反応成分（limitting reactant）といい，これが消失する速度を反応速度として用いることが多い．たとえば，窒素 2 mol と水素 3 mol からアンモニアを生成するとき，窒素と水素の化学量論比 1：3 に対して水素のほうが少ないので，限定反応成分は水素であり，水素の消失速度をこの反応の反応速度として代表させる．そこで，限定反応成分が A であるとき，量論式を式 (4.7)，量論式に対する反応速度 r' を式 (4.8) のように表す．

$$A + \frac{b}{a}B \to \frac{c}{a}C + \frac{d}{a}D \tag{4.7}$$

$$-r_A = -\frac{a}{b}r_B = \frac{a}{c}r_C = \frac{a}{d}r_D = r' \tag{4.8}$$

このとき，限定反応成分 A の消失速度 $-r_A$ は量論式の反応速度 r' と一致する．

(2) 複合反応の反応速度

複合反応は複数の量論式で表されるので，各量論式ごとに反応速度が定義される．各成分ごとの反応速度は，量論式の反応速度から求められる．たとえば，式 (4.3) の並列反応において，量論式 A → C の反応速度を r_1，量論式 A → D の反応速

度を r_2 とすると，成分 A が消失する速度 $-r_A$ は，$-(r_1 + r_2)$ で与えられる．また，式 (4.4) の逐次反応において，量論式 A → C の反応速度を r_1，量論式 C → D の反応速度を r_2 とすると，成分 C が生成する速度 r_C は，$r_1 - r_2$ になる．

これを一般化すると，n 個の量論式からなる複合反応における成分 A の反応速度 r_A は，i 番目の量論式の A の反応速度を r_{Ai} とすると，

$$r_A = r_{A1} + r_{A2} + \cdots + r_{Ai} + \cdots + r_{An} = \sum_{i=1}^{n} r_{Ai}$$
$$(4.9)$$

の関係が成立する．

4.2.2 反応速度式の導出

(1) 反応速度式と反応次数

量論式 (4.2) で表せる化学反応の速度は，一般的に反応物の濃度 C_A，C_B [mol/m^3] を用いてつぎのような濃度のべき乗の積で表せることが多い．

$$-r_A = kC_A{}^m C_B{}^n \qquad (4.10)$$

ここで，k を反応速度定数（reaction rate constant），m と n を反応次数という．このように，反応速度を反応速度定数と濃度の関数として表した式を，反応速度式（rate equation）という．この反応は，成分 A について m 次，成分 B について n 次，全体として $(m + n)$ 次の反応であるという．反応次数は整数である必要はなく，分数や 0 になることもある．反応次数が 0 というのは，反応速度が反応物の濃度によらず常に一定となることである．また，反応次数は化学量論係数 a, b と直接の関係はない．

たとえば，水素とヨウ素からヨウ化水素を生成する反応の量論式と反応速度式は，つぎのように表せる．

$$H_2 + I_2 \rightarrow 2HI \qquad (4.11)$$
$$r = kC_{H2}C_{I2} \qquad (4.12)$$

この反応は水素について 1 次，ヨウ素について 1 次，全体として 2 次の反応であり，反応次数は化学量論係数に等しい．しかし，一酸化炭素と塩素からホスゲンを生成する反応の量論式と反応速度式はつぎのようになり，反応次数と化学量論係数は一致しない．

$$CO + Cl_2 \rightarrow COCl_2 \qquad (4.13)$$
$$r = kC_{CO}C_{Cl2}{}^{3/2} \qquad (4.14)$$

反応速度式がもっと複雑になることもある．つぎの例題をみてみよう．

例題 4.1 水素と臭素から臭化水素を生成する反応

$$H_2 + Br_2 \rightarrow 2HBr \qquad (4.15)$$

は，以下に示す式 (4.16)〜(4.20) の素反応からなることが知られている．

開始反応	$Br_2 \xrightarrow{k_1} 2Br\cdot$	(4.16)
伝播反応 (1)	$H_2 + Br\cdot \xrightarrow{k_2} HBr + H\cdot$	(4.17)
伝播反応 (2)	$H\cdot + Br_2 \xrightarrow{k_3} HBr + Br\cdot$	(4.18)
連鎖反応	$H\cdot + HBr \xrightarrow{k_4} H_2 + Br\cdot$	(4.19)
停止反応	$2Br\cdot \xrightarrow{k_5} Br_2$	(4.20)

これら式 (4.16)〜(4.20) の反応速度式を示せ．また，生成物である HBr の反応速度式 r_{HBr} を示せ．

式 (4.16) の開始反応は，Br_2 の消失する速度に等しく，そのときの反応速度定数は k_1 である．したがって，反応速度 r_1 は Br_2 の濃度と k_1 に比例する．

$$r_1 = k_1 C_{Br2} \tag{4.21}$$

式 (4.17) の伝播反応 (1) は，H_2 と $Br\cdot$ の衝突によって生じ，その衝突頻度は H_2 と $Br\cdot$ の濃度の積に比例し，反応速度定数 k_2 に比例するので，反応速度 r_2 は次式で与えられる．

$$r_2 = k_2 C_{H2} C_{Br\cdot} \tag{4.22}$$

式 (4.18) ～ (4.20) に対する反応速度 r_3，r_4，r_5 も同様にして，以下の式が得られる．

$$r_3 = k_3 C_{H\cdot} C_{Br2} \tag{4.23}$$
$$r_4 = k_4 C_{H\cdot} C_{HBr} \tag{4.24}$$
$$r_5 = k_5 C_{Br\cdot}{}^2 \tag{4.25}$$

HBr の反応速度 r_{HBr} は，生成速度 r_2 と r_3 の和から消失速度 r_4 を差し引いたものであるから，次式となる．

$$r_{HBr} = r_2 + r_3 - r_4 = k_2 C_{H2} C_{Br\cdot} + k_3 C_{H\cdot} C_{Br2} - k_4 C_{H2} C_{HBr}$$

このように，素反応の反応速度はその反応式から容易に求めることができる．一方，素反応でない場合は，素反応に分解したうえで，量論式に含まれる成分の濃度で表せる反応速度式を導出しなければならない．たとえば，例題 4.1 の臭化水素の生成反応では，素反応の速度式に中間生成物 $H\cdot$ や $Br\cdot$ の濃度を含むが，これらは容易に検出できず，濃度が測定できないので，中間生成物の濃度を消去して水素や臭素など測定可能な成分の濃度で反応速度式を表す必要がある．その方法として，定常状態近似法（steady-state approximation）と律速段階近似法（rate-determining step approximation）がある．

(2) 定常状態近似法

中間生成物が生じてもつぎの反応で速やかに消費されるため，その濃度は極微小であり，ほかの成分に比べてその変化速度は非常に小さい．そこで，中間生成物の生成速度と消費速度が等しく定常状態にあると考え，その反応速度を 0 と近似する方法を，定常状態近似法という．

反応物 A から生成物 C を得るつぎの反応

$$A \rightarrow C \tag{4.26}$$

が，中間生成物 A^* を経由するつぎのような反応機構で起こる場合を考える．

$$A \underset{k_2}{\overset{k_1}{\rightleftarrows}} A^* \overset{k_3}{\longrightarrow} C \tag{4.27}$$

各段階の反応速度は次式で表せる．

$$r_1 = k_1 C_A \tag{4.28}$$
$$r_2 = k_2 C_{A\cdot} \tag{4.29}$$
$$r_3 = k_3 C_{A\cdot} \tag{4.30}$$

各成分の生成速度はつぎのようになる．

$$r_A = r_2 - r_1 = k_2 C_{A\cdot} - k_1 C_A \tag{4.31}$$
$$r_{A\cdot} = r_1 - r_2 - r_3$$
$$= k_1 C_A - k_2 C_{A\cdot} - k_3 C_{A\cdot} \tag{4.32}$$
$$r_C = r_3 = k_3 C_{A\cdot} \tag{4.33}$$

ここで，定常状態近似法により中間生成物 A^* の反応速度 $r_{A\cdot}$ を 0 とおくと，式 (4.32) より中間生成物の濃度 $C_{A\cdot}$ を得る．

$$C_{A\cdot} = \frac{k_1 C_A}{k_2 + k_3} \tag{4.34}$$

量論式 (4.27) の反応速度 r は，生成物 C の生成速度に等しいので，式 (4.33) に式 (4.34) を代入すると，

$$r = r_C = \frac{k_1 k_3 C_A}{k_2 + k_3} \tag{4.35}$$

を得る．これによって，反応速度 r は中間生成物

A*の濃度を使わず，測定可能な成分 A の濃度の
みで表現できる．

例題 4.2 酵素 E が基質 S から生成物 P を生じる反応の触媒としてはたらく機構は，つぎの素反応
で表せる．

$$\mathrm{E + S} \underset{k_2}{\overset{k_1}{\rightleftharpoons}} \mathrm{ES} \overset{k_3}{\longrightarrow} \mathrm{E + P} \tag{4.36}$$

ここで，ES は酵素基質複合体とよばれる中間生成物である．定常状態近似法によって反応速度式を導出せよ．

 この酵素反応の反応速度 r は，基質 S の消失速度 $-r_S$ および生成物 P の生成速度 r_P に等しい．
各素反応の反応速度はつぎのようになる．

$$r_1 = k_1 C_E C_S \tag{4.37}$$
$$r_2 = k_2 C_{ES} \tag{4.38}$$
$$r_3 = k_3 C_{ES} \tag{4.39}$$

式 (4.39) より，反応速度 r は次式で表せる．

$$r = r_P = r_3 = k_3 C_{ES} \tag{4.40}$$

式 (4.37) 〜 (4.39) より，中間生成物である ES の生成速度を導き，定常状態近似により，その速度を 0
とする．

$$r_{ES} = r_1 - r_2 - r_3 = k_1 C_E C_S - k_2 C_{ES} - k_3 C_{ES} = 0 \tag{4.41}$$

基質に結合していない酵素濃度 C_E と結合している酵素濃度 C_{ES} の和がすべての酵素濃度 C_{E0} であるので，

$$C_{E0} = C_E + C_{ES} \tag{4.42}$$

となる．式 (4.41) より，C_E について整理する．

$$C_E = \frac{k_2 + k_3}{k_1 C_S} C_{ES} \tag{4.43}$$

これを式 (4.42) に代入して整理する．

$$C_{ES} = \frac{k_1 C_{E0} C_S}{k_2 + k_3 + k_1 C_S} \tag{4.44}$$

これを式 (4.40) に代入すると，次式を得る．

$$r = \frac{k_1 k_3 C_{E0} C_S}{k_2 + k_3 + k_1 C_S} = \frac{k_3 C_{E0} C_S}{(k_2 + k_3)/k_1 + C_S} = \frac{V_{max} C_S}{K_m + C_S} \tag{4.45}$$

ここで，$K_m = (k_2 + k_3)/k_1$，$V_{max} = k_3 C_{E0}$ である．

例題 4.2 の解答における K_m をミカエリス定数
とよび，式 (4.45) をミカエリス–メンテンの式
(Michaelis-Menten equation) という．

(3) 律速段階近似法

いくつかの素反応が逐次的に進む反応において，
いずれかの素反応の速度が非常に遅い場合，反応
全体の速度がその過程の速度に支配される．この
素反応過程を律速段階とし，それ以外の素反応過
程はすべて速やかに平衡状態になると近似する方
法を律速段階近似法という．

反応過程が式 (4.27) で表せる量論式 (4.26) に
ついて考える．中間生成物 A* から生成物 C を生
じる素反応が律速段階であるとき，反応物 A と

中間生成物 A^* を生じる素反応とその逆反応が十分に速く，平衡状態にあると近似する．すなわち，それぞれの反応速度 r_1 と r_2 が等しい．式 (4.28)，(4.29) より，

$$k_1 C_A = k_2 C_{A^*} \tag{4.46}$$

となる．量論式 (4.26) の反応速度 r は，生成物 C の生成速度に等しいので，式 (4.33) に式 (4.46)

を代入すると，

$$r = r_C = \frac{k_1 k_3 C_A}{k_2} \tag{4.47}$$

を得る．これは，定常状態近似法で得られた式 (4.35) と異なる．律速段階近似法では，生成物 C を生じる過程が非常に遅く，$k_3 \ll k_2$ と仮定しているためである．

例題 4.3　例題 4.2 の酵素反応において，酵素基質複合体が酵素と生成物となる過程が律速段階として，律速段階近似法によって反応速度式を導出せよ．

解答　例題 4.2 と同様に，式 (4.37)〜(4.40)，(4.42) が成立する．酵素基質複合体が酵素と生成物となる過程が律速段階なので，酵素と基質から酵素基質複合体生成する反応とその逆反応とは平衡状態にある．すなわち，$r_1 = r_2$ なので，次式が成り立つ．

$$k_1 C_E C_S = k_2 C_{ES} \tag{4.48}$$

式 (4.42) 式 (4.48) より，C_{ES} について整理する．

$$C_{ES} = \frac{k_1 C_{E0} C_S}{k_2 + k_1 C_S} \tag{4.49}$$

これを式 (4.40) に代入すると，ミカエリス−メンテンの式を得る．

$$r = \frac{k_1 k_3 C_{E0} C_S}{k_2 + k_1 C_S} = \frac{k_3 C_{E0} C_S}{k_2/k_1 + C_S} = \frac{V_{max} C_S}{K_m + C_S} \tag{4.50}$$

ただし，$K_m = k_2/k_1$，$V_{max} = k_3 C_{E0}$ である．

[補足] 例題 4.2 で求めたミカエリス定数は $K_m = (k_2 + k_3)/k_1$ であった．この例題の律速段階近似の場合，$k_3 \ll k_2$ と考えているため，定常状態近似法で求めた式とは異なる係数になった．

4.2.3　反応速度の温度依存性

反応速度式にある反応速度定数 k は，反応次数によって単位が異なる．一般に，n 次反応に対して $[(m^3/mol)^{n-1}/s]$ の単位をもつ．たとえば，1 次反応に対しては $[s^{-1}]$，2 次反応に対しては $[m^3/(mol \cdot s)]$ となる．

反応速度定数は，図 4.3(a) に示すように温度とともに増加し，実験データに基づき経験的に得られたアレニウスの式（Arrhenius equation）によって表される．

$$k = A \exp\left(-\frac{E}{RT}\right) \tag{4.51}$$

ここで，E [J/mol] は活性化エネルギー（acti-

vation energy），R は気体定数（8.314 J/(mol·K)），T [K] は反応温度である．A は頻度因子（frequency factor）とよばれ，反応速度定数と同じ次元をもつ．式 (4.51) の両辺に対数をとると，次式を得る．

$$\ln k = \ln A - \frac{E}{RT} \tag{4.52}$$

したがって，さまざまな温度において反応速度定数を測定し，$\ln k$ と $1/T$ の関係を図 4.3(b) のようにプロットすれば，その傾きより活性化エネルギー E，切片あるいは任意温度における反応速度定数の値から頻度因子 A を求めることができる．このようなプロットをアレニウスプロット（Arrhe-

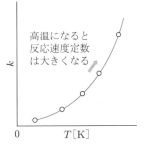

（a）反応速度定数と温度

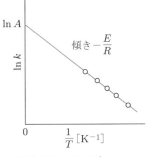

（b）アレニウスプロット

●図 4.3 ● 反応速度定数の温度依存性

nius plot）とよぶ.

アレニウスの式は，本来，素反応について成立する式であるが，素反応でなくても近似的に成り立つことがある.しかし，複雑な反応速度式をもつ場合にはアレニウスの式で表せない.

  気相中におけるヨウ化水素の分解反応 $2HI \rightarrow H_2 + I_2$ について，種々の温度で反応速度定数を測定したところ，表 4.3 を得た.アレニウスの式が成り立つとして，活性化エネルギーと頻度因子を求めよ.

■表 4.3 ■

T [K]	647	666	683	700	716
k [m³/(mol·s)]	8.59×10^{-8}	2.20×10^{-7}	5.12×10^{-7}	1.16×10^{-6}	2.50×10^{-6}

解 答 表 4.3 から絶対温度の逆数 $1/T$ と反応速度定数の自然対数 $\ln k$ を求めると，表 4.4 のようになる.

■表 4.4 ■

$(1/T) \times 10^{-3}$ [K⁻¹]	1.55	1.50	1.46	1.43	1.40
$\ln k$	−16.3	−15.3	−14.5	−13.7	−12.9

これにより，アレニウスプロットをとると，図 4.4 のように直線関係が得られるので，アレニウスの式が成立していることがわかる.図より，横軸 1.40×10^{-3} のとき縦軸 -12.9，1.55×10^{-3} のとき -16.3 と読みとれるので，直線の傾き $-E/R$ から活性化エネルギー E が求められる.

$$-\frac{E}{R} = \frac{-16.3 - (-12.9)}{1.55 \times 10^{-3} - 1.40 \times 10^{-3}}$$

$$= -2.27 \times 10^4 \, \text{K}$$

$$E = 2.27 \times 10^4 R = 2.27 \times 10^4 \times 8.314$$

$$= 1.9 \times 10^5 \, \text{J/mol}$$

また，横軸 1.40×10^{-3} のとき縦軸 -12.9 の値をアレニウスの式 (4.52) に代入すると，頻度因子 A が求められる.

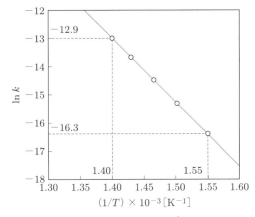

●図 4.4 ● アレニウスプロット

$$\ln A = \ln k + \frac{E}{RT} = -12.9 + (2.27 \times 10^4) \times (1.40 \times 10^{-3}) = 18.9$$

$$A = e^{18.9} = 1.6 \times 10^8 \, \text{m}^3/(\text{mol·s})$$

Coffee Break

定常状態近似と律速段階近似

3段のタンクがあり，1段目から順に3段目まで水が流れ落ちる状況を考える．

図4.5(a) のように，2段目のタンクが定常状態のとき，2段目に入る水の流量と2段目から出る水の流量が等しく，2段目の液位は動かない．これが定常状態近似の状態である．

一方，図4.5(b) のように，2段目から3段目への水の流れが律速段階のと

き，その水の流量が非常に小さく，1段目と2段目の液位が同じになる．これが律速段階近似の状態である．

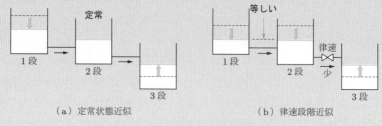

（a）定常状態近似　　　　（b）律速段階近似

●図 4.5 ● 定常状態近似と律速段階近似

4.3 反応の量論関係

実際の化学反応では，
① 反応前後における物質量（モル数）の増減
② 不活性成分の含有
③ 温度，圧力の影響

という，三つのことによって物質量や体積の変化が起こる．これにより，反応物質の濃度が変化し，反応率にも影響を及ぼす．そこで本節では，まず反応率について解説し，その後に反応の量論関係，反応物質の濃度の表し方について述べる．

4.3.1 反応率

(1) 回分操作における反応率

回分操作を行っている反応器において，式 (4.7) の反応を進行させる場合を考える．

$$A + \frac{b}{a}B \to \frac{c}{a}C + \frac{d}{a}D \qquad （式 (4.7) 再掲）$$

はじめに反応器に，反応にかかわる成分 A，B，C，D および不活性成分 I をそれぞれ n_{A0} [mol]，n_{B0} [mol]，n_{C0} [mol]，n_{D0} [mol]，n_{I0} [mol] ずつ仕込み，時間 t が経過した後，それぞれの物質量が n_A，n_B，n_C，n_D，n_I になったとする．反応率

（転化率，conversion）は反応の進行程度を表す量であり，通常は限定反応成分に対して決められる．限定反応成分が A であるとき，その反応率 x_A [-] は次式で与えられる．

$$x_A = \frac{n_{A0} - n_A}{n_{A0}} \qquad (4.53)$$

(2) 連続操作における反応率

連続操作では，連続的に反応物が流入し，生成物が流出している．したがって，各成分の量は単位時間に移動する物質量である物質量流量 F [mol/s] で表すのが適切である．すなわち，反応器入口から反応にかかわる成分 A，B，C，D および不活性成分 I をそれぞれ F_{A0} [mol/s]，F_{B0} [mol/s]，F_{C0} [mol/s]，F_{D0} [mol/s]，F_{I0} [mol/s] で供給し，反応器出口から F_A，F_B，F_C，F_D，F_I で排出されているとすると，限定反応成分 A の反応率 x_A は次式で与えられる．

$$x_A = \frac{F_{A0} - F_A}{F_{A0}} \qquad (4.54)$$

4.3.2 反応前後における物質量（モル数）の増減と不活性成分の含有

(1) 回分操作

反応率 x_A を表す式 (4.53) によって，時刻 t における限定反応成分 A の物質量は次式で表せる．

$$n_A = n_{A0}(1 - x_A) \qquad (4.55)$$

量論式 (4.7) より，成分 A が 1 mol 反応すると成分 B は b/a [mol] 消失し，成分 C と D はそれぞれ c/a [mol]，d/a [mol] 生成する．したがって，時刻 t における成分 B，C，D の物質量は次式で表せる．

$$n_B = n_{B0} - \frac{b}{a} n_{A0} x_A = n_{A0}\left(\theta_B - \frac{b}{a} x_A\right) \qquad (4.56)$$

$$n_C = n_{C0} + \frac{c}{a} n_{A0} x_A = n_{A0}\left(\theta_C + \frac{c}{a} x_A\right) \qquad (4.57)$$

$$n_D = n_{D0} + \frac{d}{a} n_{A0} x_A = n_{A0}\left(\theta_D + \frac{d}{a} x_A\right) \qquad (4.58)$$

ここで，$\theta_B = n_{B0}/n_{A0}$，$\theta_C = n_{C0}/n_{A0}$，$\theta_D = n_{D0}/n_{A0}$ である．また，不活性成分 I の物質量は変化しないので，$\theta_I = n_{I0}/n_{A0}$ を用いてつぎのように表せる．

$$n_I = n_{I0} = n_{A0}\theta_I \qquad (4.59)$$

以上より，反応率が x_A のときの反応器内の全物質量 n_t [mol] は，

$$n_t = n_{t0} + \left(-1 - \frac{b}{a} + \frac{c}{a} + \frac{d}{a}\right) n_{A0} x_A$$
$$= n_{t0}(1 + \delta_A y_{A0} x_A) = n_{t0}(1 + \varepsilon_A x_A) \qquad (4.60)$$

ただし，

$$n_{t0} = n_{A0} + n_{B0} + n_{C0} + n_{D0} + n_{I0} \qquad (4.61)$$

となる．ここで，δ_A は成分 A が 1 mol 反応したときの全物質量の変化，y_{A0} は最初の成分 A のモル分率，ε_A は限定反応成分 A がすべて反応したときの物質量の増加率を表す．

$$\delta_A = -1 - \frac{b}{a} + \frac{c}{a} + \frac{d}{a} \qquad (4.62)$$

$$y_{A0} = \frac{n_{A0}}{n_{t0}} \qquad (4.63)$$

$$\varepsilon_A = \delta_A y_{A0} \qquad (4.64)$$

反応が進むにつれて物質量が増加する反応では $\delta_A > 0$，$\varepsilon_A > 0$，減少する反応では $\delta_A < 0$，$\varepsilon_A < 0$ となる．

反応前後における各成分の物質量と物質量流量を表 4.5 にまとめる．

■表 4.5■ 反応前後における各成分の物質量 n [mol]（回分）と物質量流量 F [mol/s]（連続）

成分	反応開始時 ① 物質量 n [mol] ② 物質量流量 F [mol/s]	反応における増減 ① 物質量 n [mol] ② 物質量流量 F [mol/s]	反応終了時 ① 物質量 n [mol] ② 物質量流量 F [mol/s]
A	n_{A0} F_{A0}	$-n_{A0}x_A$ $-F_{A0}x_A$	$n_A = n_{A0}(1 - x_A)$ $F_A = F_{A0}(1 - x_A)$
B	n_{B0} F_{B0}	$-(b/a)n_{A0}x_A$ $-(b/a)F_{A0}x_A$	$n_B = n_{A0}(\theta_B - (b/a)x_A)$ $F_B = F_{A0}(\theta_B - (b/a)x_A)$
C	n_{C0} F_{C0}	$+(c/a)n_{A0}x_A$ $+(c/a)F_{A0}x_A$	$n_C = n_{A0}(\theta_C + (c/a)x_A)$ $F_C = F_{A0}(\theta_C + (c/a)x_A)$
D	n_{D0} F_{D0}	$+(d/a)n_{A0}x_A$ $+(d/a)F_{A0}x_A$	$n_D = n_{A0}(\theta_D + (d/a)n_{A0}x_A)$ $F_D = F_{A0}(\theta_D + (d/a)F_{A0}x_A)$
I（不活性成分）	n_{I0} F_{I0}	± 0	$n_I = n_{I0} = n_{A0}\theta_I$ $F_I = F_{I0} = F_{A0}\theta_I$
合計	$n_{t0} = n_{A0} + n_{B0} + n_{C0} + n_{D0} + n_{I0}$ $F_{t0} = F_{A0} + F_{B0} + F_{C0} + F_{D0} + F_{I0}$	$\left(-1 - \frac{b}{a} + \frac{c}{a} + \frac{d}{a}\right)n_{A0}x_A$ $\left(-1 - \frac{b}{a} + \frac{c}{a} + \frac{d}{a}\right)F_{A0}x_A$	$n_t = n_{t0} + \delta_A n_A x_A$ $= n_{t0}(1 + \delta_A y_{A0}x_A) = n_{t0}(1 + \varepsilon_A x_A)$ $F_t = F_{t0}(1 + \delta_A y_{A0}x_A)$ $= F_{t0}(1 + \varepsilon_A x_A)$

(2) 連続操作

反応率 x_A を表す式 (4.54) によって，反応器出口の限定反応成分 A の物質量流量は，

$$F_A = F_{A0}(1 - x_A) \tag{4.65}$$

となる．このように，回分操作のときと同様に考えることができて，表 4.5 に示す関係にまとめられる．ただし，$\theta_B = F_{B0}/F_{A0}$，$\theta_C = F_{C0}/F_{A0}$，$\theta_D = F_{D0}/F_{A0}$，$\theta_I = F_{I0}/F_{A0}$ であり，y_{A0} は反応器入口の成分 A のモル分率を表す．

4.3.3 反応率と各成分のモル濃度

(1) 定容系と非定容系

反応にともなって反応混合物の体積，あるいは密度が変化しない場合を定容系といい，変化する場合を非定容系という．後述するように，定容系と非定容系では反応率とモル濃度の関係が異なるので，取り扱う系がどちらであるかに留意しなければならない．

気相反応の場合，定容回分反応器とよばれる密閉された体積一定の反応器を用いるときは，定容系である．体積可変の定圧回分反応器を用いるとき，ならびに流通式の連続槽型反応器や管型反応器を用いるときは，非定容系となる．ただし，定圧・定温で，反応前後に物質量の変化のない $\delta_A = 0$，$\varepsilon_A = 0$ のときには，定容系として扱ってよい．

液相反応の場合，大量の溶媒中で反応を行うことが多く，反応が進行しても反応混合物の体積変化が無視できるので，$\delta_A = 0$，$\varepsilon_A = 0$ でなくても定容系とみなされる．

(2) 定容系における反応率とモル濃度

回分操作では，成分 j のモル濃度 $C_j\,[\mathrm{mol/m^3}]$ は反応器体積を $V\,[\mathrm{m^3}]$，そこに含まれる成分 j の物質量を $n_j\,[\mathrm{mol}]$ とすると，次式で求められる．

$$C_j = \frac{n_j}{V} \tag{4.66}$$

連続操作では，全成分の体積流量を $v\,[\mathrm{m^3/s}]$，成分 j の物質量流量を $F_j\,[\mathrm{mol/s}]$ とすると，モル濃度 C_j は次式で与えられる．

$$C_j = \frac{F_j}{v} \tag{4.67}$$

定容系のとき，体積 V および体積流量 v は一定で，それぞれ最初の体積 V_0 および入口の体積流量 v_0 と等しい．

(3) 非定容系における反応率とモル濃度

気相反応の非定容系回分操作のとき，理想気体の法則が成り立つとすると，次式が得られる．

$$P_{t0}V_0 = n_{t0}RT_0 \tag{4.68}$$
$$P_tV = n_tRT \tag{4.69}$$

ここで，P_t は全圧，T は反応温度であり，添字 0 は反応開始時を表す．これらを式 (4.60) に代入して整理すると，

$$V = V_0\left(\frac{P_{t0}}{P_t}\right)\left(\frac{T}{T_0}\right)(1 + \varepsilon_A x_A) \tag{4.70}$$

となり，体積は反応率の関数となる．

連続操作でも同様に，式 (4.68)，(4.69) の体積 V を体積流量 v に改めた式が成り立ち，次式を得る．

$$v = v_0\left(\frac{P_{t0}}{P_t}\right)\left(\frac{T}{T_0}\right)(1 + \varepsilon_A x_A) \tag{4.71}$$

非定容の回分操作は，定圧回分反応器で行われる．また，管型反応器も定圧とみなせることが多い．したがって，非定容系の多くは定圧系として $P_t = P_{t0}$ とおくことができる．さらに，定温であれば $T = T_0$ が成り立つ．このとき，式 (4.70)，(4.71) はそれぞれ次式のようになる．

$$V = V_0(1 + \varepsilon_A x_A) \tag{4.72}$$
$$v = v_0(1 + \varepsilon_A x_A) \tag{4.73}$$

したがって，各成分のモル濃度は表 4.6 に示す諸式で与えられる．

■表4.6■　定容系および非定容系における各成分のモル濃度

成分	定容系	非定容系（定圧・定温）
A	$C_A = C_{A0}(1 - x_A)$	$C_A = \dfrac{C_{A0}(1 - x_A)}{1 + \varepsilon_A x_A}$
B	$C_B = C_{A0}\left(\theta_B - \dfrac{b}{a}x_A\right)$	$C_B = \dfrac{C_{A0}\{\theta_B - (b/a)\,x_A\}}{1 + \varepsilon_A x_A}$
C	$C_C = C_{A0}\left(\theta_C + \dfrac{c}{a}x_A\right)$	$C_C = \dfrac{C_{A0}\{\theta_C + (c/a)\,x_A\}}{1 + \varepsilon_A x_A}$
D	$C_D = C_{A0}\left(\theta_D + \dfrac{d}{a}x_A\right)$	$C_D = \dfrac{C_{A0}\{\theta_D + (d/a)\,x_A\}}{1 + \varepsilon_A x_A}$
I	$C_I = C_{A0}\theta_I$	$C_I = \dfrac{C_{A0}\theta_I}{1 + \varepsilon_A x_A}$

例題 4.5　式 (4.1) で表せる窒素と水素からアンモニアを生成する気相反応を下記の反応器を用いて定温で行った. 反応器に窒素 $100\ \mathrm{mol/m^3}$, 水素 $400\ \mathrm{mol/m^3}$ を仕込んで反応を開始し, 限定反応成分の反応率が 0.70 に達したときの各成分のモル濃度を求めよ.
(1) 定容回分反応器　　(2) 定圧回分反応器

解答　窒素と水素の化学量論比 1：3 に対して供給量は 1：4 なので, 窒素が限定反応物質である. したがって, 窒素を成分 A, 水素を成分 B, アンモニアを成分 C とおく.

(1) まず, θ_B, θ_C は定義から求められるので,

$$\theta_B = \frac{C_{B0}}{C_{A0}} = \frac{400}{100} = 4$$

$$\theta_C = \frac{C_{C0}}{C_{A0}} = \frac{0}{100} = 0$$

となる. 定容回分反応器のとき, 表 4.6 の定容系の式があてはまるので, 以下がわかる.

$$C_A = C_{A0}(1 - x_A) = 100 \times (1 - 0.70) = 30\ \mathrm{mol/m^3}$$

$$C_B = C_{A0}\left(\theta_B - \frac{b}{a}x_A\right) = 100 \times \left(4 - \frac{3}{1} \times 0.70\right) = 190\ \mathrm{mol/m^3}$$

$$C_C = C_{A0}\left(\theta_C + \frac{c}{a}x_A\right) = 100 \times \left(0 + \frac{2}{1} \times 0.70\right) = 140\ \mathrm{mol/m^3}$$

(2) 式 (4.62), 式 (4.63), 式 (4.64) から δ_A, y_{A0}, ε_A を求める.

$$\delta_A = -1 - \frac{b}{a} + \frac{c}{a} = -1 - \frac{3}{1} + \frac{2}{1} = -2$$

$$y_{A0} = \frac{n_{A0}}{n_{t0}} = \frac{100}{100 + 400} = 0.20$$

$$\varepsilon_A = \delta_A y_{A0} = -2 \times 0.20 = -0.40$$

定圧回分反応器のとき, 表 4.6 の非定容系の式があてはまるので, 以下がわかる.

$$C_A = \frac{C_{A0}(1 - x_A)}{1 + \varepsilon_A x_A} = \frac{30}{1 + (-0.40) \times 0.70} = 42\ \mathrm{mol/m^3}$$

$$C_B = \frac{C_{A0}\left(\theta_B - \dfrac{b}{a}x_A\right)}{1 + \varepsilon_A x_A} = \frac{190}{1 + (-0.40) \times 0.70} = 260\ \mathrm{mol/m^3}$$

$$C_C = \frac{C_{A0}\left(\theta_C + \dfrac{c}{a}x_A\right)}{1 + \varepsilon_A x_A} = \frac{140}{1 + (-0.40) \times 0.70} = 190\ \mathrm{mol/m^3}$$

4.4 反応器の設計方程式

4.2節と4.3節において，化学反応が進む速度をみるために，反応物の濃度，組成によって表した反応速度式を導いた．しかし，この式にある濃度や組成は，反応が進むにつれ時間とともに変化する．そこで本節では，この時間変化の関係を理解し，反応時間を求める．

4.4.1 反応器の物質収支

反応器内の濃度変化や反応率の変化を表す基礎式を設計方程式（design equation）といい，これは物質収支から求められる．反応器内を一つの系としてとらえ，その系における物質収支をとる．系のとり方は任意であるが，反応速度が濃度の関数であることから，その内部における成分濃度が均一に近くなるようにとるべきである．

図4.6に一般的な系における物質収支の概念を示す．この系における成分 j の物質収支はつぎのように表せる．

系内への流入速度 − 系外への流出速度
　　　＋ 系内での生成速度
　　　＝ 系内での蓄積速度 　　　　　(4.74)

すなわち，次式が成り立つ．

$$F_{j0} - F_j + r_j V = \frac{\mathrm{d}n_j}{\mathrm{d}t} \qquad (4.75)$$

これをもとに，各反応器の設計方程式を導く．

4.4.2 回分反応器の設計方程式

(1) 定容回分反応器の設計方程式

回分反応器は，反応器が完全混合流れであるとき，反応器内の各成分濃度は均一になっているので，反応器全体を系として物質収支をとることができる．図4.7に示すように，$F_{j0} = F_j = 0$ なので，これを式 (4.75) に代入すると次式を得る．

$$r_j V = \frac{\mathrm{d}n_j}{\mathrm{d}t} \qquad (4.76)$$

定容回分反応器では体積 V は一定なので，限定反応成分 A についてこの式を適用すると，

$$r_\mathrm{A} = \frac{\mathrm{d}(n_\mathrm{A}/V)}{\mathrm{d}t} = \frac{\mathrm{d}C_\mathrm{A}}{\mathrm{d}t} \qquad (4.77)$$

となる．時刻 0 から t の範囲で成分 A の濃度が $C_{\mathrm{A}0}$ から C_A に変化したとして積分する．

$$t = \int_{C_{\mathrm{A}0}}^{C_\mathrm{A}} \frac{\mathrm{d}C_\mathrm{A}}{r_\mathrm{A}} = \int_{C_\mathrm{A}}^{C_{\mathrm{A}0}} \frac{\mathrm{d}C_\mathrm{A}}{-r_\mathrm{A}} \qquad (4.78)$$

定容なので，表4.6の $C_\mathrm{A} = C_{\mathrm{A}0}(1 - x_\mathrm{A})$ を用いると，反応率 x_A でも表せる．

$$t = C_{\mathrm{A}0} \int_0^{x_\mathrm{A}} \frac{\mathrm{d}x_\mathrm{A}}{-r_\mathrm{A}} \qquad (4.79)$$

式 (4.78)，(4.79) を定容回分反応器の設計方程式（積分形）という．この式から，所定濃度 C_A あるいは所定の反応率 x_A を達成するために必要な反応時間 t を求めることができる．

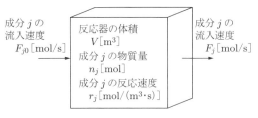

●図4.6● 反応系における成分 j の物質収支

●図4.7● 定容回分反応器の物質収支

例 題 4.6 定容回分反応器で反応速度式 $-r_A = kC_A$ で表せる液相1次反応を行うとき，反応時間と反応率の関係を表す式を導出せよ．

解 答 反応速度式に，表4.6の定容系のモル濃度の式を代入する．

$$-r_A = kC_{A0}(1 - x_A)$$

これを定容回分反応器の設計方程式 (4.79) に代入し，積分する．

$$t = C_{A0}\int_0^{x_A} \frac{\mathrm{d}x_A}{kC_{A0}(1 - x_A)} = \frac{1}{k}\int_0^{x_A} \frac{\mathrm{d}x_A}{1 - x_A} = \frac{1}{k}\left[-\ln(1 - x_A)\right]_0^{x_A}$$

したがって，次式を得る．

$$kt = \ln \frac{1}{1 - x_A}$$

[補足] この式は，後の表4.7でまとめている．

(2) 定圧回分反応器の設計方程式

定圧回分反応器は，図4.8に示すように，反応器内の圧力を一定に保つために体積 V が可変な反応器である．物質収支式は定容回分反応器と同じ式 (4.76) で与えられ，定温であれば体積は式 (4.72) で表せる．そこで，式 (4.76) を限定反応成分 A に適用し，式 (4.55)，(4.72) を代入すると，

$$r_A = \frac{1}{V_0(1 + \varepsilon_A x_A)}\cdot\frac{\mathrm{d}\{n_{A0}(1 - x_A)\}}{\mathrm{d}t}$$
$$= -\frac{C_{A0}}{1 + \varepsilon_A x_A}\cdot\frac{\mathrm{d}x_A}{\mathrm{d}t} \tag{4.80}$$

となる．これを積分すると，定温条件における定圧回分反応器の設計方程式を得る．

$$t = C_{A0}\int_0^{x_A} \frac{\mathrm{d}x_A}{(1 + \varepsilon_A x_A)(- r_A)} \tag{4.81}$$

4.4.3 連続槽型反応器の設計方程式

連続槽型反応器は完全混合流れと考えられるので，図4.9に示すように反応器全体を系として物質収支がとれる．定常状態なので $\mathrm{d}n_j/\mathrm{d}t = 0$ を式 (4.75) に代入すると，

$$F_{j0} - F_j + r_j V = 0 \tag{4.82}$$

となる．限定反応成分 A に適用すると，

$$-r_A = \frac{F_{A0} - F_A}{V} \tag{4.83}$$

を得る．式 (4.67) より，

$$F_{A0} = v_0 C_{A0} \tag{4.84}$$

なので，式 (4.83) に式 (4.65)，(4.84) を代入すると，

$$-r_A = \frac{v_0 C_{A0} x_A}{V} \tag{4.85}$$

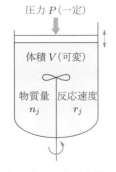

圧力 P（一定）

体積 V（可変）

物質量 n_j ｜ 反応速度 r_j

●図4.8● 定圧回分反応器の物質収支

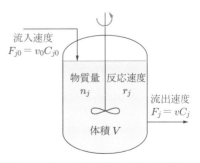

流入速度 $F_{j0} = v_0 C_{j0}$

物質量 n_j ｜ 反応速度 r_j

流出速度 $F_j = v C_j$

体積 V

●図4.9● 連続槽型反応器の物質収支

となる．ここで，反応器の体積を体積流量で割った空間時間（space time）τ [s] をつぎのように定義する．

$$\tau = \frac{V}{v_0} \tag{4.86}$$

空間時間については，本節末の Coffee Break を参照されたい．

式 (4.86) は次式となる．

$$\tau = \frac{V}{v_0} = C_{A0}\frac{x_A}{-r_A} \tag{4.87}$$

連続槽型反応器は，液相反応に用いられ，定容系として扱われることが多いので，表4.6の式を用いてモル濃度 C_A で表すこともできる．

$$\tau = \frac{C_{A0} - C_A}{-r_A} \tag{4.88}$$

式 (4.87), (4.88) を連続槽型反応器の設計方程式という．この式より，所定の反応率 x_A あるいは所定濃度 C_A を達成するために必要な空間時間 τ，および反応器体積 V を求めることができる．

4.4.4　管型反応器の設計方程式

管型反応器は，軸方向に濃度分布があるため，反応器全体を一つの系としてとらえることができない．押出し流れであれば半径方向の濃度は均一なので，図4.10に示す位置に微小体積 $\mathrm{d}V$ をとり，そこでは定常状態であるとして，この部分における成分 j の物質収支をとる．

$$F_j - (F_j + \mathrm{d}F_j) + r_j\,\mathrm{d}V = 0 \tag{4.89}$$

限定反応成分 A に適用して，

$$r_A = \frac{\mathrm{d}F_A}{\mathrm{d}V} \tag{4.90}$$

を得る．これに式 (4.65) を代入すると，

$$-r_A = F_{A0}\frac{\mathrm{d}x_A}{\mathrm{d}V} \tag{4.91}$$

となる．これを積分して，式 (4.84), (4.86) を用いて整理すると，つぎの管型反応器の設計方程式が得られる．

$$\tau = \frac{V}{v_0} = C_{A0}\int_0^{x_A}\frac{\mathrm{d}x_A}{-r_A} \tag{4.92}$$

4.4.5　反応器の性能比較

管型反応器の設計方程式 (4.92) は，反応時間と空間時間が違うのみで，定容回分反応器の設計方程式 (4.79) と同じである．回分反応器は時間的に反応率が変化するのに対して，管型反応器では入口から出口まで空間的に反応率が変化することを意味している．

反応速度 $-r_A$ は反応率 x_A の関数であり，一般的には，反応率が高くなるにつれて，限定反応成分 A の濃度が低下するので，反応速度も減少する．そのため，$C_{A0}/(-r_A)$ を縦軸，x_A を横軸にとると，その関係は図4.11のような増加関数曲線となる．連続槽型反応器の空間時間 τ_m は，式 (4.87) より，図 (a) の長方形の面積に相当する．一方，管型反応器の空間時間 τ_p は，式 (4.92) より積分値なので，図 (b) の面積に相当する．図から明らかなように，連続槽型反応器の空間時間よりも管型反応器の空間時間のほうが小さい．これは，反応器への反応物の供給流量 v_0 が等しければ，連

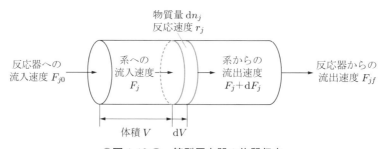

●図 4.10 ● 管型反応器の物質収支

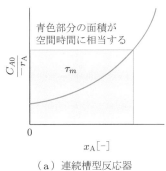
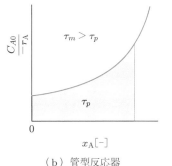

（a）連続槽型反応器 （b）管型反応器

●図4.11● 連続槽型反応器と管型反応器の性能比較

続槽型反応器よりも管型反応器のほうが小さな体積で済むので、性能が優れていることを示している。ただし、自触媒反応のように、反応率が高く

なっても反応速度が単調に減少しない系では、性能の比較は容易ではない。

Coffee Break

空間時間と平均滞留時間

　反応器の空間時間は、反応器と等しい体積の原料を処理するのにかかる時間を意味する。それゆえ、空間時間が小さいほど、反応器の処理能力が優れているといえる。

　一方、供給された原料が反応器内を通過する時間の平均値を平均滞留時間という。すなわち、空間時間は入口を

基準とし、平均滞留時間は入ってから出るまでを基準としている。定容系のように反応器内で体積流量が一定であれば両者は等しいが、非定容系では体積流量が変化するので等しくなるとは限らない。

　指定自動車教習所では、MT車の普通免許であれば教習時間が最低60時

限と定められており、入学時には全員がこの時間で修了したいと思っているだろう。これが空間時間に当たると考えてよい。しかし、実際には追加教習が必要となってなかなか修了できない者もおり、平均の教習時間は60時限にはならない。これが平均滞留時間に相当する。

4.5 反応器の設計と操作

　4.4節において、生成物を得るための反応時間を求めることができた。これによって反応器の操作条件である流量（単位時間での物質量）を決めることができる。そこで、本節では、反応物の流量、反応器の体積、反応時間、反応率の関係を学び、反応器の設計と操作の仕方を知る。

4.5.1 回分反応器の設計と操作

　反応速度（$-r_A$）は反応速度式で表され、濃度や反応率の関数となる。反応速度式を設計方程式

である式（4.79）、（4.81）に代入して積分すると、反応時間と反応率の関係が得られる。表4.7に簡単な反応速度式について、解析的に求めた回分反応器の反応時間と反応式の関係を示す。これ以外にも、ある程度簡単な反応速度式に対しては解析的に積分できるが、複雑になると数値積分法や図積分法によらなければならない。また、反応率を求める場合には代数的に解けないことがあり、試行錯誤法（trial and error method）によらなければならない。

■表4.7■　回分反応器，連続槽型反応器および管型反応器に対する反応時間 t，空間時間 τ と反応率 x_A の関係（定温）

	定容回分反応器	定圧回分反応器	連続槽型反応器 （液相反応）	管型反応器 （定圧気相反応）
設計方程式	$t = C_{A0} \int_0^{x_A} \dfrac{\mathrm{d}x_A}{-r_A}$	$t = C_{A0} \int_0^{x_A} \dfrac{\mathrm{d}x_A}{(1+\varepsilon_A x_A)(-r_A)}$	$\tau = C_{A0} \dfrac{x_A}{-r_A}$	$\tau = C_{A0} \int_0^{x_A} \dfrac{\mathrm{d}x_A}{-r_A}$
0次反応 $-r_A = k$	$kt = C_{A0} x_A$ $(t < C_{A0}/k)$	$kt = \dfrac{C_{A0}}{\varepsilon_A} \ln(1+\varepsilon_A x_A)$	$k\tau = C_{A0} x_A$ $(t < C_{A0}/k)$	$k\tau = C_{A0} x_A$ $(t < C_{A0}/k)$
1次反応 $-r_A = kC_A$	$kt = \ln \dfrac{1}{1-x_A}$	$kt = \ln \dfrac{1}{1-x_A}$	$k\tau = \dfrac{x_A}{1-x_A}$	$k\tau = (1+\varepsilon_A) \ln \dfrac{1}{1-x_A} - \varepsilon_A x_A$
2次反応 $-r_A = kC_A^2$	$kC_{A0}t = \dfrac{x_A}{1-x_A}$	$kC_{A0}t = (1+\varepsilon_A)\dfrac{x_A}{1-x_A}$ $+ \varepsilon_A \ln(1-x_A)$	$kC_{A0}\tau = \dfrac{x_A}{(1-x_A)^2}$	$kC_{A0}\tau = (1+\varepsilon_A)^2 \dfrac{x_A}{1-x_A}$ $+ 2\varepsilon_A(1+\varepsilon_A)\ln(1-x_A)$ $+ \varepsilon_A{}^2 x_A$

例題 4.7　反応速度式 $-r_A = kC_A^2$ で表せる $2A \rightarrow C$ の液相2次反応を定容回分反応器で行う．$C_{A0} = 50\ \mathrm{mol/m^3}$ の条件で20分操作したとき，反応率は0.60であった．このときの反応速度定数と，1時間後の反応率を求めよ．

解答　定容回分反応器の2次反応に対する反応時間 t と反応率 x_A の関係は，表4.7より，

$$kC_{A0}t = \frac{x_A}{1-x_A}$$

となり，反応速度定数は，

$$k = \frac{x_A}{C_{A0}t(1-x_A)} = \frac{0.60}{50 \times 20 \times 60 \times (1-0.60)} = 2.5 \times 10^{-5}\ \mathrm{m^3/(mol \cdot s)}$$

となる．よって，1時間後の反応率は，つぎのようになる．

$$x_A = \frac{kC_{A0}t}{1+kC_{A0}t} = \frac{2.5 \times 10^{-5} \times 50 \times 60 \times 60}{1 + 2.5 \times 10^{-5} \times 50 \times 60 \times 60} = 0.82 = 82\%$$

4.5.2　連続槽型反応器の設計と操作

前項でみた表4.7には，簡単な液相反応について，連続槽型反応器の設計方程式（4.87）に反応速度式を代入して求めた空間時間と反応率の関係も示している．これらは反応率 x_A について1次または2次の方程式であり，解析的に解くことができる．

連続槽型反応器は，図4.12に示すように直列に並べて多段化することができる．定容系の場合，i 槽目の反応器について式（4.88）をあてはめると，

$$\tau_i = \frac{V_i}{v_0} = \frac{C_{A,i-1} - C_{A,i}}{-r_{A,i}} \tag{4.93}$$

となる．これによって，1槽目への供給濃度 C_{A0} から逐一，各槽の出口濃度を求めることができる．

N 槽の連続槽型反応器について，全体としての反応率 x_A は次式で得られる．

$$1 - x_A = \frac{C_{A,N}}{C_{A0}} = \frac{C_{A1}}{C_{A0}} \frac{C_{A2}}{C_{A1}} \cdots \frac{C_{A,N}}{C_{A,N-1}} \tag{4.94}$$

1次反応のときは，式（4.93）に反応速度式（$-r_{A,i} = kC_{A,i}$）を代入して整理すると，

$$\frac{C_{A,i-1}}{C_{A,i}} = 1 + k\tau_i \tag{4.95}$$

となる．各槽の体積 V_i が等しいときは，空間時間 τ_i も等しいので，これを τ として式（4.94）に代入すると，次式を得る．

$$1 - x_A = \frac{1}{(1+k\tau)^N} \tag{4.96}$$

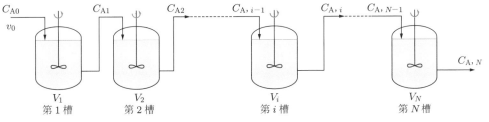

●図4.12● 多段連続槽型反応器

 例題 4.8 反応速度式 $-r_A = kC_A C_B$ で表せる A ＋ B → C の液相2次反応を連続槽型反応器で行う. 原料として成分 A と成分 B をモル比1：2で供給したとき，反応率は80％であった．同じ原料を同じ反応器に供給するとき，反応率を95％にするためには体積流量を何倍にすべきか．

解 答 反応速度式に，表4.6の定容系のモル濃度の式を代入すると，$a = b = 1$ なので，

$$-r_A = kC_{A0}{}^2(1 - x_A)(\theta_B - x_A)$$

となる．これを連続槽型反応器の設計方程式（4.87）に代入すると，

$$\tau = \frac{V}{v_0} = C_{A0}\frac{x_A}{kC_{A0}{}^2(1 - x_A)(\theta_B - x_A)} = \frac{x_A}{kC_{A0}(1 - x_A)(\theta_B - x_A)}$$

となる．題意より，$\theta_B = C_{B0}/C_{A0} = 2$ なので，反応率80％のときの体積流量 v_0 は，

$$v_0 = \frac{kC_{A0} V (1 - x_A)(\theta_B - x_A)}{x_A} = \frac{kC_{A0} V (1 - 0.80)(2 - 0.80)}{0.80} = 0.30 kC_{A0} V$$

となり，同じく反応率95％のときの体積流量 $v_0{}'$ は，

$$v_0{}' = \frac{kC_{A0} V (1 - 0.95)(2 - 0.95)}{0.95} = 0.0553 kC_{A0} V$$

となる．以上より，

$$\frac{v_0{}'}{v_0} = \frac{0.0553 kC_{A0} V}{0.30 kC_{A0} V} = 0.18 \text{ 倍}$$

が得られる．

 例題 4.9 反応速度式 $-r_A = kC_A$ で表せる A → C の液相1次反応を連続槽型反応器で，$C_{A0} = 2.0 \times 10^4\,\mathrm{mol/m^3}$，$C_{C0} = 0$ の条件で操作したとき，反応率が75％になった．体積半分の反応器二つを直列につないだ多段連続槽型反応器を用いて同じ条件で操作したとき，反応率はいくらになるか．

解 答 連続槽型反応器の液相1次反応に対する空間時間と反応率の関係は，表4.7より，

$$k\tau = \frac{x_A}{1 - x_A} = \frac{0.75}{1 - 0.75} = 3.0$$

となる．多段化したとき，体積が半分になると空間時間 τ も半分になる（k は一定）．液相1次反応なので，式（4.96）が成り立つ．よって，反応率はつぎのようになる．

$$x_A = 1 - \frac{1}{(1 + k\tau)^N} = 1 - \frac{1}{(1 + 3.0/2)^2} = 0.84 = 84\%$$

第1章
第2章
第3章
第4章
第5章
第6章
付録・付表
演習問題解答
参考文献・さくいん

Step up 図解法による多段連続槽型反応器の解析

反応速度式が複雑で，モル濃度について解析解が得られない場合は，図解法によって解く．式 (4.93) より，次式を得る．

$$-r_{A,i} = \frac{C_{A,i-1}}{\tau_i} - \frac{C_{A,i}}{\tau_i} \qquad (4.97)$$

反応速度 $-r_A$ を縦軸，濃度 C_A を横軸にとると，反応速度式で表せる $-r_{A,i}$ と $C_{A,i}$ の関係は原点を通る曲線となる．一方，式 (4.97) は傾き $-1/\tau_i$，x 切片 $C_{A,i-1}$ の直線である．したがって，図 4.13 のように点 P から傾き $-1/\tau_i$ の直線を引き，反応速度式の曲線との交点 Q から $C_{A,i}$ を求めることができる．これより，$i=1$ の C_{A0} から順次 $i=N$ まで作図を続けていけば，各槽の出口濃度 $C_{A,i}$ が決定できる．また，式 (4.94) より反応率 x_A を求めることができる．

多段連続槽型反応器の場合，図 4.11 と同じように，$C_{A0}/(-r_A)$ を縦軸，x_A を横軸にとって図で空間時間を表現すると，図 4.14 のようになる．ここでは等体積の 3 槽の連続槽型反応器を想定しているが，各槽の空間時間 τ_{m1}，τ_{m2}，τ_{m3} はそれぞれの長方形の面積であり，すべて等しい．図 4.11 と比較すると，多段化することで連続槽型反応器一つのときよりも空間時間が小さくなり，槽数を増やしていくと管型反応器に近づき，次第に性能がよくなることがわかる．

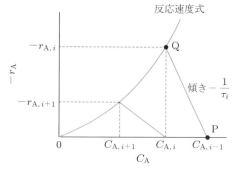

●図 4.13 ●　多段連続槽型反応器の図解法

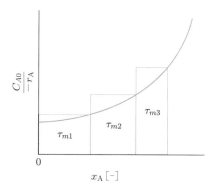

●図 4.14 ●　多段連続槽型反応器の性能

4.5.3　管型反応器の設計と操作

簡単な定圧気相反応について，管型反応器の設計方程式 (4.92) より，解析的に求めた空間時間と反応率の関係も，表 4.7 には示してある．液相反応の場合は定容系であるので，$\varepsilon_A = 0$ とおけばよい．

管型反応器は，軸方向に連続的に濃度が変化するので，多段化しても性能は変わらない．また，図 4.15 のように多管化しても，体積が同じであれば反応率は同じになる．しかし，温度制御のためには管の表面積が大きいほうが有利なので，多管型反応器を用いることが多い．

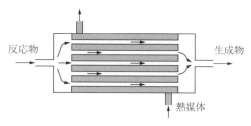

●図 4.15 ●　多管型反応器

例 題 4.10　管型反応器を用いて $-r_A = kC_A$ （$k = 4.1 \times 10^{-2}\,[\mathrm{s}^{-1}]$）で表せる $A \to 2C$ の気相 1 次反応を行う．成分 A が 70%，不活性ガスが 30% の原料をモル流量 0.16 mol/s で供給する．反応器内は 450 K，150 kPa に保たれている．反応率を 90% にするためには反応器体積をいくらにすればよいか．

解 答　管型反応器の定圧 1 次反応に対する空間時間と反応率の関係は，表 4.7 より，

$$kτ = (1 + ε_A)\ln\frac{1}{1 - x_A} - ε_A x_A$$

である．題意より，$y_{A0} = 0.70$ および，

$$δ_A = -1 + \frac{c}{a} = -1 + \frac{2}{1} = 1$$

$$ε_A = δ_A\,y_{A0} = 1 \times 0.70 = 0.70$$

が得られる．したがって，

$$
\begin{aligned}
τ = \frac{V}{v_0} &= \frac{1}{k}\left\{(1 + ε_A)\ln\frac{1}{1 - x_A} - ε_A x_A\right\}\\
&= \frac{1}{4.1 \times 10^{-2}}\left\{(1 + 0.70) \times \ln\frac{1}{1 - 0.90} - 0.70 \times 0.90\right\} = 80.1\,\mathrm{s}
\end{aligned}
$$

となる．反応器入口の全成分のモル濃度 C_{t0} は，理想気体の法則が成立するとして，

$$C_{t0} = \frac{n_{t0}}{V} = \frac{P_{t0}}{RT} = \frac{150 \times 10^3}{8.314 \times 450} = 40.1\,\mathrm{mol/m^3}$$

となり，式 (4.67) より，

$$v_0 = \frac{F_{t0}}{C_{t0}} = \frac{0.16}{40.1} = 3.99 \times 10^{-3}\,\mathrm{m^3/s}$$

となる．したがって，反応器体積 V は，つぎのようになる．

$$V = τv_0 = 80.1 \times 3.99 \times 10^{-3} = 0.32\,\mathrm{m^3}$$

Coffee Break

マイクロリアクタ

　近年，医薬品や化粧品などの付加価値の高い化学製品の生産技術としてマイクロリアクタが注目されている．マイクロリアクタは，微細加工技術を利用してチップ上に構成したマイクロチャンネルを反応場とする反応器であり，寸法効果によるさまざまな利点をもつ．

　たとえば，分子の移動距離が短いため分子拡散による混合効果が支配的に

なり，迅速な混合が可能になる．単位体積あたりの表面積が大きいので熱交換効率が高く，精密な温度制御が容易に行える．また，滞留時間を非常に短くすることができるため，発生した活性種が分解する前につぎの工程に送り込むことができる．生産能力の増大は従来のスケールアップ方式（縦，横，高さを大きくする）ではなく，小さな

同じリアクタの数を増やすナンバリングアップ方式であり，プロセス開発にかかるコストや時間を短縮できる．

　これらの特徴から，マイクロリアクタは化学製品の生産に大きなインパクトを与える技術として，発展が期待されている．

4.6 反応速度解析

　4.2 節で述べたように，反応速度式は量論式と直接の関係はないので，実測によって決めるのが原則である．反応時間や空間時間と成分濃度の測定結果から反応速度を求め，設計方程式を用いて

反応速度式を導出する方法を反応速度解析という. 液相の反応では, 反応速度解析に主として回分反応器が用いられ, 気相の反応では管型反応器が用いられる. 本書では, 回分反応器による反応速度解析について述べる.

4.6.1 積分法

1次反応の場合, 定容回分反応器ならば表4.7に示したように次式が成立する.

$$kt = \ln \frac{1}{1 - x_A}$$

したがって, 時間 t に対して $\ln \{1/(1 - x_A)\}$ をプロットすると直線になり, その傾きから反応速度定数 k が求められる. また, これを濃度 C_A を用いて書きかえると,

$$\ln C_A = \ln C_{A0} - kt \tag{4.98}$$

となるので, $\ln C_A$ と t のプロットからも反応速度定数 k が求められる.

2次反応の場合は次式が成り立つ.

$$kC_{A0}t = \frac{x_A}{1 - x_A}$$

これは次式のように書き直せる.

$$\frac{1}{C_A} - \frac{1}{C_{A0}} = kt \tag{4.99}$$

これより, $x_A/(1 - x_A)$ と t, または $1/C_A$ と t のプロットは直線になり, その傾きから反応速度定数 k が求められる.

また, n 次反応であれば, 次式となる.

$$\frac{C_A{}^{1-n} - C_{A0}{}^{1-n}}{n - 1} = kt \tag{4.100}$$

左辺と時間 t のプロットが直線となるような n の値から, 反応速度式が導出できる.

このように, 反応次数を仮定して設計方程式を積分した結果が実測値を説明できるかどうかで反応速度式を推定して反応速度定数を求める方法を, 積分法という.

 例題 4.11 定容回分反応器に成分 A を仕込み, 2A → C の気相反応を 420 K の定温で行ったとき, 反応時間と反応器内の全圧の関係が表4.8のようになった. 積分法により, 反応速度式と反応速度定数を求めよ.

■表4.8■

t [min]	0	2	5	12	20
P_t [kPa]	50.0	44.8	40.2	34.7	31.8

解答 定温定容であれば全成分の物質量 n_t と全圧 P_t は比例するので, 式 (4.60) はつぎのようになる.

$$P_t = P_{t0}(1 + \varepsilon_A x_A)$$

したがって, 反応率は,

$$x_A = \frac{P_t - P_{t0}}{\varepsilon_A P_{t0}} \tag{4.101}$$

となり, 題意より,

$$\varepsilon_A = \delta_A y_{A0} = \left(-1 + \frac{c}{a}\right) y_{A0} = \left(-1 + \frac{1}{2}\right) \times 1 = -0.5$$

となる. 式 (4.101) より, データから反応率 x_A を求めると, 表4.9のようになる.

■表4.9■

t [s]	0	120	300	720	1200
x_A [-]	0	0.208	0.392	0.612	0.728
$\dfrac{x_A}{1 - x_A}$ [-]	0	0.263	0.645	1.58	2.68

2次反応を仮定すると，表4.7に示した次式の関係が成り立つ．

$$kC_{A0}t = \frac{x_A}{1-x_A} \tag{4.102}$$

式 (4.102) の右辺を時間に対してプロットすると，図4.16のように直線関係が得られたことから，2次反応の仮定が正しかったことがわかる．したがって，反応速度式は，

$$-r_A = kC_A{}^2$$

である．成分Aの初濃度は，理想気体の法則が成立するとして，

$$C_{A0} = \frac{n_{A0}}{V} = \frac{P_{A0}}{RT} = \frac{50 \times 10^3}{8.314 \times 420} = 14.3 \, \text{mol/m}^3$$

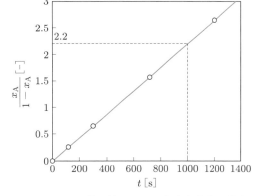

●図4.16● 積分法による反応速度定数の算出

となる．図の直線は原点を通り，$t = 1000\,\text{s}$ のとき 2.2 と読みとれる．式 (4.102) より，直線の傾き m が kC_{A0} に等しいので，つぎのように反応速度定数が得られる．

$$k = \frac{m}{C_{A0}} = \frac{1}{14.3} \times \frac{2.2}{1000} = 1.5 \times 10^{-4} \, \text{m}^3/(\text{mol·s})$$

例題4.11のように，反応の進行にともなって物質量が変化する $\varepsilon_A \neq 0$ の気相反応を定容回分反応器で行うとき，反応器内の全圧の変化を測定することで反応速度解析が可能である．これを全圧追跡法という．

Step up 半減期法

成分Aの濃度が初濃度（反応開始時の温度）の半分になるまでの時間を半減期 $t_{1/2}$ といい，この値からも反応速度式を推定できる．これは半減期法とよばれ，積分法の一種である．

式 (4.98) ～ (4.100) に $C_A = C_{A0}/2$ を代入すると，

$$t_{1/2} = \frac{\ln 2}{k} \tag{4.103}$$

$$t_{1/2} = \frac{1}{kC_{A0}} \tag{4.104}$$

$$t_{1/2} = \frac{2^{n-1}-1}{(n-1)k} C_{A0}{}^{1-n} \tag{4.105}$$

を得る．半減期 $t_{1/2}$ は，1次反応のときは初濃度 C_{A0} によらず一定値であり，2次反応であれば C_{A0} の逆数に比例する．n 次反応の式の両辺に対数をとると，

$$\ln t_{1/2} = \ln \frac{2^{n-1}-1}{(n-1)k} - (n-1)\ln C_{A0} \tag{4.106}$$

となる．したがって，$\ln t_{1/2}$ と $\ln C_{A0}$ のプロットは直線になり，その傾きから反応次数 n を求めることができる．したがって，さまざまな初濃度で半減期を測定し，初濃度との関係から反応速度式を導くことができる．

4.6.2 微分法

定容回分反応器により得られた反応時間と濃度の関係を図微分または数値微分することにより，反応速度定数や反応次数を求める方法を微分法という．微分法の手順を以下に示す．

① 限定反応成分Aの濃度 C_A を反応時間 t に対してプロットし，滑らかな曲線を描く．

② いくつかの C_A を選び，その点における曲線の接線の傾きを求める．式 (4.77) からわかるように，傾きが反応速度 r_A になる．傾きを求める方法にはミラー法による図微分（図上微分）などがある．

③ 反応速度式が

$$-r_A = kC_A{}^n$$

で表せる場合，両辺の対数をとると，

$$\ln(-r_A) = \ln k + n\ln C_A \qquad (4.107)$$

となる．したがって，$\ln(-r_A)$ と $\ln C_A$ のプロットから反応次数 n と反応速度定数 k を求めることができる．

また，①，②をまとめて，数値計算ソフトで C_A と t の関係を多項式近似し，解析的に微係数を求めることもできる．

微分法では，①，②において滑らかな曲線を描いたり，曲線の傾きを正確に求めたりすることが難しいので，留意する必要がある．

例題 4.12 回分反応器によって A → C の液相反応を行ったとき，反応時間と成分 A の濃度の関係が表 4.10 のようになった．

■表4.10■

t [min]	0	10	20	30	40	50
C_A [mol/m³]	70.0	57.8	47.7	39.3	32.5	26.8

この実験結果を数値計算ソフトを用いた多項式近似を行うと，次式が得られた．

$$C_A = -2.27 \times 10^{-10}\,t^3 + 3.29 \times 10^{-6}\,t^2 - 2.22 \times 10^{-2}\,t + 70.0$$

微分法により，反応速度式と反応速度定数を求めよ．

解答 反応時間と濃度の関係を表す多項式を t で微分して，成分 A の消失速度 $-r_A$ を求める．

$$-r_A = -\frac{dC_A}{dt} = 6.81 \times 10^{-10}\,t^2 - 6.58 \times 10^{-6}\,t + 2.22 \times 10^{-2}$$

各時間における $-r_A$ を計算すると，表 4.11 が得られる．

■表4.11■

t [s]	0	600	1200	1800	2400	3000
$-r_A$ [mol/(m³·s)]	0.0222	0.0185	0.0153	0.0126	0.0103	0.0086

これをプロットすると図 4.17 となり，直線関係が得られる．$\ln C_A = 3.4$ のとき $\ln(-r_A) = -4.65$，$\ln C_A = 4.2$ のとき $\ln(-r_A) = -3.85$ と読みとれるので，直線の傾き n は，

$$n = -\frac{-3.85 - (-4.65)}{4.2 - 3.4} = 1$$

である．したがって，1 次反応であることがわかり，反応速度式は，

$$-r_A = kC_A$$

となる．また，式 (4.107) より，つぎが得られる．

$$\ln k = \ln(-r_A) - n\ln C_A$$
$$= -4.65 - 1 \times 3.4 = -8.05$$
$$k = e^{-8.05} = 3.2 \times 10^{-4}\,\mathrm{s}^{-1}$$

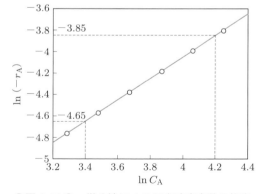

●図 4.17 ● 微分法による反応速度定数の算出

ミラー法による図微分

　図微分は，図に示した曲線の接線の傾きを読みとることで微係数を求める方法である．ミラー法は，図 4.18 に示すように鏡を用いて接線の傾きを求める方法である．微係数を求めたい点の上に鏡を置いて，曲線が鏡面像と滑らかにつながるように鏡の角度を変える．滑らかになったときの鏡面に沿って引いた線は接線に対する法線になるので，その傾きから微係数を算出することができる．

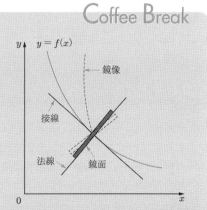

Coffee Break

●図 4.18 ● 　ミラー法による図微分

演・習・問・題・4

4.1

アンモニアから硝酸を製造するオストワルド法はつぎの複合反応からなる．

$$4NH_3 + 5O_2 \rightarrow 4NO + 6H_2O \qquad (4.108)$$
$$2NO + O_2 \rightarrow 2NO_2 \qquad (4.109)$$
$$3NO_2 + H_2O \rightarrow 2HNO_3 + NO \qquad (4.110)$$

量論式 (4.108)〜(4.110) の反応速度をそれぞれ r_1, r_2, r_3 とする．O_2, H_2O, NO, NO_2 の反応速度を r_1, r_2, r_3 を用いて表せ．

4.2

式 (4.111) で表される水素と臭素から臭化水素を生成する反応は，式 (4.112)〜(4.116) の素反応からなる．

$$H_2 + Br_2 \rightarrow 2HBr \qquad (4.111)$$
$$Br_2 \xrightarrow{k_1} 2Br\cdot \qquad (4.112)$$
$$H_2 + Br\cdot \xrightarrow{k_2} HBr + H\cdot \qquad (4.113)$$
$$H\cdot + Br_2 \xrightarrow{k_3} HBr + Br\cdot \qquad (4.114)$$
$$H\cdot + HBr \xrightarrow{k_4} H_2 + Br\cdot \qquad (4.115)$$
$$2Br\cdot \xrightarrow{k_5} Br_2 \qquad (4.116)$$

H· と Br· に定常状態近似法を適用して，この反応速度式が次式で表されることを導け．

$$r = k_3 C_{H\cdot} C_{Br2} = \frac{(k_2 k_3/k_4)(k_1/k_5)^{1/2} C_{H2} C_{Br2}^{1/2}}{(k_3/k_4) + C_{HBr}/C_{Br2}} \qquad (4.117)$$

4.3

一酸化炭素の酸化反応

$$2NO + O_2 \rightarrow 2NO_2 \qquad (4.118)$$

は，つぎの素反応からなる．

$$2NO \underset{k_2}{\overset{k_1}{\rightleftarrows}} N_2O_2 \qquad (4.119)$$
$$N_2O_2 + O_2 \xrightarrow{k_3} 2NO_2 \qquad (4.120)$$

素反応 (4.120) の過程が律速段階であるとして，律速段階近似法により，量論式 (4.118) の反応速度 r を導出せよ．

4.4

ある反応の反応速度定数が 20 ℃ で 0.25 s^{-1}，30 ℃ で 0.50 s^{-1} であった．アレニウスの式が成り立つとして，40 ℃ における反応速度定数を求めよ．

4.5

管型反応器を用いて A → C + 2D の気相反応を定温定圧で行う．入口の成分 A のモル分率が 0.90，不活性ガスのモル分率が 0.10，出口の成分 C のモル分率が 0.28 であった．成分 A の反応率を求めよ．

4.6

管型反応器で，反応速度式 $-r_A = kC_A C_B$ で表せる $A + bB \rightarrow cC$ の気相 2 次反応を行う．空間時間 τ と反応率 x_A の関係を表す式を導出せよ．ただし，$\theta_B \neq b$ とする．

4.7

反応速度式が $-r_A = kC_A$（$k = 7.6 \times 10^{-4}\,\mathrm{s^{-1}}$）で表せる $A \rightarrow C$ の液相 1 次反応を定容回分反応器で行う．$C_{A0} = 20\,\mathrm{mol/m^3}$ の条件で操作したとき，45 分後の反応率はいくらか．

4.8

反応速度式 $-r_A = k$（$k = 4.5 \times 10^{-2}\,\mathrm{mol/(m^3 \cdot s)}$）で表せる $A \rightarrow 2C + D$ の気相 0 次反応を全圧 0.32 MPa，500 K の定圧回分反応器で行う．原料として成分 A と不活性ガスをモル比 4：1 で仕込むとき，10 分後の反応率はいくらか．

4.9

演習問題 4.7 の反応を空間時間 45 分の連続槽型反応器で行ったとき，反応率はいくらか．

4.10

反応速度式が $-r_A = kC_A^2$（$k = 7.4 \times 10^{-6}\,\mathrm{m^3/(mol \cdot s)}$）で表せる $2A \rightarrow C$ の液相 2 次反応を体積 5.0 m³ の連続槽型反応器で行い，$C_{A0} = 2500\,\mathrm{mol/m^3}$，$C_{C0} = 0$ の原料を供給して生成物 C を 3.0 mol/s で生産したい．原料の体積流量をいくらにすればよいか．

4.11

反応速度式 $-r_A = kC_A$ で表せる $A \rightarrow C$ の液相 1 次反応を連続槽型反応器で行ったところ，反応率が 80% となった．この反応を管型反応器を用いて同じ条件で 80% の反応率を達成するためには，装置体積を何倍にする必要があるか．

4.12

反応速度式が $-r_A = kC_A$ で表せる液相 1 次反応を，槽数を無限大の連続多段槽型反応器で行ったときの空間時間が，管型反応器の空間時間と一致することを確かめよ．

4.13

反応速度式が $-r_A = kC_A^2$（$k = 5.2 \times 10^{-4}\,\mathrm{m^3/(mol \cdot s)}$）で表せる $2A \rightarrow C + 2D$ の気相 2 次反応を 600 K，800 kPa に保たれた管型反応器で行う．原料として成分 A を 4.0 m³/h で供給し，反応率を 90% にしたい．このとき，以下の問いに答えよ．

(1) 反応器体積はいくらにすべきか．

(2) 内径 28 mm，長さ 3.0 m の管を用いて多管化するとき，管は何本必要か．

4.14

液相自触媒反応 $A \rightarrow C$ の反応速度は，$-r_A = kC_A C_C$（$k = 3.7 \times 10^{-6}\,\mathrm{m^3/(mol \cdot s)}$）で表せる．原料として成分 A を $2.0 \times 10^3\,\mathrm{mol/m^3}$，成分 C を 600 mol/m³ で供給し，連続操作によって反応率を 80% にしたい．このとき，以下の反応器で操作するときの，それぞれの空間時間を求めよ．

(1) 連続槽型反応器

(2) 管型反応器

(3) 反応器体積を最小とする連続槽型反応器と管型反応器を組み合わせ

4.15

演習問題 4.14 の反応を 2 段連続槽型反応器で行う．各槽の空間時間を 200 s とするとき，各槽の出口における反応率を求めよ．

4.16

例題 4.12 のデータを用いて，積分法により反応速度式と反応速度定数を求めよ．

第5章

分離工学

　化学プロセスにおいて反応器でつくられた生成物は，分離器に送られ，そこで目的物質（化学製品）と副産物，未反応物，有害物質などに分離される．このような分離操作を行うには，物理化学的原理に従って，定量的な取り扱いを行い，装置を設計することが必要であり，これが化学工学の手法である．具体的には，気液平衡や溶解平衡などに基づき，物質収支と必要に応じてエネルギー収支をとり，第4章で学んだ化学反応と同様に，分離操作条件である温度，圧力，流量，組成を決めていく．

　本章では，1.2.1項において説明した化学的な分離操作である蒸留，ガス吸収，抽出，乾燥，吸着について述べる．それぞれにおいて，まず物理化学的原理である平衡状態や溶解平衡などを説明する．その後，分離操作の回数が1回の場合と複数回の場合とにおいて，物質収支と自然現象を簡単に表すモデルを解いていく．これによって分離操作条件である温度，圧力，流量，組成を決め，分離器の個数や大きさなどの分離プロセスが設計される．

KEY 🔑 WORD

気液平衡	単蒸留	レイリーの式	連続精留	マッケーブ-シーレ法
ヘンリーの法則	二重境膜説	フィックの法則	総括物質移動係数	三角図
てこの原理	タイライン	吸着等温線	ラングミュアの式	湿度図表
乾燥速度	乾燥特性曲線			

5.1 蒸留

　揮発性をもつ成分からなる液体混合物を加熱沸騰させることにより，その揮発性（蒸気圧，沸点）の違いを利用して各純粋成分に分離する操作を蒸留（distillation）という．

　蒸留を行う装置を設計するには，まず，物理化学的原理である気液平衡を理解する必要がある．続いて，蒸留操作の回数が1回である単蒸留とフラッシュ蒸留，そして，蒸留操作が複数回の連続精留について，それぞれ物質収支式と気液平衡式を求める方法を習得しなければならない．これにより，蒸留を行う装置の直径，高さや運転条件を決めることができる．

5.1.1　気液平衡

(1)　気液平衡関係の表し方

(a)　蒸留の原理

　沸騰とは，液の蒸気圧（vapor pressure）が全圧（total pressure）と等しくなったときに液の内部から気化が始まる現象であり，そのときの温度が沸点（boiling point）である（1.013×10^5 Pa における沸点を標準沸点という）．

　たとえば，純粋な水を全圧 1.013×10^5 Pa（1気圧）で加熱すると，100℃で沸騰する．メタノールの場合は 64.5℃である．この沸点の違いは，水の蒸気圧のほうがメタノールの蒸気圧よりも低いために生じる．蒸気圧が低い液は，より高い温度にしないと蒸気圧が全圧に達せず，沸騰が起こりにくい．

　メタノールと水の混合液を加熱した場合の様子

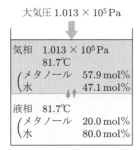

大気圧 $1.013 \times 10^5 \, \mathrm{Pa}$

気相　$1.013 \times 10^5 \, \mathrm{Pa}$
　　　　81.7℃
　　（メタノール　57.9 mol%
　　　水　　　　　47.1 mol%）

液相　81.7℃
　　（メタノール　20.0 mol%
　　　水　　　　　80.0 mol%）

●図 5.1 ●　気液平衡関係

■表 5.1 ■　メタノール–水系の定圧気液平衡関係
$(1.013 \times 10^5 \, \mathrm{Pa})$

$T \, [℃]$	$x \, [-]$	$y \, [-]$	$T \, [℃]$	$x \, [-]$	$y \, [-]$
100.0	0.000	0.000	75.3	0.400	0.729
96.4	0.020	0.134	73.1	0.500	0.779
93.5	0.040	0.230	71.2	0.600	0.825
91.2	0.060	0.304	69.3	0.700	0.870
89.3	0.080	0.365	67.5	0.800	0.915
87.7	0.100	0.418	66.0	0.900	0.958
84.4	0.150	0.517	65.0	0.950	0.979
81.7	0.200	0.579	64.5	1.000	1.000
78.0	0.300	0.665			

を図 5.1 に示す．混合液の場合，メタノールの蒸気圧と水の蒸気圧の和が全圧に等しくなったときが沸点となる．たとえば，メタノール 20.0 mol%，水 80.0 mol% の混合液を加熱すると，それぞれの蒸気圧が次第に大きくなり，81.7℃で蒸気圧の和が $1.013 \times 10^5 \, \mathrm{Pa}$ に達して沸騰が始まる．このとき発生する蒸気の組成はメタノール 57.9 mol%，水 42.1 mol% である．メタノールの蒸気組成が元の液組成よりも大きくなるのは，メタノールのほうが水に比べて蒸気圧が高いためである．このように，液相と蒸気相の組成が異なることを利用して成分の濃縮を行う操作が蒸留である．

(b) 温度–組成線図と x-y 線図

蒸留操作は，沸騰状態，すなわち気液平衡状態にある混合物の沸騰温度（平衡温度）や液組成，蒸気組成などのデータを基礎としている．二成分系の気液平衡を考えるとき，沸点の低いほうの成分を低沸点成分，高いほうの成分を高沸点成分という．

混合物のよび方は，低沸点成分を先にする．たとえば，水とメタノールの混合物では，沸点の低いメタノールのほうを前にしてメタノール–水系とよぶ．成分の組成は低沸点成分のモル分率で表し，液相モル分率を $x \, [-]$，気相モル分率を $y \, [-]$ とする．たとえば，メタノール–水系では低沸点成分であるメタノールの液相モル分率を x，気相モル分率を y とする．

気液平衡は，圧力一定条件で測定された定圧気液平衡関係か，温度一定条件で測定された定温気液平衡関係のいずれかで表される．蒸留操作は定圧で行うことが多いので，前者のほうが有用であ

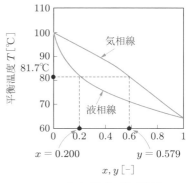

（a）温度–組成線図

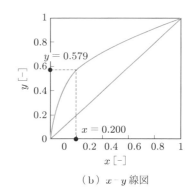

（b）x-y 線図

●図 5.2 ●　メタノール–水系の気液平衡関係
$(1.013 \times 10^5 \, \mathrm{Pa})$

る．表 5.1 に示す各平衡温度における気液平衡関係 $(x$-$y)$ をグラフにすると，図 5.2 となる．図（a）が温度–組成線図，図（b）が x-y 線図である．温度–組成線図は，平衡温度と液組成の関係を表す液相線（沸点曲線）と平衡温度と蒸気組成の関係を表す気相線（露点曲線）からなる．これより，

メタノール 20.0 mol%, 水 80.0 mol% の混合液 ($x = 0.200$) の 1.013×10^5 Pa における沸点が 81.7 ℃であり, これと平衡な蒸気組成がメタノール 57.9 mol% ($y = 0.579$) であることが読みとれる.

(2) 気液平衡関係の計算

(a) 相対揮発度

気液平衡において, ある成分の液組成に対する蒸気組成の比を平衡係数または平衡比とよぶ. すなわち, 成分 i の平衡係数 K_i [-] は,

$$K_i = \frac{y_i}{x_i} \tag{5.1}$$

である. ここで, x_i は液相モル分率, y_i は気相モル分率である. 相対揮発度 (relative volatility) α_{AB} [-] は, 平衡係数の比で表され, 成分 A, B からなる二成分系において, 高沸点成分 B に対する低沸点成分 A の相対揮発度は,

$$\alpha_{AB} = \frac{K_A}{K_B} = \frac{y_A/x_A}{y_B/x_B} \tag{5.2}$$

である. 平衡係数は各成分の揮発性の程度 (蒸発のしやすさ), 相対揮発度はその比を表している. 相対揮発度が 1 に近い系では, 低沸点成分と高沸点成分の蒸発しやすさがほぼ同じであり, 蒸留による組成の変化がほとんどなく, 分離が困難であることを意味する. すなわち, 相対揮発度は蒸留による分離の難易度を表す値である. 一般に, 相対揮発度が 1.1 より小さい場合には, 蒸留以外の分離法を選ぶか, 特別な蒸留法を考える必要がある.

$x_A + x_B = 1$, $y_A + y_B = 1$ の関係および, 低沸点成分 A の液組成を x_A, 蒸気組成を y_A と表すことによって, 式 (5.2) を変形すると, 次式が書ける.

$$y_A = \frac{\alpha_{AB} x_A}{1 + (\alpha_{AB} - 1)x_A} \tag{5.3}$$

この式より相対揮発度の値から気液平衡関係を求めて, 図 5.2(b) の x-y 線図を描けることがわかる. しかし, 相対揮発度の値は組成によって異なるので注意が必要である.

なお, つぎに述べる理想溶液では相対揮発度を一定とおくので, 容易に x-y 線図を描くことができる.

例題 5.1 表 5.1 のデータを用いて, 全圧 101.3 kPa, 温度 78.0 ℃および 66.0 ℃における水に対するメタノールの相対揮発度を求めよ.

 解答 式 (5.2) より, 相対揮発度 α_{AB} は, 78.0 ℃のとき,

$$\alpha_{AB} = \frac{y_A/x_A}{y_B/x_B} = \frac{y_A(1 - x_A)}{(1 - y_A)x_A} = \frac{0.665 \times (1 - 0.300)}{(1 - 0.665) \times 0.300} = 4.6$$

となり, 66.0 ℃のとき,

$$\alpha_{AB} = \frac{y_A(1 - x_A)}{(1 - y_A)x_A} = \frac{0.958 \times (1 - 0.900)}{(1 - 0.958) \times 0.900} = 2.5$$

となる.

このように, 同じメタノール–水系でも, 温度や組成が変わると相対揮発度は大きく変化する.

(b) 理想溶液

物理的性質のよく似た物質の混合物が気液平衡にあるとき, 気相中の成分 i の分圧 p_i [Pa] と液相中の成分 i のモル分率 x_i の間には, つぎのラウールの法則 (Raoult's law) が成り立つ.

$$p_i = P_i x_i \tag{5.4}$$

ここで, 平衡温度における純粋成分 i の蒸気圧 P_i [Pa] である.

ラウールの法則が成り立つ混合液を理想溶液

(ideal solution) とよぶ. たとえば, ベンゼン-トルエン系, n-ヘキサン-n-ヘプタン系, メタノール-エタノール系などは, 理想溶液として取り扱ってよい.

一方, ドルトンの法則 (Dalton's law) より, 分圧 p_i は全圧 P_t [Pa] を用いて,

$$p_i = P_t y_i \tag{5.5}$$

となる. 二成分系の場合では

$$P_t = p_A + p_B = P_A x_A + P_B(1 - x_A) \tag{5.6}$$

となり, 式 (5.4)〜(5.6) から, 全圧 P_t を消去して y_A と x_A の関係を求めると,

$$y_A = \frac{P_A x_A}{P_t} = \frac{P_A x_A}{P_A x_A + P_B(1 - x_A)} \tag{5.7}$$

として気液平衡関係が求められる. 式 (5.7) と式 (5.3) を比較すると, 理想溶液の相対揮発度は,

$$\alpha_{AB} = \frac{P_A}{P_B} \tag{5.8}$$

となる. したがって, 定温条件では組成によらず相対揮発度は一定となる. 通常の蒸留操作で行われる定圧条件では, 温度によって相対揮発度が若干変化する. そのため, 各成分の沸点における相対揮発度の幾何平均値を平均相対揮発度 α_{av} として用いる.

  例 題 5.2 ベンゼンとトルエン系の蒸気圧が表5.2に示す値であるとき, ベンゼン-トルエン系の各温度における相対揮発度および平均相対揮発度を求めよ. ただし, 系は理想溶液とする.

■表5.2■

温度 [K]	ベンゼンの蒸気圧 P_A [kPa]	トルエンの蒸気圧 P_B [kPa]
353.2	101.3	39.0
365.0	144.6	57.5
375.0	189.3	78.4
383.7	238.1	101.3

解 答 低沸点成分のベンゼンを A, 高沸点成分のトルエンを B とする. 理想溶液の相対揮発度 α_{AB} は式 (5.8) より, 353.2 K において,

$$\alpha_{AB} = \frac{P_A}{P_B} = \frac{101.3}{39.0} = 2.60$$

が得られる. 同様に, 365.0 K で 2.51, 375.0 K で 2.41, 383.7 K で 2.35 となる.

平均相対揮発度 α_{av} は各成分の沸点 (蒸気圧が 101.3 kPa) における相対揮発度の幾何平均なので, 353.2 K のときと 383.7 K のときの相対揮発度より, $\alpha_{av} = (2.60 \times 2.35)^{1/2} = 2.4$ となる.

(c) 蒸気圧の求め方

純粋成分の蒸気圧を求めるには, クラウジウス-クラペイロンの式 (Clausius-Clapeyron equation) から導出された実験式であるアントワンの式 (Antoine equation) が有用である.

$$\ln P_i = A - \frac{B}{T - C} \tag{5.9}$$

定数 A, B, C は物質に特有な値であり, 表 5.3 に例示する.

実際の混合液は理想溶液として取り扱えないことが多い. 非理想溶液の場合は, 各成分の活量係数 (activity coefficient) γ_i を用いてつぎのように表す.

$$p_i = \gamma_i P_i x_i \tag{5.10}$$

活量係数の値は実測によるが, ウィルソン式 (Wilson equation) などの推算式も多く提示されている.

第1章

第2章

第3章

第4章

第5章

第6章

付録・付表

演習問題解答

参考文献・さくいん

■表5.3■　アントワンの式の定数（P_i[Pa]，T[K]）

物質名	A	B	C	温度範囲 [K]
水	23.1964	3816.44	46.13	284〜441
n-ペンタン	20.7261	2477.07	39.94	220〜330
n-ヘキサン	20.7294	2697.55	48.78	245〜370
n-ヘプタン	20.7665	2911.32	56.51	270〜400
シクロヘキサン	20.6455	2766.63	50.50	280〜380
ベンゼン	20.7936	2788.51	52.36	280〜380
トルエン	20.9065	3096.52	53.67	280〜377
メタノール	23.4803	3626.55	34.29	280〜410
エタノール	23.8047	3803.98	41.68	257〜369
アセトン	21.5441	2940.46	35.93	241〜350
酢酸	21.7008	3405.57	56.34	290〜430
クロロホルム	20.8660	2696.79	46.16	260〜370

例題 5.3　ベンゼン-トルエン系の全圧 101.3 kPa，温度 100 ℃における気液平衡組成を求めよ．ただし，系は理想溶液とみなし，蒸気圧は表5.3の定数を用いてアントワンの式から求めよ．

解答　アントワンの式 (5.9) より，100 ℃における純粋なベンゼンの蒸気圧 P_A とトルエンの蒸気圧 P_B は，

$$P_A = 1.793 \times 10^5 \,\mathrm{Pa} = 179.3 \,\mathrm{kPa}$$

$$P_B = 7.38 \times 10^4 \,\mathrm{Pa} = 73.8 \,\mathrm{kPa}$$

となる．式 (5.6)，(5.7) より，ベンゼンの液相組成 x_A と気相組成 y_A は，つぎのように求められる．

$$x_A = \frac{P_t - P_B}{P_A - P_B} = \frac{101.3 - 73.8}{179.3 - 73.8} = 0.261 = 26\,\mathrm{mol\%}$$

$$y_A = \frac{P_A x}{P_t} = \frac{179.3 \times 0.261}{101.3} = 0.462 = 46\,\mathrm{mol\%}$$

Coffee Break

蒸留の歴史

蒸留の歴史は古い．

メソポタミアのテペ・ガウラ遺跡では，紀元前3500年頃に花弁や葉から香油を取り出すために蒸留装置が使われた形跡が発見されている．当時の香油は死者の鎮魂や治療効果を期待して用いられたようである．

その後の蒸留技術の発展には古代ギリシアやイスラムの錬金術が大きな役割を果たした．錬金術師の用いた蒸留器は，蒸気の出口の形状がくちばしに似ていることからギリシア語でアンビクス（ambix）とよばれ，イスラムに伝わってアラビア語の冠詞がついて al-anbiq となり，さらに転じてアランビック（alembic）となったようである．

日本に蒸留技術が伝わった時期は定かでないが，江戸時代には蘭引（らんびき）とよばれて植物精油や医薬用アルコールをつくるのに広く用いられた．

5.1.2 単蒸留とフラッシュ蒸留

(1) 単蒸留

単蒸留（simple distillation）は，原料を沸騰させて発生した蒸気をそのまま凝縮させるという最も簡単な回分式蒸留法である．蒸留釜（スチル）に原料を仕込み，一定時間加熱して所定量を蒸発させる．発生した蒸気を冷却器（コンデンサ）に送って凝縮し，留出液として回収する．装置が簡単で操作が容易なため，実験室的な蒸留によく用いられる（図5.3）．精製度が低いので工業的利用は少ないが，蒸留酒の製造には古くから利用されている．

原料液量を L_0 [mol]，その組成（モル分率）を x_0 [-]，操作終了後の残液量を L_1 [mol]，そのモル分率を x_1 [-]，留出液量を D [mol]，その平均モル分率を $\overline{x}_D$ [-] とする．単蒸留開始時と終了時の全量および低沸点成分量の物質収支をとると，

$$L_0 = L_1 + D \tag{5.11}$$
$$L_0 x_0 = L_1 x_1 + D\overline{x}_D \tag{5.12}$$

となる．したがって，次式が得られる．

$$\overline{x}_D = \frac{L_0 x_0 - L_1 x_1}{L_0 - L_1} \tag{5.13}$$

単蒸留では，蒸留が進むとともに液の量と組成が変化する．蒸留開始後，ある時間における液量を L [mol]，モル分率を x [-]，発生する蒸気の

モル分率を y [-] とする．微小時間後，dL [mol] の液が蒸発したとき，液のモル分率が dx だけ低下したとする．この微小時間内の低沸点成分の物質収支は，

$$Lx = (L - dL)(x - dx) + dLy \tag{5.14}$$

となる．2次の微分項を無視して整理すると，

$$\frac{dL}{L} = \frac{dx}{y - x} \tag{5.15}$$

が得られ，この式を原料から操作終了後の範囲で積分すると，

$$\ln\frac{L_1}{L_0} = \int_{x_0}^{x_1}\frac{dx}{y - x} = -\int_{x_1}^{x_0}\frac{dx}{y - x} \tag{5.16}$$

となる．これをレイリー（Rayleigh）の式という．非理想溶液の場合，x-y 関係は単純な関数では表せないので，数値積分または図積分によって右辺が計算される．理想溶液の場合，平均相対揮発度 α_{av} が一定値になるので，式 (5.3) を式 (5.16) に代入して，次式が得られる（演習問題5.3）．

$$\ln\frac{L_1}{L_0} = \frac{1}{\alpha_{av} - 1}\left(\ln\frac{x_1}{x_0} + \alpha_{av}\ln\frac{1 - x_0}{1 - x_1}\right) \tag{5.17}$$

通常の単蒸留では，原料液量 L_0 とそのモル分率 x_0 は既知であろう．残液のモル分率 x_1 をいくらにするまで蒸留を進めるかを考えるときには，レイリーの式から容易に残液量 L_1 が求められ，その結果から式 (5.13) により留出液の平均モル分率 $\overline{x}_D$ も得られる．しかし，留出液量 D あるいは留出液の平均モル分率 $\overline{x}_D$ をいくらにするまで蒸留を進めるかを考えるときは，試行錯誤法によってレイリーの式を数値的に解かなければならない．試行錯誤法は，大雑把な値を得るには手計算でも可能だが，数値計算プログラムによって求めるのが一般的である．表計算ソフトの機能にも付属しており，容易に利用できる．

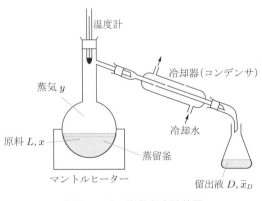

温度計

冷却器（コンデンサ）

蒸気 y

冷却水

原料 L, x

蒸留釜

マントルヒーター

留出液 $D, \overline{x}_D$

●図5.3● 単蒸留実験装置

例題 5.4 60.0 mol% メタノール水溶液 80.0 mol を単蒸留し，残液が 20.0 mol% メタノール水溶液に
なったところで蒸留を止めた．留出液量とその平均モル分率（メタノールモル分率）を求
めよ．ただし，メタノール-水系の気液平衡関係は表 5.1 を利用し，レイリーの式は台形則で数値積分せよ．

解答 表 5.1 のデータから，蒸留釜内の $x_0 = 0.60$ から $x_1 = 20$ の範囲で $1/(y-x)$ を計算する．

■表 5.4 ■

x [-]	0.20	0.30	0.40	0.50	0.60
y [-]	0.579	0.665	0.729	0.779	0.825
$1/(y-x)$ [-]	2.639	2.740	3.040	3.584	4.444

このデータを用いてレイリーの式の右辺を台形則で数値積分すると（図 5.4 参照），

$$\ln \frac{L_1}{L_0} = -\int_{x_1}^{x_0} \frac{\mathrm{d}x}{y-x} = -\left(\frac{2.639}{2} + 2.740 + 3.040 + 3.584 + \frac{4.444}{2} \right) \times 0.10 = -1.291$$

となる．したがって，残液量 L_1 はつぎのようになる．

$$L_1 = L_0 e^{-1.291} = 80.0 \times 0.275 = 22.0 \text{ mol}$$

式 (5.11) より，留出液量 D はつぎのようになる．

$$D = L_0 - L_1 = 80.0 - 22.0 = 58.0 \text{ mol}$$

式 (5.13) より，留出液の平均モル分率（メタノールモル分率）$\overline{x_D}$ は，

$$\overline{x_D} = \frac{L_0 x_0 - L_1 x_1}{L_0 - L_1} = \frac{80.0 \times 0.60 - 22.0 \times 0.20}{58.0}$$

$$= 0.75 = 75 \text{ mol\%}$$

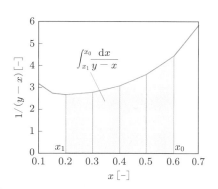

●図 5.4 ● 単蒸留のレイリーの式の数値積分

Coffee Break

単蒸留による蒸留酒の製造

　工業的な蒸留操作の代表として，ウイスキーや焼酎などの蒸留酒の製造がある．アルコール発酵による糖からエタノールへの転換ではアルコール度数が十数％までしか上がらないので，発酵後に蒸留することで度数を高くするのである．蒸留酒の製造は，グリーンウイスキーや焼酎甲類を除いて多くが単蒸留で行われている．

　ところで，中世の錬金術師は醸造酒を蒸留した液体を「生命の水」，ラテン語でアクアヴィテ（Aqua-vitae）とよんだ．ヨーロッパ各地の蒸留酒の呼び名は「生命の水」をそれぞれの言語に訳したものが多く，アイルランドやスコットランドではゲール語のウシュ

ク・ベーハーがウイスキーに，ロシアではロシア語のズィズネニャ・ワダがウォッカに変わったという．ちなみに，ブランデーはオランダ語のブランデウェイン（焼いたワイン）が語源であり，焼酎と似ていることが興味深い．

(2) フラッシュ蒸留

　フラッシュ蒸留（flash distillation）は，原料を連続的に加熱器へ送って加熱し，減圧弁を経て低圧室に噴出（フラッシュ）させることで，液の一部を蒸発させて気液平衡状態にし，そのまま蒸気留分（凝縮して留出液とする）と液留分（缶出液）に分けて取り出すという方法である（図 5.5）．連続単蒸留ともいう．エタノール水溶液の濃縮など，粗精製液を大量に製造するために用いられて

いる．

　モル分率 x_F の原料を F [mol/s] で装置に供給し，フラッシュ蒸留して，モル分率 x_D の留出液をモル流量 D [mol/s] で，モル分率 x_W の缶出液をモル流量 W [mol/s] で得る．このときの全量および低沸点成分の物質収支は，

$$F = D + W \tag{5.18}$$

$$F x_F = D x_D + W x_W \tag{5.19}$$

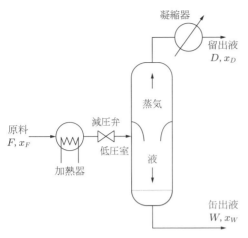

●図5.5● フラッシュ蒸留装置の概略

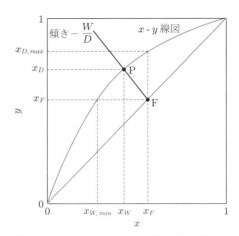

●図5.6● フラッシュ蒸留における x-y
線図による図解

である．これを解いて F を消去すると，

$$-\frac{W}{D} = \frac{x_D - x_F}{x_W - x_F} \tag{5.20}$$

となる．この式より図5.6に示すように，原料組
成の点 $F(x_F, x_F)$ から傾き $-W/D$ の操作線を引
くと，x-y 線図との交点が缶出液と留出液の組成
の点 $P(x_W, x_D)$ を与えることがわかる．留出液流

量 D が大きいと，操作線の傾きは小さくなり，留
出液組成 x_D は原料組成 x_F に近くなり，缶出液組
成 x_W は最小値 $x_{W, min}$ に近づく．逆に，缶出液流
量 W が大きいと，操作線の傾きは大きくなり，
缶出液組成 x_W は原料組成 x_F に近くなり，留出
液組成 x_D は最大値 $x_{D, max}$ に近づく．

例題 5.5 平均相対揮発度 2.8 の二成分液体理想混合物を 200 kmol/h でフラッシュ蒸留する．原料
中の低沸点成分の組成が 60.0 mol% であり，液留分の組成を 45.0 mol% にしたいとき，液
の流量を求めよ．

 蒸気留分は液留分と気液平衡関係にある．理想溶液なので式 (5.3) を用いて，液留分組成 x_W
より蒸気留分組成 x_D は，

$$x_D = \frac{\alpha_{av} x_W}{1 + (\alpha_{av} - 1) x_W} = \frac{2.8 \times 0.450}{1 + (2.8 - 1) \times 0.450} = 0.696$$

となる．物質収支式 (5.18)，(5.19) より D を消去すると，つぎのようになる．

$$W = \frac{x_D - x_F}{x_D - x_W} F = \frac{0.696 - 0.600}{0.696 - 0.450} \times 200 = 78 \, \text{kmol/h}$$

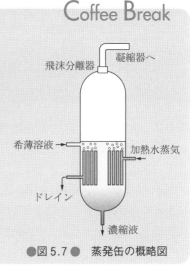

Coffee Break

蒸発装置

　海水の淡水化や食塩の製造などにおいて，溶媒と溶質を分離する工程が必要となる．とくに溶媒の蒸発には蒸発潜熱など多大なるエネルギーを必要とし，処理量も甚大である．そこで，効率よく加熱するために加熱水蒸気を用いた蒸発缶が用いられることが多い．

　蒸発缶の概略を図 5.7 に示す．加熱水蒸気によって加熱された溶媒は蒸気となり，装置上部に上昇する．上部に備えられた飛沫分離器によって気体と液体に分けられ，気体は凝縮器によって液体へと戻される．装置下部では濃縮された溶液が抜き取られる．

●図 5.7 ●　蒸発缶の概略図

5.1.3　連続精留

（1）連続精留の原理

　単蒸留やフラッシュ蒸留は単段操作なので精製度が低く，これを高めるために多段化することが有効である．

　図 5.8 に 3 段の例を示す．図 (a) は，一番下の加熱缶に原料を入れ，発生した蒸気を凝縮後，2 番目の加熱缶に送って再度加熱する．さらに，こ

こで発生した蒸気を凝縮後，一番上の加熱缶に送る．5.1.1 項 (1) で説明した蒸留の原理によって，上にいくほど低沸点成分の濃度は高くなり，より精度の高い濃縮が可能になる．たとえば，メタノール–水系でメタノール 20 mol% の原料を 3 回蒸留すると，メタノール 92 mol% にまで濃縮される．

　しかし，図 5.8(a) の方法は 3 組の加熱缶と凝縮器が必要であり，一度蒸発した液を凝縮して再

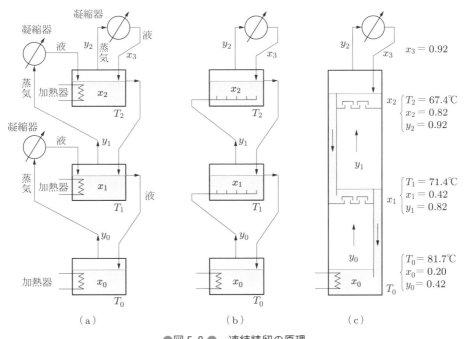

●図 5.8 ●　連続精留の原理

び蒸発するなど，エネルギー効率が非常に悪い．そこで，図 (b) に示すように，発生した蒸気を直接液に吹き込んで，蒸気の蒸発潜熱 (latent heat) を利用して液を加熱するよう工夫する．上の缶ほど低沸点成分の濃度が高いため，缶の温度は上のほうが低い．したがって，下から送られてきた温度の高い蒸気を上の缶での加熱沸騰に利用できる．これによって，加熱缶は一番下のみ，凝縮器は一番上のみにすることができる．

　図 5.8(c) は，三つの缶を積み重ねて一つの塔にまとめた装置であり，段塔とよばれる．缶が段に相当し，各段上で蒸気と液の接触が行われる．

　この多段蒸留塔へ原料を連続的に供給し，蒸気と液を向流に接触させながら各段で蒸留を繰り返して精製度を高める操作が連続精留 (rectification) であり，単に精留ともよばれる．原油の精製を始め，化学プラントで最も多く用いられている分離装置である．

　図 5.8(c) の装置では，塔頂部で凝縮された液をすべて装置に戻している．このように，凝縮液を装置に戻す操作を還流 (reflux) といい，これによって液が塔内を降下するようになり，蒸気と

接触することで安定した蒸留操作が行われる．すべての液を還流する操作を全還流というが，全還流では液と蒸気が段塔の中を循環しているだけで，製品が得られない．そこで連続精留塔では，図 5.9 のように塔頂の凝縮液の一部を留出液として取り出し，残りを還流させる．また，原料は塔の途中から供給し，塔底からは缶出液を取り出す．原料供給段より上の部分を濃縮部 (enriching section)，下の部分を回収部 (stripping section) という．

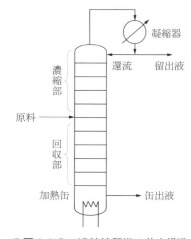

●図 5.9 ●　連続精留塔の基本構造

Coffee Break

連続精留による原油精製

　原油の精製は工業的な連続精留の代表例である．原油は非常に多くの炭化水素成分を含むため，塔頂・塔底以外に塔の途中からも製品を抜き出して特定の成分を得ている．

　常圧蒸留装置の塔頂から順に沸点 35 ℃以下の液化石油ガス，沸点 35〜180 ℃のナフサ留分（ガソリン，石油化学製品の原料），沸点 170〜250 ℃の灯油留分，沸点 240〜350 ℃の軽油留分，塔底から沸点 350 ℃以上の常圧残油を得る．この常圧残油は減圧蒸留装置に送られ，沸点 350〜550 ℃の減圧軽油留分（重油，潤滑油の原料）と沸点 550 ℃以上の減圧残油（アスファルトの原料）に分けられる．

(2) 連続精留における物質収支と操作線

　連続精留の多くは段塔を用いて行われる．以下に段塔の設計計算の基礎となる物質収支について説明する．

(a) 塔全体の物質収支

　モル分率 z_F [-] の原料をモル流量 F [mol/s] で供給し，塔頂からモル分率 x_D [-] の留出液をモル流量 D [mol/s] で，塔底からモル分率 x_W [-] の缶出液をモル流量 W [mol/s] で取り出す（図 5.10）．蒸留塔全体の全量および低沸点成分に対

する物質収支は，

$$F = D + W \tag{5.21}$$
$$Fz_F = Dx_D + Wx_W \tag{5.22}$$

である．これを解くと，

$$D = \frac{z_F - x_W}{x_D - x_W} F \tag{5.23}$$
$$W = \frac{x_D - z_F}{x_D - x_W} F \tag{5.24}$$

となる．すなわち，各液の組成と原料のモル流量がわかれば，留出液と缶出液の流量が求められる．

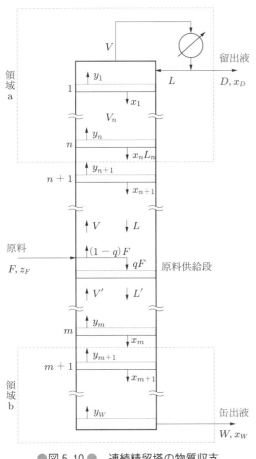

●図5.10● 連続精留塔の物質収支

(b) 濃縮部の物質収支

濃縮部の各段に塔頂段から順に1, 2, ..., n, ... と番号をつけ，第 n 段からの上昇蒸気のモル流量を $V_n\,[\mathrm{mol/s}]$，そのモル分率を $y_n\,[-]$，第 n 段からの下降液のモル流量を $L_n\,[\mathrm{mol/s}]$，そのモル分率を $x_n\,[-]$ とする．定常状態であれば上昇蒸気と下降液のモル流量はどの段でも等しいと仮定できるので，$V_n = V = $ 一定，$L_n = L = $ 一定と考える．第 n 段より上部の範囲（図5.10領域 a）における物質収支は，

$$V = L + D \tag{5.25}$$

$$V y_{n+1} = L x_n + D x_D \tag{5.26}$$

である．式 (5.26) より，

$$y_{n+1} = \frac{L}{V} x_n + \frac{D}{V} x_D \tag{5.27}$$

が得られる．これを濃縮部の操作線（濃縮線）の式という．これは濃縮部の x_n と y_{n+1} の関係，すなわち，ある段から降りてくる液の組成 x_n とその下の段から上がってくる蒸気の組成 y_{n+1} の関係を表した式になっていることに注目すべきである．

塔頂の凝縮器からの凝縮液のうち，留出液として取り出す液量 D と第1段に還流する液量 L の比を還流比（reflux ratio）$R\,[-]$ という．

$$R = \frac{L}{D} \tag{5.28}$$

還流比を用いて濃縮線の式を書き直すと，

$$y_{n+1} = \frac{R}{R+1} x_n + \frac{x_D}{R+1} \tag{5.29}$$

となる．この式は，点 $\mathrm{D}(x_D, x_D)$ を通る，切片 $x_D/(R+1)$，傾き $R/(R+1)$ の直線である（図5.11）．

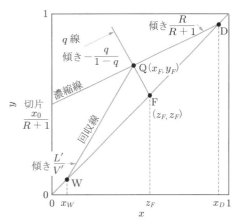

●図5.11● 操作線と q 線

(c) 回収部の物質収支

回収部の各段に原料供給段から順に1, 2, ..., m, ... と番号をつける．濃縮部と同様に，上昇蒸気と下降液のモル流量はどの段でも等しく，それぞれ $V'\,[\mathrm{mol/s}]$，$L'\,[\mathrm{mol/s}]$ とする．また，第 m 段からの上昇蒸気および下降液のモル分率をそれぞれ $y_m\,[-]$，$x_m\,[-]$ とする．第 $m+1$ 段より下部の範囲（図5.10領域 b）における物質収支は，

$$L' = V' + W \tag{5.30}$$

$$L' x_m = V' y_{m+1} + W x_W \tag{5.31}$$

である．式 (5.31) より，

$$y_{m+1} = \frac{L'}{V'} x_m - \frac{W}{V'} x_W \qquad (5.32)$$

が得られる．これを回収部の操作線（回収線）の式という．回収線は，点 $W(x_W, x_W)$ を通る傾き L'/V' の直線である（図 5.11）．この式は，回収部のある段から降りてくる液の組成 x_m とその下の段から上がってくる蒸気の組成 y_{m+1} の関係を表している．

(d) 原料供給段の物質収支

蒸留塔の各段上の液はすべて沸騰状態にあり，通常原料も沸騰させて供給される．原料中の液の割合を $q\,[-]$ とすると，原料は qF の液と $(1-q)F$ の蒸気との混合物である．したがって，原料供給段における蒸気と液の物質収支は，

$$V = V' + (1-q)F \qquad (5.33)$$
$$L' = L + qF \qquad (5.34)$$

である．原料供給段は濃縮部と回収部の境界なので，濃縮線と回収線の交点 Q が原料供給段を表し，その座標 (x_F, y_F) がその組成を表す．これは原料組成 z_F とは必ずしも一致しない．この交点 Q の軌跡は濃縮線の式と回収線の式の連立方程式の解として求めることができる．$x_n = x_m = x$，$y_{n+1} = y_{m+1} = y$ とおいて，式 (5.26) と式 (5.31) を加えた式に式 (5.22)，式 (5.33)，式 (5.34) を代入して整理すると，

$$y = -\frac{q}{1-q} x + \frac{z_F}{1-q} \qquad (5.35)$$

となる．これを q 線の式という．

q 線は，点 $F(z_F, z_F)$ を通る傾き $-q/(1-q)$ の直線である（図 5.11）．とくに，$q = 1$ で原料がすべて沸騰状態の液のとき，q 線は $x = z_F$ の垂線となり，$q = 0$ で原料がすべて沸騰状態の蒸気のとき $y = z_F$ の水平線となる．

(3) 連続精留塔の理論段数

(a) マッケーブ–シーレ法

連続精留塔の塔内が理想的な気液平衡関係にあり，目的とする分離に必要な蒸留の段数を理論段

数（number of theoretical plates）とよぶ．この段数を求める簡易な方法として，マッケーブ–シーレ法（McCabe - Thiele method）が知られている．これは，つぎの仮定のもとで蒸留塔の物質収支から作図により理論段数を求める方法である．

- 蒸留塔は完全に保温されており，外部への熱損失はない．
- 各成分のモル蒸発エンタルピーは温度・組成にかかわらず等しい．
- 各段で気液は十分混合されていて，組成は均一で気液平衡が成立している．

理論段数 N を求める手順を以下に示す（図 5.12 参照）．

① x-y 線図に原料，塔頂留出液，塔底缶出液の組成 z_F, x_D, x_W をそれぞれ書き込み，各操作線（濃縮線，回収線）と q 線を引く．

　濃縮線は，点 $D(x_D, x_D)$ を通る切片 $x_D/(R+1)$，傾き $R/(R+1)$ の直線とする．q 線は点 $F(z_F, z_F)$ を通る傾き $-q/(1-q)$ の直線とする．回収線は，点 $W(x_W, x_W)$ と，濃縮線と q 線の交点 $Q(x_F, y_F)$ を通る直線とする．

② 第 1 段の蒸気組成は $y_1 = x_D$ で与えられる．

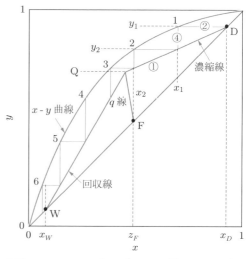

●図 5.12 ● マッケーブ–シーレ法による理論段数の求め方

すなわち，点 $D(x_D, x_D)$ から水平線を引けば
その y 値が y_1 である．

③ 第1段の液は第1段の蒸気と平衡であるから，
その組成は y_1 と平衡な x-y 曲線上の点から
与えられる．すなわち，点 $D(x_D, x_D)$ からの
水平線と x-y 曲線との交点の x 値が x_1 であ
る．

④ 第2段の蒸気は第1段の液と濃縮線の式の
関係にあるので，その組成は $x = x_1$ の濃縮線
上の点から求められる．すなわち，点 (x_1, y_1)
から垂線を引き，濃縮線との交点の y 値が y_2
である．

⑤ 以下，②〜④を繰り返し，x-y 線図上に階段
状に線を引いていく．点 Q を越えると回収

線を用いて同様の作図をし，点 $W(x_W, x_W)$
を越えるまで繰り返す．原料供給段は階段が
濃縮線と回収線の交点を越えた段となる．

⑥ 階段の数が塔底の加熱缶（リボイラー
（reboiler））を含む蒸留塔の段数であり，ス
テップ数 S とよばれる．理論段数 N は加熱
缶を除いた段の数を指すので，ステップ数よ
り1段小さな値となる．

$$N = S - 1 \tag{5.36}$$

点 W はたいてい階段の途中にくるが，その場
合は水平線を比例配分して端数を小数点第1位ま
で求める．図 5.12 の例では理論段数は 4.8 段
（ステップ数 5.8 段）である．

例題 5.6 ベンゼン 55.0 mol%，トルエン 45.0 mol% の混合液を，還流比 2.5，q 値 0.75 の条件で精
留してベンゼン 95.0 mol% の留出液とトルエン 10.0 mol% の缶出液を得る．マッケーブ−
シーレ法により理論段数を求めよ．なお，ベンゼン−トルエン系の気液平衡は表 5.5 のとおりである．

■表 5.5 ■

x [−]	0.000	0.050	0.100	0.200	0.300	0.400	0.500
y [−]	0.000	0.101	0.193	0.351	0.482	0.592	0.685
x [−]	0.600	0.700	0.800	0.900	0.950	1.000	
y [−]	0.765	0.835	0.896	0.951	0.976	1.000	

 解答 図 5.13 のように，濃縮線は，点 D
$(x_D, x_D) = (0.950, 0.950)$ を通る切片
$x_D/(R + 1)$ の直線である．

切片はつぎのようになる．

$$\frac{x_D}{R + 1} = \frac{0.950}{2.5 + 1} = 0.271$$

q 線は，点 $F(x_F, x_F) = (0.550, 0.550)$ を通る傾き
$-q/(1 - q)$ の直線である．傾きは，

$$-\frac{q}{1 - q} = -\frac{0.75}{1 - 0.75} = -3.0$$

である．

回収線は，濃縮線と q 線の交点と点 $W(x_W, x_W) =$
$(0.100, 0.100)$ を通る直線である．

これらの操作線を x-y 線図に書き入れて点 D から
作図すると，ステップ数 $S = 10.2$ 段が得られる．理
論段数 N はステップ数から1を引いて 9.2 段となる．

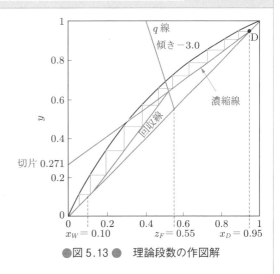

●図 5.13 ● 理論段数の作図解

(b) 還流比と理論段数の関係

　原料，留出液，缶出液の組成 z_F, x_D, x_W を固定した条件で還流比 R を大きくしていくと，濃縮線の傾き $R/(R+1)$ は次第に 1 に近づき，還流比を無限大にすると，操作線が $y = x$ に一致する（図 5.14）．還流比無限大とは $D = 0$ となることを意味し，液をすべて精留塔に戻す全還流に相当する．このとき，図から明らかなように理論段数は最小となる．したがって，全還流のとき最小理論段数 N_{min} を得る．

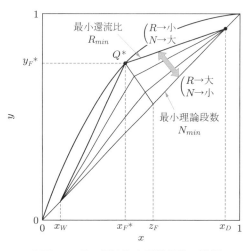

●図 5.14 ● 還流比と理論段数の関係

　逆に，還流比 R を小さくすると，濃縮線と回収線の交点 Q は q 線上を x-y 曲線に近づき，次第に理論段数が増加する．交点が x-y 曲線に交わった点 Q* で理論段数が無限大となり，これ以上還流比を小さくできない．この還流比を最小還流比 R_{min} といい，濃縮線は点 D(x_D, x_D) と点 Q*($x_F{}^*$, $y_F{}^*$) を結ぶ線分なので，その傾きは次式で与えられる．

$$\frac{R_{min}}{R_{min}+1} = \frac{x_D - y_F{}^*}{x_D - x_F{}^*} \tag{5.37}$$

したがって，最小還流比は，

$$R_{min} = \frac{x_D - y_F{}^*}{y_F{}^* - x_F{}^*} \tag{5.38}$$

となる．

　還流比を小さくすると理論段数が多くなるので，

高い蒸留塔が必要となって装置費が高くなる．逆に，還流比を大きくすると，式 (5.25)，(5.28) から明らかなように所定の留出液を得るための蒸気量 V, V' が大きくなり，凝縮器の凝縮熱量や加熱器の加熱量を増やさなければならない．そのため，運転費が高くなる．したがって，装置費と運転費の合計が最小となる最適の還流比を選ぶ必要がある．通常，最小還流比の 1.5 倍程度で操作するのが適当とされる．

5.1.4　特殊な蒸留

(1) 減圧蒸留と水蒸気蒸留

　沸点の高い物質の中には，常圧で蒸留すると高温すぎて熱分解を起こすものがある．その場合は，装置内の圧力を下げることで沸点を低くし，それを防ぐ方法が採られる．これを減圧蒸留（真空蒸留，vacuum distillation）という．石油精製プロセスでは，沸点 350 ℃以上の重油から潤滑油原料やアスファルトを分離するために，減圧蒸留が用いられている．

　水に不溶な沸点の高い物質の蒸留の場合，水蒸気を吹き込むことで常圧のままでも低い温度で沸騰させることができる．これを水蒸気蒸留という．すなわち，目的物質の蒸気圧と水蒸気圧の和が外圧と等しくなる温度で沸騰が起こるので，常圧であれば 100 ℃以下で目的物質は水と一緒に蒸気となって留出する．留出液は二層に分かれるので，目的物質と水は容易に分離できる．

(2) 共沸蒸留と抽出蒸留

(a) 共沸混合物

　図 5.2(a) に示したメタノール–水系の温度–組成線図では，低沸点成分の組成（x 軸）が大きくなるほど沸点が低下している．これは容易に理解できる．しかし，混合液の中にはそうならないものもある．その例として，エタノール–ベンゼン系とアセトン–クロロホルム系の気液平衡関係を図 5.15 に示す．

　エタノール–ベンゼン系では，$x = 0.44$ 以上で低沸点成分が大きくなると沸点が上昇している．

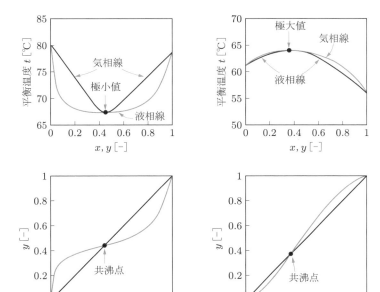

●図5.15● エタノール-ベンゼン系とアセトン-クロロホルム系にお
ける温度-組成線図と x-y 線図（$1.013 \times 10^5\,\mathrm{Pa}$）

この範囲では液組成のほうが蒸気組成よりも大きい．また，$x = 0.44$ では液組成と蒸気組成が等しく，この組成の液を加熱したとき同じ組成の蒸気が生じることを意味する．この現象を共沸といい，この点を共沸点，共沸点の組成にある混合物を共沸混合物（azeotropic mixture）という．エタノール-ベンゼン系のように，共沸点の平衡温度が極小値になる共沸混合物を最低共沸混合物という．

　物質の沸点は分子間引力が大きいほど高くなる．エタノール-ベンゼン系の場合，エタノールどうしあるいはベンゼンどうしの分子間引力に比べてエタノール-ベンゼン間の分子間引力が小さく，混合物のほうが蒸発しやすくなるため，混合液の沸点が極小値をとると考えられる．最低共沸混合物の例としては，エタノール-水系，2-プロパノール-n-ヘプタン系など多数ある．

　図5.15(b) に示すアセトン-クロロホルム系では，$x = 0.36$ で共沸点をもち，平衡温度が極大値をとっている．このような混合物を最高共沸混合物という．これはアセトンどうしあるいはクロロホルムどうしの分子間引力に比べて，アセトン-

クロロホルム間の分子間引力が大きいためと考えられる．最高共沸混合物の例は少なく，水-硫酸系，フェノール-ピリジン系などがある．

　共沸混合物の蒸留では，共沸点の組成を超えての分離ができない．また，相対揮発度が1に近い混合物も通常の蒸留では分離が難しい．このような場合に，第三成分を加えることで分離しやすくなることがある．

(b) 共沸蒸留

　第三成分として原料中の成分と共沸混合物をつくる物質を加える方法を共沸蒸留（azeotropic distillation）という．たとえば，エタノール-水系の共沸混合物にベンゼンを加えることで，塔頂から低沸点のエタノール-水-ベンゼン共沸混合物を留出し，塔底からほぼ純粋なエタノールを得ることができる．留出液はベンゼン層と水層に分かれるので，ベンゼン層は蒸留塔に戻し，水層は別の蒸留塔に送って水を回収する．水-酢酸系に酢酸ブチルを添加するように，共沸混合物はつくらないが相対揮発度が1に近くて分離が難しい場合に適用されることがある．

(c)　抽出蒸留

　原料中の成分より沸点が高く原料とよく混和する第三成分を加えることで，相対揮発度を増加させる方法を，抽出蒸留（extractive distillation）という．たとえば，エタノール–水系共沸混合物にグリセリンを加えることで，エタノールがグリセリンに選択的に抽出され，高沸点成分として塔底から取り出され，塔頂からは水が留出される．エタノールとグリセリンは別の蒸留塔で容易に分離できる．

5.1.5　精留塔の高さと直径

　5.1.3項にて精留塔の理論段数を求めた．この理論段数を求める仮定として，各段で気液が十分に混合され，組成は均一で気液平衡状態に達しているものとした．実際の精留塔の段（トレイ）では，これらが完全ではないため，精留塔における蒸留効率である塔効率 η を考える必要がある．実際に必要な段数 N_a は，理論段数を塔効率 η で割った次式で表される．

$$N_a = \frac{N}{\eta} \tag{5.39}$$

　精留塔の高さは，この N_a に段の間隔をかけることによって求められる．段の間隔が狭い場合，精留の性能面では，液の圧力が不足することによるフラッディング（flooding：氾濫，洪水）や，液滴の飛沫同伴などの蒸留に対して不具合が生じる．コスト面では，段の間隔が狭ければ狭いほど全体の塔高が低くなり，建設費が安くなる．逆に，段間隔が広い場合には，精留塔が製作しやすくメンテナンスもしやすい．このようなことから，一般的に段間隔は 500 mm くらいとされている（図5.16 参照）．

　精留塔の直径 D_t は，おもにガス処理量によって決まる．飛沫同伴を起こさない許容される最大ガス速度を許容蒸気速度 u_{allow} とよび，ガス流量を $V\,[\mathrm{m^3/s}]$ とすると，精留塔の直径 D_t は次式で表される．

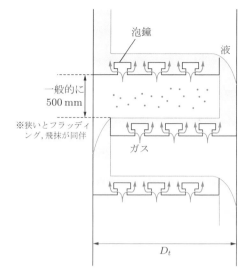

泡鐘
液
一般的に 500 mm
※狭いとフラッディング，飛抹が同伴
ガス
D_t

●図5.16●　精留塔の構造

$$u_{allow} < \frac{V}{\pi D_t^2/4}$$

$$\text{すなわち，}\quad D_t < \left\{ \frac{4V}{\pi u_{allow}} \right\}^{1/2}$$

　ただし，精留塔の段（トレイ）の構造には，バルブトレイ，泡鐘，多穴板，充填物などさまざまなものがあるため，各々の段の構造ごとに最適な運転条件を求めるには，ガス流量だけでなく，液流量とも相関させたトレイパフォーマンスチャート（tray performance chart）が使用される（図5.17参照）．各段のガス流量，液流量が安定操作域の中になるように設計，運転する．

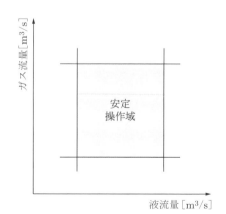

ガス流量［m³/s］
安定操作域
液流量［m³/s］

●図5.17●　トレイパフォーマンスチャート

5.2 ガス吸収

気体と液体を接触させ，溶質ガスを液体に移動させる分離操作を**ガス吸収**（gas adsorption）とよぶ．ガス吸収には，溶質ガスを液体（水など）に溶解させる**物理吸収**と化学反応によって吸収させる**化学吸収**の二つに分けることができる．本節では，ガスの溶解度の違いによって分離を行う物理吸収を取り扱う．

まず，液体へのガスの溶解度について理解する．つぎに，気液の境界面におけるガスの移動する現象をモデル化し，ガスの移動速度を求める．最後に，ガスの処理量や入口/出口ガス濃度などの運転条件について物質収支をとる．これによって，ガス吸収を行う装置の高さおよび直径を決定することができる．

5.2.1 気体の溶解度

溶質成分を含むガスと液体とを接触させると，溶質ガスは液中へと溶解していき，十分な時間が経過するとこれは平衡に達する．このとき，液体の溶質成分の濃度はその条件下で最大であり，これをその気体の**溶解度**とよぶ．

ガス中の溶質濃度が希薄である場合は，気体の溶解度 C [mol/m³] は溶質成分の分圧 p [Pa] と比例関係にあることが知られている．

$$p = HC \tag{5.40}$$

この関係を**ヘンリーの法則**（Henry' law）という．比例定数 H [Pa·m³/mol] はヘンリー定数とよばれている．

また，溶質濃度の表記の違いにより，

$$p = H'x \tag{5.41}$$
$$y = mx \tag{5.42}$$

とも表される．ここで，x は液相のモル分率，y は気相のモル分率である．比例定数 H' [Pa] および m [-] もヘンリー定数だが，単位が異なるので注意が必要である．これらは以下のような関係がある．

$$H = \frac{H'}{C_t} = \frac{mP_t}{C_t} \tag{5.43}$$

ここで，C_t は液中の全モル濃度 [mol/m³]，P_t はガスの全圧 [Pa] を示す．

代表的な気体の水への溶解におけるヘンリー定数 H' を表5.6に示す．

■表5.6■　代表的な気体のヘンリー定数（水への溶解）$H' \times 10^{-8}$ [Pa]

	10 ℃	20 ℃	30 ℃	40 ℃	50 ℃
水素	64.3	69.2	73.8	76.0	77.4
窒素	67.7	81.4	104.0	105.6	114.5
酸素	33.2	40.5	48.1	54.2	59.6
二酸化炭素	1.05	1.44	1.88	2.36	2.87
二酸化硫黄	0.0245	0.0354	0.0485	0.0659	0.0870
アンモニア	0.00240	0.00278	0.00321	—	—

第1章 第2章 第3章 第4章 第5章 第6章 付録・付表 演習問題解答 参考文献・さくいん

例題 5.7 二酸化炭素は20℃,分圧490 mmHgのとき水1Lに1.1 g溶ける.このときのヘンリー定数 H,H',m をすべての単位で求めよ.

解答 水1Lは1000 cm³であるので,その質量は1000 gである.その中には水と溶解した CO_2 が含まれるので,全物質濃度 C_t は

$$C_t = \frac{\frac{1000}{18} + \frac{1.1}{44}}{10^{-3}} = 55.6 \times 10^3 \, \mathrm{mol/m^3}$$

となる.溶液中の CO_2 のモル分率 x は

$$x = \frac{\frac{1.1}{44}}{\frac{1000}{18} + \frac{1.1}{44}} = 4.50 \times 10^{-4}$$

となり,分圧 p は

$$p = \frac{490}{760} \times (1.013 \times 10^5) = 6.53 \times 10^4 \, \mathrm{Pa}$$

となるので,式 (5.41) より

$$H' = \frac{p}{x} = \frac{6.53 \times 10^4}{4.50 \times 10^{-4}} = 1.45 \times 10^8 \, \mathrm{Pa}$$

が得られる.それぞれのヘンリー定数は,式 (5.43) よりつぎのようになる.

$$m = \frac{H'}{P_t} = \frac{1.45 \times 10^8}{1.013 \times 10^5} = 1.4 \times 10^3$$

$$H = \frac{H'}{C_t} = \frac{1.45 \times 10^8}{55.6 \times 10^5} = 2.6 \times 10^3 \, \mathrm{Pa \cdot m^3/mol}$$

Step up ラウールの法則とヘンリーの法則の違い

化学工学で使用される種々の法則の意味と適用範囲を理解することは,大変重要である.ここでは,ラウールの法則とヘンリーの法則との違いを理解しよう.ヘンリーの法則は,希薄溶液において溶質の蒸気分圧は溶液中の溶質のモル分率に比例することであり,次式で表される.

$$p_B = H' x_B$$

ここで,H' はヘンリー定数である.

両者の関係を図5.18に示す.溶質濃度が希薄なとき (x_B が小さいとき),ヘンリーの法則が成り立つ.一方,ラウールの法則は溶質が高濃度のときに(理想溶液では全濃度範囲で)成り立ち,次式で表される.

$$p_B = P_B \cdot x_B$$

ここで,P_B は純粋成分Bの蒸気圧である.なお,ヘンリーの法則は蒸留では使用せず,後述するガス吸収において用いる.

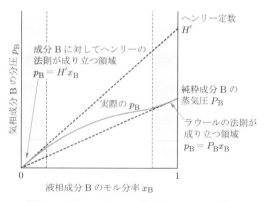

●図5.18● ラウールの法則とヘンリーの法則

5.2.2 二重境膜説

ガス吸収の進行を考える際，液相と気相の異相界面を通した物質移動を考える必要があるが，これらは非常に複雑である．この複雑な現象を簡単に取り扱い，解析するためにさまざまなモデルが提案されている．その中でも Lewis および Whitman によって提唱された二重境膜説（two-film theory）を用いることが多い．そのほかには，浸透説や表面更新説などの理論がある．

模式化された二重境膜説のモデルを図 5.19 に示す．気液界面（interface）と示される部分が気相と液相の境目である．この気液界面を通して気相側の溶質成分が液相へと移動していく．気相および液相のいずれもよく混合されており，濃度は均一である．しかし，界面近傍では混合が十分ではなく，静止した薄い膜状の領域が形成される．また，界面を挟んで両側に境膜が形成されており，気相側の境膜をガス境膜，液相側の境膜を液境膜という．この二つの境膜が存在するので，二重境膜説とよばれる．また，図 5.19 における拡大図

には，気液界面近傍の圧力分布および，濃度分布を各々の横軸として示す．なお，p_{Ai}, C_{Ai} は気液界面における値である．

気相および液相の本体では，溶質ガスの移動における抵抗はほとんど無視でき，速やかに移動する．一方，両境膜内においては大きな移動抵抗が存在し，また界面での溶解は速やかに起こる．この場合の律速は，気液平衡に達することよりもむしろ，境膜内での物質の移動である．したがって，境膜内での物質移動を知ることでガス吸収全体の速度を知ることができ，容易に定式化が可能となる．

物質の移動は，熱（第3章）や運動量（第2章）と同じように，濃度勾配によるものと流れによるものの二つからなる．つまり，分子の運動による微視的なレベルでの拡散と，巨視的な流れによる拡散である．境膜内では分子拡散，すなわち，物質の濃度勾配によって移動が進行する．そこで，分子拡散（molecular diffusion）について理解を深める必要がある．

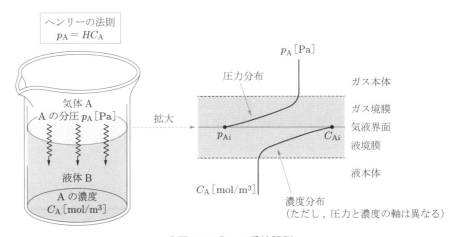

●図 5.19 ● 二重境膜説

Step up　浸透説と表面更新説

　ある液体の中に気泡が存在する場合を考えてみよう．一つの気泡に着目すると，気泡の中は当然，気相になる．そして，気泡の周りは液相になり，気液界面が存在する．この気液界面の両側に境膜を考えるのが，二重境膜説である．

　では，この境膜の厚みは気泡のいたる場所で同じなのだろうか．そのような疑問から生まれたのが浸透説である．たとえば，液体中に気泡が存在する場合，多くの場合で気泡は液体中を上昇する．気泡の上端で接触した液体が，気泡の上昇にともなって下方に移動していき，その間に拡散していくモデルである．当然，拡散以外の条件が加わるた

め，より複雑な拡散方程式となる．

　境膜の存在を考えないモデルも存在する．それが，表面更新説である．気泡の周りの液は渦のように液体が乱れた状態で存在し，ある時間で気泡と接触している液は，接触中に拡散によって移動していくが，別の時間では液の乱れによって別の液に更新されている．この更新の頻度が拡散に大きく影響する．

　二重境膜説では境膜の厚みが，浸透説では接触時間が，表面更新説では更新の頻度が，物質移動の重要なパラメータとなる．

5.2.3　フィックの法則（分子拡散）

　第2章で扱ったニュートンの法則は，運動量の異なる流体間で運動量を等しくするために移動する運動量を，せん断応力として扱った．第3章では，温度の異なる二物体間を接触させたときに，温度を等しくしようとして生じる熱の移動を，フーリエの法則で表した．物質の移動も，これらと同様の移動現象である．つまり，分子拡散（分子レベルの拡散）を，これから示すフィックの法則を用いて考える．

　図5.20に，一例としてゲル膜中（コンタクトレンズや紙おむつをイメージしてほしい）を成分Aの分子が拡散している様子を示す．図中の縦軸はそのまま成分Aの濃度にも対応している．ゲル膜の左側の成分Aの濃度を C_{A1}，右側の濃度を C_{A2} とする．いま，C_{A1} の濃度が C_{A2} の濃度より高いため，同じ濃度になろうと図中の左から右に

向けて物質の移動が起こる．成分Aの移動は一方向のみであり，定常状態においては成分Aの濃度分布は直線となる．

　成分Aのゲル膜内での単位面積，単位時間での物質移動量を物質移動流束 $N_A\,[\mathrm{mol/(m^2 \cdot s)}]$ とすると，次式が成立する．

$$N_A = -\mathcal{D}_A\frac{C_{A1}-C_{A2}}{z_1-z_2} \tag{5.44}$$

右辺の分数部分は図5.20における直線の傾き，すなわち濃度勾配である．比例定数 $\mathcal{D}_A\,[\mathrm{m^2/s}]$ は拡散係数とよばれ，拡散のしやすさを示す係数である．

　濃度勾配を微分で表せば，境膜内の任意の場所に対して次式が成り立つ．

$$N_A = -\mathcal{D}_A\frac{dC_A}{dz} \tag{5.45}$$

この式をフィックの法則（Fick's law）とよぶ．

　一方，気相中におけるフィックの法則は，気体の状態方程式（$PV=nRT$）より以下の式で表される（これは，濃度 $C_A = n/V = p_A/RT$ を式(5.45)に代入すれば求められる）．

$$N_{AG} = -\frac{\mathcal{D}_{AG}}{RT}\frac{dp_A}{dz} \tag{5.46}$$

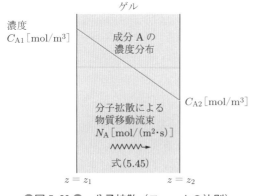

●図5.20● 分子拡散（フィックの法則）

第1章

第2章

第3章

第4章

第5章

第6章

付録・付表

演習問題解答

参考文献・さくいん

例 題 5.8 図 5.21 のように容器から液体（芳香剤）A が一方向に拡散していくこと を考える．芳香剤の濃度分布を数式で表せ．

[ヒント：3.2 節と同様の手順で行うとわかりやすい．]

一方向
のみ拡散

液体 A

●図 5.21 ●

解 答 図 5.22 において，Δz の微小体積において物質収支を とると，次式が得られる．

$$SN_A|_{z+\Delta z} - SN_A|_z = 0$$

この式の両辺を $S\Delta z$ で割って，$\Delta z \to 0$ の極限をとる．すると， $dN_A/dz = 0$ が得られる．

成分 A が希薄であれば，$N_A = -\mathcal{D}\,dC_A/dz$（フィックの法則） が成り立つ．ここで，$\mathcal{D}$ は拡散係数である．このフィックの法則を $dN_A/dz = 0$ に代入すると，次式が書ける．

$$\frac{d(-\mathcal{D}\,dC_A/dz)}{dz} = 0$$

この式を積分すると，$\mathcal{D}\,dC_A/dz = A_1$（$A_1$ は積分定数）となる． 境界条件 $z_1 = C_1$, $z_2 = C_2$ を用いて上式を積分すると，

$$A_1 = \frac{\mathcal{D}(C_2 - C_1) \times z}{z_2 - z_1}$$

が得られる．

したがって，成分 A の濃度分布 C_A は次式で表される．

$$C_A = \frac{(C_2 - C_1) \times z}{z_2 - z_1}$$

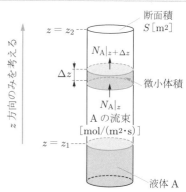

断面積
$S\,[\text{m}^2]$

$N_A|_{z+\Delta z}$

Δz

微小体積

$N_A|_z$

A の流束
$[\text{mol}/(\text{m}^2\cdot\text{s})]$

$z = z_2$

$z = z_1$

z 方向のみを考える

液体 A

●図 5.22 ● 蒸発した A の一方拡散

5.2.4 物質移動係数

図 5.19 に示した二重境膜説に溶解平衡の考え を加え，ガス吸収における物質の移動を数式化す る．図 5.23 は，横軸に液の濃度，縦軸に気体（ガ ス）の圧力をとり，ガス側および液側境膜におけ る物質移動の推進力の概念を説明する図である． ガス本体の分圧を p_A（モル分率 y_A）とし，液本 体の濃度を C_A（モル分率 x_A）とする．気液界面 での分圧を $p_{Ai}(x_{Ai})$，そのときの液の濃度を $C_{Ai}(x_{Ai})$ とする．気・液本体が点 $P(C_A, p_A)$ で表 され，気液界面が点 $S(C_{Ai}, p_{Ai})$ で表される．OS で表される直線の延長線は気液溶解平衡（ヘンリ ーの法則）を表す．

図 5.23 の直線 OSC より左上がガス側，右下が 液側である．ガス側に着目すると，ガス本体の分 圧 p_A と気液界面での分圧 p_{Ai} の差を推進力とし て物質移動が起こる．この物質移動流束 N_{AG} $[\text{mol}/(\text{m}^2\cdot\text{s})]$ は，この圧力差に比例すると考え られる．数式で表現すると，以下のようになる．

$$N_{AG} = k_G(p_A - p_{Ai}) \tag{5.47}$$

比例定数 $k_G\,[\text{mol}/\text{m}^2\cdot\text{s}\cdot\text{Pa}]$ はガス側境膜物質移 動係数とよばれ，ガス境膜中での物質移動のしや すさを表す．

一方，液側に着目すると，ガス側と同様に液本 体での濃度 C_A と気液界面での濃度 C_{Ai} の差が推

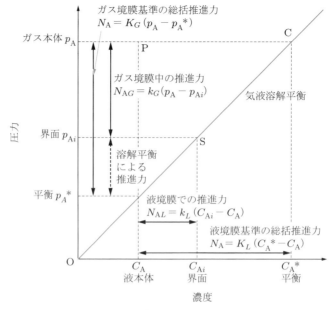

●図 5.23 ●　ガス側および液側境膜における物質移動の推進力

進力 N_{AL} となる.

$$N_{AL} = k_L(C_{Ai} - C_A) \tag{5.48}$$

比例定数 k_L [m/s] は液境膜物質移動係数とよばれ，液境膜中での物質の移動のしやすさを表す.
定常状態においては物質収支が成り立つので，ガス境膜内での物質移動流束と液境膜内での物質移動流束が等しく，以下の式が成立する.

$$N_A = N_{AG} = N_{AL}$$
$$= k_G(p_A - p_{Ai}) = k_L(C_{Ai} - C_A) \tag{5.49}$$

5.2.5　総括物質移動係数

ガス吸収における物質移動流束 N_A [mol/(m²·s)] は，式 (5.49) によって求めることができる. しかし，この式は気液界面での分圧 p_{Ai} や気液界面での濃度 C_{Ai} を含むので，これらの測定および推算が困難である.

そこで，図 5.23 に示すように，測定が容易なガス本体の圧力 p_A と液本体の濃度 C_A を用いて，物質移動の推進力を表現すべく，次式のように考える.

$$N_A = K_G(p_A - p_A{}^*) \tag{5.50}$$

ここで，$p_A{}^*$ は気液界面において C_A と気液平衡になっているガス分圧である. K_G [mol/(m²·s·Pa)] をガス境膜基準総括物質移動係数という. K_G の値はつぎのように求めることができる.

ガス本体，気液界面および液本体におけるガス分圧とガス濃度の気液溶解度平衡関係は，ヘンリーの法則によりつぎのように表される.

$$p_A{}^* = HC_A \tag{5.51}$$
$$p_{Ai} = HC_{Ai} \tag{5.52}$$

式 (5.49) に式 (5.52) を代入し p_{Ai} と C_{Ai} を消去すると，次式となる.

$$N_A = \frac{k_G k_L}{k_L + H k_G}(p_A - HC_A)$$
$$= \frac{1}{\dfrac{1}{k_G} + \dfrac{H}{k_L}}(p_A - p_A{}^*) \tag{5.53}$$

すなわち，式 (5.50) における K_G は，つぎのように表すことができる.

$$K_G = \frac{1}{\dfrac{1}{k_G} + \dfrac{H}{k_L}} \tag{5.54}$$

したがって，ガス境膜基準総括物質移動係数 K_G は，物質の移動をガス境膜内の移動と溶解平衡に

よる移動とを加える（総括した）という考えから導き出されている.

一方，液側に関しても，ガス側の分圧に基づいてガス境膜基準総括物質移動係数を求めたのと同様にして，式 (5.50) によって液側の濃度基準で N_A が記述できる.

$$N_A = K_L(C_A{}^* - C_A) \tag{5.55}$$

ここで，$C_A{}^*$ は気液界面においてガス本体の分圧 p_A と気液平衡となっている液濃度である. また，ここでは K_L [m/s] を液境膜基準総括物質移動係数とよび，その関係は以下の式で表される.

$$K_L = \cfrac{1}{\cfrac{1}{Hk_G} + \cfrac{1}{k_L}} \tag{5.56}$$

 例題 5.9 アンモニアの吸収において，気相物質移動係数 $k_G = 3.86 \times 10^{-6}\,\mathrm{mol/(m^2 \cdot s \cdot Pa)}$，液相物質移動係数 $k_L = 1.02 \times 10^{-4}\,\mathrm{m/s}$，ヘンリー定数 $H = 1.51\,\mathrm{Pa/(m^3 \cdot mol)}$ である. ガス境膜基準総括物質移動係数 K_G を求めよ.

解答 式 (5.54) より，つぎのようになる.

$$K_G = \cfrac{1}{\cfrac{1}{k_G} + \cfrac{H}{k_L}} = \cfrac{1}{\cfrac{1}{3.86 \times 10^{-6}} + \cfrac{1.51}{1.02 \times 10^{-4}}} = 3.65 \times 10^{-6}\,\mathrm{mol/(m^2 \cdot s \cdot Pa)}$$

5.2.6 ガス吸収装置

ガス吸収装置は，図 5.24 に示すように，その方式により 2 種類に大別される. 連続した液相中にガスを分散させるガス分散型と，連続した気相中に液を分散させる液分散型である. ガス分散型の吸収装置としては撹拌槽，気泡塔，棚段塔があり，液分散型の吸収装置にはスプレー塔，充填塔がある.

いずれの装置も気液接触面積が増大するよう工夫されており，用途や圧力損失を考慮して装置を選定する必要がある. たとえば，図 5.24(b) に示す充填塔は，内部に充填した充填物により接触面積を増大させており，図 (c) のスプレー塔は，液を細かい滴状に細分することで接触面積を増大させている.

本節では，代表的なガス吸収装置として最も利用されている充填塔に関して詳しく取り扱う.

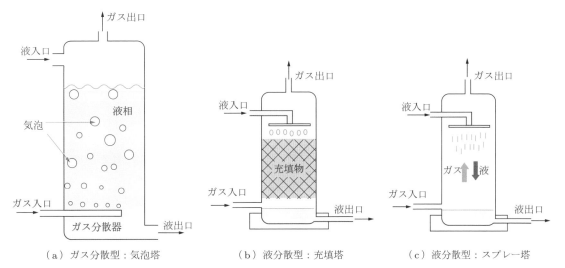

●図 5.24 ● ガス吸収装置の方式と代表例

Coffee Break

CO₂ 吸収塔と再生塔（CCS）

地球温暖化防止の観点から二酸化炭素の削減が注目を集めており，その中でも CCS という技術の注目度が高い．CCS とは carbon dioxide capture and storage の略で，二酸化炭素を捕まえ

て貯蔵する技術である．

おもに，化学吸収を利用した吸収塔によって二酸化炭素をガス吸収し，吸収溶液を再生塔で二酸化炭素と吸収液に分離する．吸収液はまた吸収塔に再

利用される．回収した二酸化炭素は圧縮し，硬い岩盤の下など地中深くに封じ込めて空気と触れさせない方法が考えられている．

5.2.7 充填塔の構造と充填物

図 5.25 に充填塔の詳細な構造と代表的な充填物（packing）を示す．液体が塔頂より供給され，塔内部には充填物が詰められており，液分配器（distributor）を通って充填物の表面を膜状に伝って間隙を流下する．ガスは塔底より供給され，充填物の間隙を上昇しながら液と接触し，ガス吸収が起こる．液とガスは向流で流れており，この種の充填塔を向流充填塔とよぶ．液とガスを並流に流す並流充填塔は，出口ガスが溶質を含まない

液と接触でき，溶質分圧を低くすることができる．充填物層での液の不均一な流れは吸収効率を著しく低下させるため，液再分配器を複数設置し，流れを均一にすることが重要である．

充填物には，図 5.25(b) に示したものをはじめとし，さまざまな形状，材質のものが用いられる．比表面積が大きく，空隙率が大きく，強度があり，耐食性で安価であるものが望ましい．一般的には，金属やプラスチック製のラシヒリング（raschig ring）が用いられることが多い．

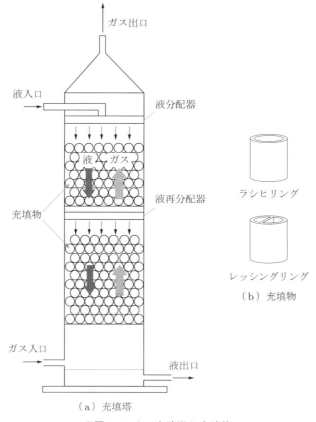

（a）充填塔

（b）充填物

●図 5.25 ● 充填塔と充填物

5.2.8　充塡塔の設計

(1) 操作線と液ガス比

充塡塔の設計を考えていく．充塡塔の運転条件である処理ガス流量，入口および，出口溶質ガスの濃度が与えられたとき，それに必要な充塡塔の液流量，塔高 (column height)，塔径 (column diameter) を求めることが基本設計 (basic design) である．

図 5.25 に示したように，充塡塔は段構造をもたない装置であり，塔頂から塔底の間で連続的に気相ガス分圧および液相ガス濃度が変化している．図 5.26 に示すように塔底からガスが供給されるが，ガスには吸収される溶質ガスと吸収されない同伴ガスが存在する．同伴ガスの単位面積での流量を G_i [mol/(m^2·s)]，同伴吸収液の単位面積での流量を L_i [mol/(m^2·s)] とする．塔底における気相モル分率を y_0 [-]，液相モル分率を x_0 [-] とし，塔頂における気相モル分率を y_2 [-]，液相モル分率を x_2 [-] とする．

いま，塔底から塔頂まで，すなわち $z = 0$ から $z = z_2$ まで溶質ガスの物質収支をとると，気相が失う溶質ガスは液相が得る溶質ガスと等しいので，次式となる．

$$G_M(y_0 - y_2) = L_M(x_0 - x_2) \tag{5.57}$$

ここで，図 5.27 に示すように，全ガス流量 G_M は，溶質ガス流量 $G_M \cdot y$ と同伴ガス流量 G_i を合わせたものである．したがって，$G_M = G_i/(1 - y)$ となり，液相についても気相と同様にして，$L_M = L_i/(1 - x)$ が得られる．ガス濃度は連続的に変化するので，これらを式 (5.57) に代入すると次式が書ける．

$$G_i\left\{\frac{y_0}{1 - y_0} - \frac{y_2}{1 - y_2}\right\} = L_i\left\{\frac{x_0}{1 - x_0} - \frac{x_2}{1 - x_2}\right\} \tag{5.58}$$

なお，式 (5.58) では，全ガス流量 G_M ではなく，塔内で流量の変わらない同伴ガス流量 G_i で表した．それは，溶質ガスが液に吸収された場合，全ガス流量が変化するからである．また，塔頂から任意の高さ (x, y) までの物質収支をとると，式

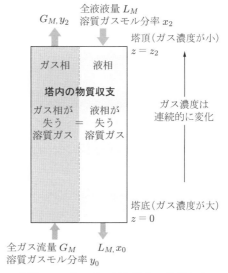

●図 5.26●　ガス吸収塔内の物質収支

全液液量 L_M
溶質ガスモル分率 x_2
塔頂（ガス濃度が小）
$z = z_2$

G_M, y_2

ガス相　液相

塔内の物質収支
ガス相が失う溶質ガス ＝ 液相が失う溶質ガス

ガス濃度は連続的に変化

塔底（ガス濃度が大）
$z = 0$

全ガス流量 G_M
溶質ガスモル分率 y_0

L_M, x_0

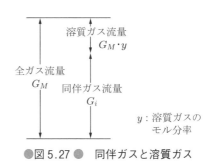

溶質ガス流量 $G_M \cdot y$

全ガス流量 G_M　同伴ガス流量 G_i

y：溶質ガスのモル分率

●図 5.27●　同伴ガスと溶質ガス

(5.58) は次式で表される．

$$G_i\left(\frac{y}{1 - y} - \frac{y_2}{1 - y_2}\right) = L_i\left(\frac{x}{1 - x} - \frac{x_2}{1 - x_2}\right) \tag{5.59}$$

気相の溶質ガス分圧，液相の溶質濃度がともに希薄であり，$x \ll 1$, $y \ll 1$ とみなせる場合，

$$\frac{1 - y_2}{1 - y} = 1, \quad \frac{1 - x_2}{1 - x} = 1$$

となり，$G_M = G_i/(1 - y)$ と $L_M = L_i/(1 - x)$ を用いると式 (5.59) は次式のように簡略化される．

$$G_M(y - y_2) = L_M(x - x_2) \tag{5.60}$$

G_M [mol/(m^2·s)] および L_M [mol/(m^2·s)] は，それぞれ気相の全モル流量および液相の全モル流量である．式 (5.60) を書き直すと，

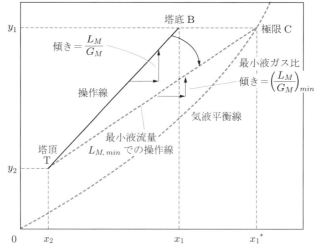

●図5.28 ● 充填塔の操作線

$$y = \frac{L_M}{G_M}(x - x_2) + y_2 \qquad (5.61)$$

となる．これを図5.28に示すようにプロットすると，塔頂 $T(x_2, y_2)$ を通る傾き L_M/G_M の直線が得られ，これを操作線という．また，この傾き L_M/G_M は液ガス比とよばれ，重要な操作変数となる．

(2) 最小液ガス比

充填塔の基本設計において，液相の全モル流量 L_M 以外の変数がすべて定まっている場合を考える．L_M を減少させていくと，操作線の傾きは減少していき，図5.28に示されたプロットも水平

方向にシフトしていき，塔底を示す点Bは水平移動する．操作線は気液平衡曲線より上に存在する必要がある（推進力がなくなるため）．よって，点Bは気液平衡曲線と重なる点Cが極限となる．この状態でのモル流量 L_M が理論上最小の液量であるため，これを最小液流量とよび，$L_{M,min}$ と表す．このときの液ガス比を最小液ガス比とよび，$(L_M/G_M)_{min}$ と表す．

点Cでは塔底での移動の推進力が0となるため，無限に高い塔が必要となるが，実際の液ガス比 L_M/G_M は，最小液ガス比 $(L_M/G_M)_{min}$ の 1.3～2.0 倍程度に設定するのが一般的である．

 5.10　モル分率 0.03 のメタノールを含む 101.3 kPn，25℃の空気 1000 m³/h を充填塔に塔底に
供給し，塔頂からメタノールを含まない水を供給し，向流接触によりメタノールを吸収
させる．塔頂でのメタノールのモル分率が 0.003 となるようにし，水を最小理論量の2倍用いるとする．
$y^* = 0.25x$ で気液平衡関係が与えられるとき，操作線の式を求めよ．

解答　気液平衡関係より

$$x_1^* = \frac{0.03}{0.25} = 0.12$$

となり，最小液ガス比は図5.28に示す直線TCの傾きである．よって，

$$(L_M/G_M)_{min} = \frac{y_1 - y_2}{x_1^* - x_2} = \frac{0.03 - 0.003}{0.12 - 0} = 0.225$$

となる．実際に用いる液ガス比は最小液ガス比の2倍であるので，式 (5.61) より操作線の式は次式となる．

$$y = 0.225 \times 2 \times (x - 0) + 0.003 = 0.45x + 0.003$$

(3) 充填塔の塔高

図5.29に充填塔における微小高さでの物質収支の模式図を示す．微小高さの部分において，溶質ガスの物質収支をとると，次式となる．

$$G_M y + L_M(x + dx) = G_M(y + dy) + L_M x$$

これを整理すると，次式が得られる．

$$L_M(x + dx) = G_M(y + dy)$$

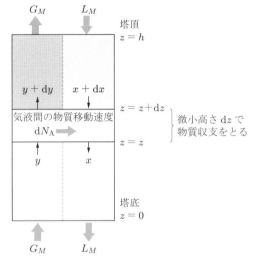

●図5.29● 吸収塔の微小高さにおける物質収支

微小高さ Δx における吸収量 $G_M dy$, $L_M dx$ は気液間の物質移動速度 dN_A に等しいので，次式が書ける．

$$dN_A = G_M \cdot dy = L_M \cdot dx \tag{5.62}$$

装置内における単位体積あたりの気液接触表面積を $a\,[\mathrm{m^2/m^3}]$ とすると，この微小部分での気液接触面積は $a \cdot dz$ となり，物質移動速度を表現するとつぎのように書ける．

$$
\begin{aligned}
dN_A &= k_y \cdot a \cdot dz\,(y - y_i) = k_x \cdot a \cdot dz\,(x_i - x) \\
&= K_y \cdot a \cdot dz\,(y - y^*) \\
&= K_x \cdot a \cdot dz\,(x^* - x)
\end{aligned}
\tag{5.63}
$$

ここで，K_y, $K_x\,[\mathrm{mol \cdot m^2/(s\,モル分率)}]$ はそれぞれ，ガス側，液側モル分率基準の総括物質移動係数であり，k_y, k_x はそれぞれ，ガス側，液側の物質移動係数である．したがって，溶液平衡が $y = mx$ で表される場合，式 (5.54) で求めた K_G

と同様な式の導出によって，K_y, k_y, k_x の関係は次式で示される．

$$\frac{1}{K_y} = \frac{1}{k_y} + \frac{m}{k_x} \tag{5.64}$$

式 (5.62) と式 (5.63) が等しいことから，次式を求めることができる．

$$
\begin{aligned}
dz &= \frac{G_M \cdot dy}{k_y \cdot a\,(y - y_i)} = \frac{L_M \cdot dx}{k_x \cdot a\,(x_i - x)} \\
&= \frac{G_M \cdot dy}{K_y \cdot a\,(y - y^*)} = \frac{L_M \cdot dx}{K_x \cdot a\,(x^* - x)}
\end{aligned}
\tag{5.65}
$$

これを塔全体（$z = 0$ から $z = h$ まで）で積分すると，

$$
\begin{aligned}
\int_0^h dz &= h \\
&= \frac{G_M}{k_y \cdot a}\int_{y_2}^{y_1}\frac{dy}{y - y_i} = \frac{L_M}{k_x \cdot a}\int_{x_2}^{x_1}\frac{dx}{x - x_i} \\
&= \frac{G_M}{K_y \cdot a}\int_{y_2}^{y_1}\frac{dy}{y - y^*} = \frac{L_M}{K_x \cdot a}\int_{x_2}^{x_1}\frac{dx}{x^* - x}
\end{aligned}
\tag{5.66}
$$

となる．

ここで，それぞれの係数部分をまとめ，つぎのように定義する．

$$H_G = \frac{G_M}{k_y \cdot a}, \quad H_L = \frac{L_M}{k_x \cdot a}$$

$$H_{OG} = \frac{G_M}{K_y \cdot a}, \quad H_{OL} = \frac{L_M}{K_x \cdot a} \tag{5.67}$$

H_G, H_L, H_{OG}, $H_{OL}\,[\mathrm{m}]$ を移動単位高さ（height of a transfer unit, **HTU**）とよぶ．また，式 (5.66) の積分部分をまとめると，

$$N_G = \int_{y_2}^{y_1}\frac{dy}{y - y_i}, \quad N_L = \int_{x_2}^{x_1}\frac{dx}{x - x_i}$$

$$N_{OG} = \int_{y_2}^{y_1}\frac{dy}{y - y^*}, \quad N_{OL} = \int_{x_2}^{x_1}\frac{dx}{x^* - x} \tag{5.68}$$

となる．ここで，N_G, N_L, N_{OG}, $N_{OL}\,[-]$ は移動単位数（number of transfer unit, **NTU**）とよばれ，推進力の逆数の積分で表されることから，移動のしやすさを表している．また，HTU は NTU が1である場合の塔高を表している．よって，塔

高 h は,

$$h = H_G \cdot N_G = H_L \cdot N_L = H_{OG} \cdot N_{OG} = H_{OL} \cdot N_{OL}$$
(5.69)

となり, HTU と NTU の積で表される.

気液平衡がヘンリーの法則で近似できる場合, 解析的に必要な塔高を求めることができる.

$$N_{OG} = \int_{y_2}^{y_1} \frac{dy}{y - y^*}$$

において, 推進力 $y - y^*$ を Δy とし, 塔底における Δy を Δy_1, 塔頂における Δy を Δy_2 とすると, 気液平衡関係もヘンリーの法則で近似できるので直線となる. すなわち,

$$\frac{d(\Delta y)}{dy} = \frac{\Delta y_1 - \Delta y_2}{y_1 - y_2}$$

$$dy = \frac{y_1 - y_2}{\Delta y_1 - \Delta y_2} d(\Delta y)$$

$$\begin{aligned} N_{OG} &= \int_{y_2}^{y_1} \frac{dy}{y - y^*} = \int_{y_2}^{y_1} \frac{dy}{\Delta y} \\ &= \frac{y_1 - y_2}{\Delta y_1 - \Delta y_2} \int_{y_2}^{y_1} \frac{d(\Delta y)}{\Delta y} \\ &= \frac{y_1 - y_2}{\Delta y_1 - \Delta y_2} \ln \frac{\Delta y_1}{\Delta y_2} \end{aligned}$$
(5.70)

となり, 式 (5.70) を対数平均を用いて表現すれば,

$$N_{OG} = \frac{y_1 - y_2}{(y - y^*)_{lm}}$$
(5.71)

$$(y - y^*)_{lm} = \frac{\Delta y_1 - \Delta y_2}{\ln \frac{\Delta y_1}{\Delta y_2}}$$

となる.

 例題 5.11 例題 5.10 における N_{OG}, H_{OG} および塔高を求めよ. ただし, $H_G = 1.2\,\mathrm{m}$, $H_L = 0.3\,\mathrm{m}$ とする.

解 答　塔底の液相組成 x_1 は, 操作線の式より

$$x_1 = \frac{0.03 - 0.003}{0.45} = 0.06$$

となる. これと平衡な気相の組成 y_1^* は, 平衡関係式より

$$y_1^* = 0.25 x_1 = 0.25 \times 0.06 = 0.015$$

となり, $(y - y^*)_{lm}$ は以下のようになる.

$$(y - y^*)_{lm} = \frac{(0.03 - 0.015) - (0.003 - 0)}{\ln \left(\frac{0.03 - 0.015}{0.003 - 0} \right)} = 0.0075$$

式 (5.71) より

$$N_{OG} = \frac{y_1 - y_2}{(y - y^*)_{lm}} = \frac{0.03 - 0.003}{0.0075} = 3.6$$

となる. H_{OG} は式 (5.64) と式 (5.67) より

$$H_{OG} = \frac{G_M}{K_y \cdot a} = \frac{G_M}{k_y a} + \frac{L_M}{k_y a} \cdot \frac{mG_M}{L_M} = H_G + H_L \frac{mG_M}{L_M} = 1.2 + 0.3\,(0.25 \times 0.45) = 1.23\,\mathrm{m}$$

となる. よって, 式 (5.69) より塔高 h はつぎのようになる.

$$h = H_{OG} \cdot N_{OG} = 1.23 \times 3.6 = 4.4\,\mathrm{m}$$

（4）充填塔の直径

図 5.30 に示す気液向流充填塔の場合，ガス流量が増すことにより充填塔内を通過するガスの圧力損失が増加する．さらに，ガス流量を増加させると液が充填物に留まる流量（ホールドアップ）が急に増大し，そのためこの圧力損失も急激に大きくなる．この現象をローディング（loading：負荷，保持）といい，ローディングが起こる点をローディング点という．さらにガス流量を増していくと，もはや液が降下できなくなり逆流を始める．この現象をフラッディング（flooding：氾濫，洪水）といい，フラッディングが起こる点をフラッディング点という．

充填塔の基本設計においては，ローディングおよびフラッディングが起こらないようにガス流量を決めなければならない．ガス流量が決定している場合は，塔の直径を大きくすることによってこれらを防ぐ．フラッディングの起こるガスの質量流束を G_F [kg/(m²·s)] とすると，許容されるガスの質量流束 G_a [kg/(m²·s)] を G_F の 40〜70% 程度に設定するか，ローディング点以下に設定することが多い．

供給されるガスの質量流量 w [kg/s] より，次式を用いて塔の直径 D_t [m] を求めることができる．

$$\frac{\pi}{4} D_t{}^2 G_a = w \tag{5.72}$$

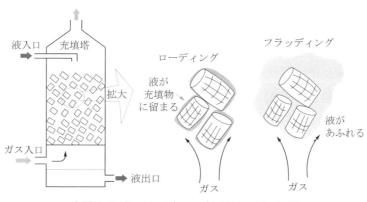

●図 5.30● ローディングとフラッディング

 例題 5.12 例題 5.11 におけるフラッディングが起こる供給ガスの質量流束 G_F は 3.22 kg/(m²·s) で，その 50% を許容されるガス質量流束とすると，塔の直径はいくらで設計すべきか．

解答 供給ガスの物質量流量 F [mol/s] は，式 (4.67) より $F = C \cdot v$ である．供給ガスは 1 atm，20 ℃，体積流量 1000 m³/h であるので，気体の状態方程式より

$$F = \frac{Pv}{RT} = \frac{(1.013 \times 10^5)\dfrac{1000}{3600}}{8.314 \times 298.2} = 11.36\,\text{mol/s}$$

が得られる．この空気はメタノールを含むが，ごく微量であるのでメタノールの重量は無視できる．よって，空気の分子量より，質量流量 w は

$$w = 11.36 \times (29 \times 10^{-3}) = 0.330\,\text{kg/s}$$

となり，式 (5.72) より，塔の直径 D_t は

$$\frac{\pi}{4} D_t{}^2 (3.22 \times 0.5) = 0.330$$

$$D_t = 0.51\,\text{m}$$

となる．

［補足］例題 5.10 から 5.12 までを統合し，高さ 4.4 m，直径 0.51 m の充填塔を計算することができる．

5.3 抽 出

抽出（extraction）とは，液体あるいは固体に溶剤を加え，その溶剤に対する溶解度の差を利用して，目的成分のみを溶かし出すことで分離を行う操作である．身近な固液抽出の例として，緑茶や紅茶の茶葉に熱湯を注いで香味成分や色素などを溶かし出す方法などがあげられる．化学プロセスにおいて抽出は，共沸混合物のように蒸留での分離が困難な系や，蒸発熱が大きく多大な熱エネルギーが必要な系などに適用される．

まず，抽出の物理化学的原理である抽出平衡について学んだ後，1回の抽出操作である単抽出を理解する．さらに，目的抽出物の純度を上げるために複数回の抽出操作を行う方法を考える．

5.3.1　液液抽出と固液抽出

液体中から抽出する場合を液液抽出（liquid-liquid extraction）または溶媒抽出（solvent extraction），固体中から抽出する場合を固液抽出（solid-liquid extraction）または浸出（leaching）とよぶ．液液抽出では，原料中に含まれる抽質（solute）を溶剤（抽剤，solvent）と接触させて，溶剤中へ溶かし込んで分離する．抽質を溶解している原料溶媒を希釈剤（diluent）という．原料と抽剤を接触させ，抽出平衡に到達した後，二相に分離して得られた希釈剤に富んだ相を抽残液（抽残相，raffinate），抽剤に富んだ相を抽出液（抽出相，extract），とよぶ．抽剤は抽質との親和性が大きく，これをよく溶解すると同時に，希釈剤と互いに混和しない液体を選ぶべきである．しかし，実際に抽剤と希釈剤はある程度相互溶解するのが普通であり，三成分混合液として取り扱う必要がある．実験室レベルにおいて分液ロートを用いて行われる液液抽出として，エタノール水溶液にエチルエーテルを加えて振り混ぜ，エタノールのみをエチルエーテルへ溶かして分離する例などがある．（図5.31）．

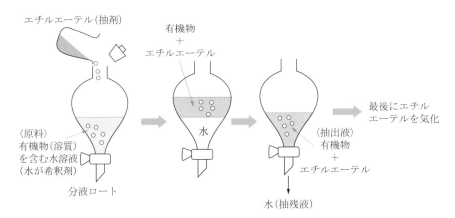

●図5.31●　分液ロートを用いた液液抽出例

Coffee Break

超臨界流体抽出

抽剤として超臨界流体を用いた超臨界流体抽出が近年盛んに研究されている．超臨界流体は，温度と圧力が気液の臨界点を超えた非凝縮性流体と定義され，相変化を生じないため密度を幅広く連続的に変えることができる．物質の溶解力は密度と密接な関係があるので，超臨界流体抽出では高圧（高密度）で目的物質を抽出し，低圧（低密度）で容易に放出することができる．抽剤として二酸化炭素（臨界温度31℃，臨界圧力7.4 MPa）が最もよく用いられており，つぎに水（374℃，22 MPa）が多い．どちらも有機溶剤に比べて安価で安全・無毒なことから，食品や医薬品によく適用されている．工業的には超臨界二酸化炭素を用いたコーヒー豆からの脱カフェイン，ホップからのエキス抽出などで実用化されている．

5.3.2 抽出平衡

(1) 三角図

液液抽出には希釈剤，抽剤，抽質の三成分が関与し，その平衡関係は三角図によって表される．図5.32のように，直角三角形の各頂点を希釈剤 (A)，抽剤 (B)，抽質 (C) に対応させる．図中の点Rの組成は，点Rを通る垂直線と水平線を引き，点Rから辺ACへの垂線の長さが抽剤組成 x_{BR} [-]，辺ABへの垂線の長さが抽質組成 x_{CR} [-] にあたる．希釈剤組成 x_{AR} [-] は $x_{AR} + x_{BR} + x_{CR} = 1$ より求められる．組成は質量分率またはモル分率で表される．

いま，組成を質量分率で表しているとして，点Rの組成の液 R [kg] と点Eの液 E [kg] を混合してできる混合液Mの組成は，物質収支より以下のようにして求められる．

$$R + E = M \tag{5.73}$$

$$Rx_{CR} + Ex_{CE} = Mx_{CM} \tag{5.74}$$

ここで，各液に含まれる抽質Cの組成をそれぞれ x_{CR}, x_{CE}, x_{CM} とした．これを整理すると，

$$\frac{R}{E} = \frac{x_{CE} - x_{CM}}{x_{CM} - x_{CR}} \tag{5.75}$$

となる．この式は，x_{CM} が x_{CE} と x_{CR} を $R:E$ で内分することを示す．抽質C以外の成分でも同じことがいえるので，点Mは線分ERを $R:E$ で内分する点になることがわかる．この関係は，図

5.32に示すように棒の両端の点Rと点Eにそれぞれ質量 R [kg]，E [kg] のおもりが下がっているときのつりあいをとる支点Mの位置の決め方と類似しており，てこの原理とよばれている．ただし，実際にてこの原理を用いるときは，RとEの比ではなく全量 M に対する部分量 R の比として次式を用いるほうが便利なことが多い．

$$\frac{R}{M} = \frac{x_{CE} - x_{CM}}{x_{CE} - x_{CR}} \tag{5.76}$$

(2) 抽出平衡

表5.7と図5.33に，ベンゼン–水–酢酸系の抽出平衡関係を示す．図中の曲線は平衡組成を示す溶解度曲線（solubility curve）であり，これより上方は一相領域，下方は二相領域である．二相領域の直線群はタイライン（tie line）（対応線）といい，抽出平衡にある二相の関係を表していて，表5.7の同一行の二相組成に相当する．たとえば，ベンゼン 28 wt%，水 40 wt%，酢酸 32 wt% の混合液は点Mで示され，これが抽出平衡に達すると，タイラインに沿って点Rの組成（ベンゼン 92.8 wt%，水 0.3 wt%，酢酸 6.9 wt%）の抽残液と，点Eの組成（ベンゼン 1.2 wt%，水 56.4 wt%，

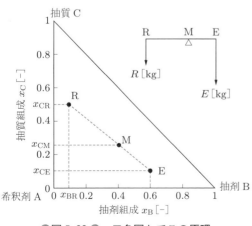

●図5.32● 三角図とてこの原理

■表5.7■ ベンゼン–水–酢酸系の抽出平衡関係 (298 K)

ベンゼン相 [wt%]			水相 [wt%]		
ベンゼン	水	酢酸	ベンゼン	水	酢酸
99.78	0.10	0.12	0.30	90.20	9.50
98.50	0.20	1.30	0.60	82.50	16.90
96.40	0.20	3.40	0.80	69.21	29.99
95.10	0.30	4.60	1.00	64.01	34.99
92.80	0.30	6.90	1.20	56.41	42.39
90.90	0.40	8.70	1.60	49.71	48.69
89.20	0.40	10.40	2.30	44.81	52.89
86.60	0.50	12.90	3.10	39.91	56.99
82.30	0.70	17.00	4.90	33.70	61.40
77.90	1.00	21.10	8.00	27.50	64.50
68.20	1.90	29.90	13.20	20.40	66.40
59.10	3.20	37.70	17.50	17.00	65.50

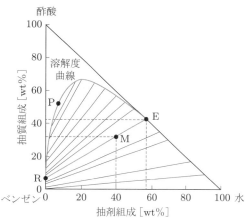

酢酸
溶解度曲線

●図5.33● ベンゼン–水–酢酸系における抽出平
衡関係の三角図（298 K）

酢酸 42.4 wt%）の抽出液に分かれる．各液の質
量比はてこの原理に従う．タイラインの長さは抽
質濃度が高くなるにつれて次第に短くなり，やが
てある点 P に収束する．この点 P は二相領域の
極限であり，この点をプレイトポイント（plait
point）という．

抽出操作では三成分混合物を扱うので組成の表

現は煩雑だが，抽残液中の抽剤や抽出液中の希釈
剤が微量であることが多いうえに，抽質の移動が
目的である．よって，ここからは抽残液中の抽質
の組成を x，抽出液中の抽質の組成を y と表すこ
とにする．成分 i の平衡係数（分配係数）K_i [-]
は，

$$K_i = \frac{y_i}{x_i} \tag{5.77}$$

で定義される．抽剤 B は，抽質 C を多く溶かし，
希釈剤 A をほとんど溶かさないものがよい．す
なわち，抽質 C の分配係数 $K_C = y_C/x_C$ が大き
く，希釈剤 A の分配係数 $K_A = y_A/x_A$ が小さいほど
優れていることになる．その比を希釈剤 A に対
する抽質 C の選択率 β_{CA} [-] とよぶ．

$$\beta_{CA} = \frac{K_C}{K_A} = \frac{y_C/x_C}{y_A/x_A} \tag{5.78}$$

β_{CA} は蒸留操作における相対揮発度 α_{AB} に相当す
るもので，この値が大きいほど抽出による分離が
しやすいことを意味する．

  5.13 表5.7のベンゼン–水–酢酸系の抽出平衡関係を使い，各相の組成を表す点を三角図にプ
ロットせよ．

解 答 ベンゼン–水–酢酸系の抽出平衡関係を三角図によって示したものが，図5.33である．なお，
図中の12本の直線は，表5.7の12行の平衡データに相当する．

5.3.3 抽出操作

(1) 液液抽出装置

液液抽出装置にはミキサーセトラー型（mixer
settler）と塔型がある（図5.34）．ミキサーセト
ラー型抽出装置はミキサー部とセトラー部からな
る装置で，構造が簡単で抽出効率もよく，最も広
く普及している．ミキサー部では原料と抽剤を混
合して抽出を行う．撹拌によって液滴径を小さく
し，接触界面積を増加させるとともに物質移動抵
抗を低下させる．セトラー部は密度差によって抽
残液と抽出液に分ける分離器で，重力を利用した
分相が一般的だが，遠心力を利用して効率を高め

るものもある．

塔型抽出装置（抽出塔）は二液相の一方を連続
相，他方を分散相として向流接触させる連続抽出
装置である．スプレー塔，充填塔，多孔板塔など
のほか，撹拌などによって液滴分散効率を高める
回転円板塔などがある．

(2) 単抽出

単抽出（single-stage extraction）は，ミキサー
セトラー型抽出装置を用いた1回の抽出操作であ
る．抽質組成 x_F の原料 F [kg] と抽剤 S [kg] を
ミキサーで十分接触混合させて平衡に到達させた

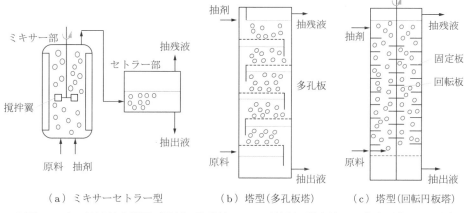

（a）ミキサーセトラー型　　　　（b）塔型（多孔板塔）　　　（c）塔型（回転円板塔）

●図5.34● 液液抽出装置（原料，抽残液のほうが抽剤，抽出液より密度が小さい場合）

後，セトラーで抽質組成 x の抽残相 R [kg] と抽質組成 y の原抽出相 E [kg] に分かれたとする．混合した時点での液 M の平均抽質組成を z_M とすれば，全量および抽質量の物質収支は，

$$F + S = M = R + E \tag{5.79}$$
$$Fx_F = Mz_M = Rx + Ey \tag{5.80}$$

となる．混合液の平均抽質組成 z_M は，

$$z_M = \frac{Fx_F}{F + S} \tag{5.81}$$

である．これを三角図上で表せば，図5.35のようになる．すなわち，原料 F と抽剤 S を表す点 F と点 S を三角図上にとり，てこの原理より線分 FS を $S:F$ に内分する点として混合物 M を求める．つぎに，点 M を通るタイライン（点 M が4本のタイライン上にない場合は内挿する）が溶解度曲線と交わる点として，抽残相 R と抽出相 E を表す点を決定する．各相の組成は座標から読みとり，質量はてこの原理より決定すると，次式で表される．

$$R = \frac{y - z_M}{y - x}(F + S) \tag{5.82}$$
$$E = \frac{z_M - x}{y - x}(F + S) \tag{5.83}$$

原料中の抽質のうち，抽出相に移動した割合を抽出率 η [-] といい，単抽出の場合は次式で定義される．

$$\eta = \frac{Ey}{Fx_F} \tag{5.84}$$

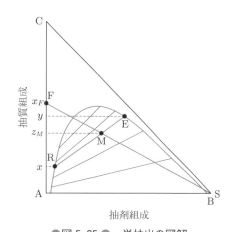

●図5.35● 単抽出の図解

例題 5.14 酢酸 40 wt%，ベンゼン 60 wt% の混合液 200 kg に水 50 kg 加えて酢酸を単抽出したとき，抽残液，抽出液それぞれの酢酸濃度を求めよ．また，酢酸の抽出率を求めよ．なお，ベンゼン-水-酢酸系における抽出平衡関係は，表5.7，図5.33に示すものを用いよ．

解答 図 5.36 のように，原料の点 F と抽剤の点 S を三角図にとり，線分 FS を $S : F = 50 : 200 = FM : MS$ に内分する点 M をとる．点 M の酢酸濃度 z_M は，式 (5.81) より，

$$z_M = \frac{Fx_F}{F + S} = \frac{200 \times 0.40}{200 + 50} = 0.32 = 32\ \text{wt%}$$

となる．点 M を通るタイラインを近くのタイラインから類推して引き，溶解度曲線との交点として抽残液の点 R と抽出液の点 E をとる．図より，抽残液の酢酸濃度は $x = 0.12 = 12\ \text{wt%}$，抽出液の酢酸濃度は $y = 0.55 = 55\ \text{wt%}$ である．抽出液の質量 E は，式 (5.83) より，

$$E = \frac{z_M - x}{y - x}(F + S) = \frac{0.32 - 0.12}{0.55 - 0.12} \times (200 + 50) = 116\ \text{kg}$$

となり，酢酸の抽出率 η は式 (5.84) より，つぎのようになる．

$$\eta = \frac{Ey}{Fx_F} = \frac{116 \times 0.55}{200 \times 0.40} = 0.80 = 80\%$$

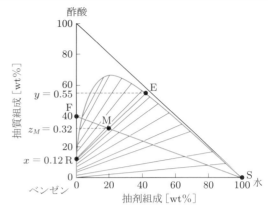

●図 5.36 ● 単抽出

(3) 多回抽出

単抽出では抽質の分離が不十分な場合，抽残液に再び抽剤を加えて単抽出を繰り返して分離の程度を高める．この操作を**多回抽出**（multistage extraction）という．図 5.37 に示すように，原料 F [kg/s] に抽剤 $S_1 \sim S_N$ [kg/s] を各回ごとに加えて N 回の抽出を行い，最終抽残液 R_N [kg/s] と抽出液 $E_1 \sim E_N$ [kg/s] を得る．i 回目の抽出における全量および抽質量の物質収支は，

$$R_{i-1} + S_i = M_i = R_i + E_i \tag{5.85}$$

$$R_{i-1}x_{i-1} = M_i z_{Mi} = R_i x_i + E_i y_i \tag{5.86}$$

となる．これらより，

$$z_{M_i} = \frac{R_{i-1}x_{i-1}}{R_{i-1} + S_i} \tag{5.87}$$

$$R_i = \frac{y_i - z_{Mi}}{y_i - x_i}(R_{i-1} + S_i) \tag{5.88}$$

$$E_i = \frac{z_{M_i} - x_i}{y_i - x_i}(R_{i-1} + S_i) \tag{5.89}$$

がわかる．

抽残液および抽出液組成の求め方は，単抽出と同様である．図 5.38 のように，線分 $R_{i-1}S$ を $S : R_{i-1}$ に内分する点として点 M_i を求め，ここを通るタイラインと溶解度曲線の交点として点 R_i と点 E_i が決まる．最終的な抽出率はつぎのようになる．

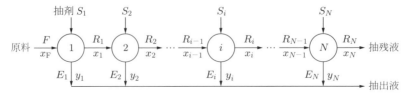

●図 5.37 ● 多回抽出の物質の流れ

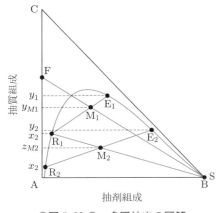

●図 5.38 ● 多回抽出の図解

$$\eta = \frac{\sum_i (E_i y_i)}{F x_F} \tag{5.90}$$

多回抽出は，回数とともに抽残液，抽出液ともに抽質濃度が低下するので，原料から抽質を除去する目的には適しているが，抽質を濃縮回収するのには不利である．

(4) 向流多段抽出

多回抽出では回数とともに抽出される抽質の量が減るので，次第に効率が悪くなる．図 5.39 に示す向流多段抽出（multistage countercurrent extraction）は，原料と抽剤を連続的に向流に多段接触させ，各段ごと抽出を行うことで抽出効率を高くする方法である．原料を第 1 段に，抽剤を第 N 段目に送入し，抽残液を番号が上の段に，抽出液を番号が下の段に次々と移していく．

抽質組成 x_F の原料 F [kg/s] と抽剤 S [kg/s] を向流に多段接触させて供給し，組成 x_N の最終抽残液 R_N [kg/s] と組成 y_1 の最終抽出液 E_1 [kg/s] を得ている．装置全体における全量および抽質量の物質収支をとると，

$$F + S = M = R_N + E_1 \tag{5.91}$$
$$F x_F = M z_M = R_N x_N + E_1 y_1 \tag{5.92}$$

となる．これより，線分 FS と線分 $R_N E_1$ の交点が M であり，その抽質組成 z_M は次式になることがわかる．

$$z_M = \frac{F x_F}{F + S} = \frac{R_N x_N + E_1 y_1}{R_N + E_1} \tag{5.93}$$

第 1 段から第 i 段までの範囲で全量の物質収支をとると，

$$F + E_{i+1} = R_i + E_1 \tag{5.94}$$

となり，式 (5.91) と式 (5.94) より，

$$F - E_1 = R_i - E_{i+1} = R_N - S = D \tag{5.95}$$

となる．この式は，線分 FE_1，線分 $R_i E_{i+1}$，線分 $R_N S$ をそれぞれ延長した直線はすべて点 D で交差することを意味する．点 D は三角図の外側にくる仮想的な点であり，操作点（operating point）という．操作点は三角図の左右どちら側にもくることがある．

最終抽残液の組成 x_N が既知のときの理論段数 N の求め方をつぎに示す（図 5.40）．

① 線分 FS を $S:F$ に内分する点を M とする．
② 線分 $R_N M$ を延長した直線と溶解度曲線との交点を E_1 とする．
③ 線分 FE_1 と線分 $R_N S$ を延長した直線の交点を操作点 D とする．
④ 点 E_1 を通るタイラインから点 R_1 を決め，点 D と点 R_1 を結んだ延長線と溶解度曲線の交点として点 E_2 を求める．
⑤ ④をタイラインが点 R_N を越えるまで繰り返すと，理論段数 N が求められる．

なお，操作点 D を通る線分 DFE_1，$DR_N S$，$DR_i E_{i+1}$ を操作線という．

向流多段抽出の抽出率は，次式となる．

$$\eta = \frac{E_1 y_1}{F x_F} \tag{5.96}$$

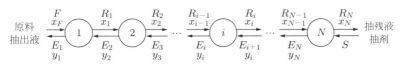

●図 5.39 ● 向流多段抽出の物質の流れ

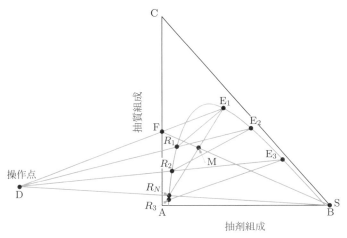

●図 5.40 ● 向流多段抽出の図解

例題 5.15 酢酸 40 wt%，ベンゼン 60 wt% の混合液 0.10 kg/s を水 0.02 kg/s で向流多段抽出して，抽残液の酢酸濃度を 5.0 wt% 以下にしたい．何段の装置が必要か．

解 答 図 5.41 のように，原料の点 F と抽剤の点 S を三角図にとり，線分 FS を $S : F = 0.02 : 0.10$ に内分する点 M をとる．抽残液の点 R_N をとり，線分 R_NM の延長線と溶解度曲線の交点として抽出液の点 E_1 をとる．線分 FE_1 と線分 R_NS の延長線の交点 D をとる．点 E_1 と平衡な点 R_1 をタイラインを引いてとり，線分 DR_1 の延長線と溶解度曲線の交点 E_2 をとる．点 E_2 と平衡な抽残液の点 R_2 をタイラインから求めると，点 R_N より下にくるので，目的の酢酸濃度 5.0 wt% 以下に達した．したがって，2 段の装置が必要なことがわかる．

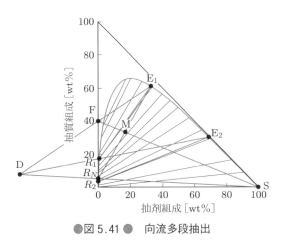

●図 5.41 ● 向流多段抽出

5.4 吸 着

吸着剤を用いて気体または液体から目的成分を取り出す分離操作を吸着という．身近には活性炭による脱臭やシリカゲル（silica gel）による水分除去などがあり，化学プロセスにも炭化水素混合物の成分分離，空気の分離による窒素製造，水処理など広い分野で利用されている．本節では，ま

ず，吸着の物理化学的原理である吸着平衡について学んだ後，続いて吸着操作として撹拌槽で行う回分吸着と連続操作である固定層吸着を理解する．

5.4.1　吸着平衡

吸着は，吸着質（adsorbate）を含む気体または液体を吸着剤（adsorbent）と接触させ，その表面に吸着質を濃縮する分離法である（図5.42参照）．吸着剤から吸着質を離して気体または液体に戻すことを脱着（desorption）といい，これによって吸着力を回復させることを再生（regeneration）という．

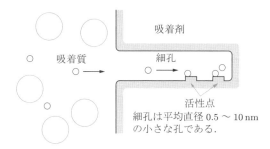

●図5.42●　吸着剤への吸着の概念図

原料に吸着剤を投入して十分時間が経つと，吸着質は流体中と吸着剤表面との間で吸着平衡に到達する．このときの吸着質濃度 C [mol/m³] と吸着剤単位質量あたりの吸着量 q [mol/kg] の関係を式や図で表したものを，吸着等温式および吸着等温線（adsorption isotherm）という．

吸着質濃度と吸着量は質量単位（[kg/m³] および [kg/kg]）で表すこともある．また，気体の場合は濃度のかわりに分圧 p [Pa] を用いることもある．代表的な吸着等温式をいくつか示し，図5.43にその吸着等温線を図示する．

(1) ヘンリーの式 (Henry isotherm)

$$q = HC \tag{5.97}$$
H：ヘンリー定数

この式は，吸着質濃度が低いときに近似的に成り立つ．

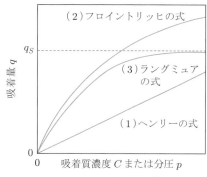

●図5.43●　さまざまな吸着等温線

(2) フロイントリッヒの式 (Freundlich isotherm)

$$q = kC^{1/n} \tag{5.98}$$
$k,\ n$：定数（$n > 1$）

これは，液相吸着の場合に合うことが多い経験式である．

(3) ラングミュアの式 (Langmuir isotherm)

単分子層吸着モデルでは，図5.44に示すようにガス A が固体表面上の活性点 σ に単層吸着すると考える．このときの吸着過程は

$$A + \sigma \underset{k_A'}{\overset{k_A}{\rightleftharpoons}} A\sigma \tag{5.99}$$

の平衡反応で表され，ガス A の吸着速度 v_A と脱着速度 v_A' はそれぞれ

$$v_A = k_A p_A \theta_V \tag{5.100}$$
$$v_A' = k_A' \theta_A \tag{5.101}$$

で表される．ここで，p_A はガス A の分圧，θ_A は活性点のうちガス A が吸着して占有している部

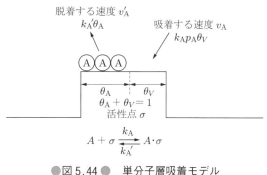

●図5.44●　単分子層吸着モデル

分の割合，θ_A は未吸着で空いている部分の割合である．したがって，$\theta_A + \theta_V = 1$ が成り立つ．

平衡条件では，ガス A の吸着速度と脱着速度が等しいので（$v_A = v_A'$），θ_A を導くと，

$$\theta_A = \frac{k_A p_A}{k_A' + k_A p_A} \tag{5.102}$$

となる．

さらに，飽和吸着量を q_S，平衡吸着量を q とすれば，活性点の占有部分割合を $\theta_A = q/q_S$ と表すことができる．$K = k_A/k_A'$ とすれば，つぎに示すラングミュアの式が書ける．

$$q = \frac{q_S K p_A}{1 + K p_A} \tag{5.103}$$

式 (5.103) は，気体の圧力 p_A（$= nRT/V$）を

濃度 C（$= n/V$）に置きかえられるので，次式となる．

$$q = \frac{q_S K C}{1 + K C} \tag{5.104}$$

　q_S：飽和吸着量 [mol/kg]

　K：吸着平衡定数 [m³/mol]

これは，単分子層吸着モデルから導かれた理論式である．ラングミュアの式を変形すると，

$$\frac{C}{q} = \frac{1}{q_S} C + \frac{1}{q_S K} \tag{5.105}$$

となる．C と C/q の関係を図示したものをラングミュア・プロット（Langmuir plot）とよび，この直線の傾きと切片から q_S と K が求められる．

Step up　BET の式

気体の分圧 p が大きくなると，単分子吸着を仮定しているラングミュアの式が実験値と合わなくなる．これは，分圧が大きくなるにつれ多分子吸着を起こすためである（図5.45）．これに対して S. Brunauer, P. H. Emmett, E. Teller は，吸着分子層それぞれがラングミュアの式に従い，第1層にのみ固体表面との相互作用がはたらき，第2層以降は分子間相互作用のみがはたらくという仮定に基づき，BETの式とよばれるつぎの式を導いた．

$$\frac{q}{q_0} = \frac{b \frac{p}{P_0}}{\left(1 - \frac{p}{P_0}\right)\left\{1 - (1-b)\frac{p}{P_0}\right\}} \tag{5.106}$$

ここで，P_0 は飽和蒸気圧，q_0 は単分子吸着量，b は定数である．

式 (5.106) を変形すると，

$$\frac{\frac{p}{P_0}}{\left(1 - \frac{p}{P_0}\right)q} = \frac{1}{bq_0} + \frac{b-1}{bq_0}\frac{p}{P_0} \tag{5.107}$$

となる．左辺を p/P_0 に対してプロットすると，その傾きと切片から q_0 と b が決まり，吸着等温式を得ることができる．

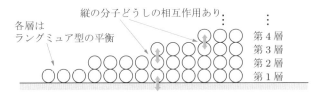

第1層のみ固体表面の相互作用

●図 5.45 ● BET による多分子層吸着の概念図

5.4.2 回分吸着

原料に吸着剤を加えて撹拌槽内で混合し，吸着平衡に達した後，濾過や遠心分離によって固液を分離する操作を回分吸着（batch adsorption）という．原料は液体であることが多い．吸着質濃度 C_0 の原料が V [m³] あり，そこに吸着剤を W [kg] 投入して平衡に到達させたところ，吸着剤濃度が C，吸着量が q になったとする．吸着質に関する物質収支をとると，

$$(C_0 - C)V = qW \tag{5.108}$$

となり，したがって，

$$q = (C_0 - C)\frac{V}{W} \tag{5.109}$$

となる．これを操作線の式という．平衡後の濃度 C と吸着量 q の間には吸着平衡関係が成立している．図 5.46 のように，操作線は x 切片 C_0，傾き $-V/W$ の直線であるので，吸着等温線との交点より平衡後の吸着剤濃度 C^* と吸着量 q^* が求められる．吸着等温式がわかる場合には操作線の式との連立方程式として解析的に解くこともできる．

吸着剤を取り除いた後の液にまだ吸着質が多く含まれているとき，繰り返し吸着剤を加えて回分吸着を繰り返すこともできる．これを多回吸着という．

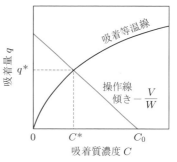

●図 5.46● 回分吸着の図解

 5.16 活性炭 10 kg を 0.080 mol/m³ のトルエン蒸気を含む空気 500 m³ に加えてトルエンの吸着を行う．このとき，平衡到達時の空気中のトルエン濃度を求めよ．ただし，吸着平衡はラングミュアの式に従い，吸着平衡定数 95 m³/mol，最大吸着量 4.8 mol/kg であるとする．

解答 式 (5.109) の物質収支式にラングミュアの式 (5.104) を代入すると，

$$q = (C_0 - C)\frac{V}{W} = \frac{q_S KC}{1 + KC}$$

となり，吸着質濃度（トルエン濃度）C で整理すると，

$$KVC^2 + \{q_S KW - (KC_0 - 1)V\}C - C_0 V = 0$$
$$95 \times 500C^2 + \{4.8 \times 95 \times 10 - (95 \times 0.080 - 1) \times 500\}C - 0.080 \times 500 = 0$$
$$4.75 \times 10^4 C^2 + 1.26 \times 10^3 C - 40 = 0$$

となる．したがって，$C = 0.019\,\text{mol/m}^3$ が得られる．

Coffee Break

吸着剤の種類

吸着剤の代表例は活性炭である．木質，ヤシ殻，石炭など各種有機物原料を炭化・賦活することによって製造される．活性炭は脱臭・脱色・水処理など，おもに有機物の吸着に利用される．

一方，親水性物質の吸着剤としてはシリカゲルや活性アルミナがあり，除湿やクロマト充填剤などに用いられる．また，ゼオライトは分子ふるい効果をもつ吸着剤であり，チェルノブイリ，スリーマイル島，福島の原発事故現場において放射性セシウムなどの吸着除去に利用されている．

5.4.3　固定層吸着

(1) 破過曲線

　塔型装置に吸着剤を充填し，その充填層に原料を供給して吸着質を吸着させる操作を固定層吸着（fixed-bed adsorption）という．吸着操作の多くは固定層吸着によって行われている．固定層中に吸着質濃度 C_0 の原料を供給すると，原料入口付近の吸着剤はまったく吸着が行われていない状態から徐々に時間とともに吸着が進み，やがて原料との吸着平衡に到達する．同様の現象が固定層の下流でも起こるため，吸着剤の状態は時間とともに図 5.47 のように変化する．

　図 5.47(b) で説明すると，入口からの距離 $z = 0 \sim z_1$ の範囲ではすでに吸着平衡に到達しており，流体中の吸着剤濃度は入口濃度 C_0 と等しく，吸着量は C_0 と平衡な q_0 を保っている．$z = z_2 \sim Z$ はまだ吸着が起こっていない範囲である．流体に含まれる吸着質はこれより上流の吸着剤に吸着され，ここでは溶媒のみが流れているので流体にも吸着剤にも吸着質は含まれていない．$z = z_1 \sim z_2$ の範囲は吸着が進行している場所であり，この部分を吸着帯（adsorption zone）とよぶ．

　もし吸着剤と接触した原料がきわめて速く平衡に達すれば，吸着帯の吸着剤濃度はなだらかでなく瞬時に変化し，その幅は 0 になるはずである．しかし，実際は吸着質が吸着剤の細孔内を内部ま

で拡散しながら吸着が進行するため，原料が通過する速度のほうが大きく，濃度分布を生じて，ある幅の吸着帯をもつ．しばらくは図 (b) のような状態で出口流体の吸着質濃度は $C = 0$ であるが，時間とともに吸着帯は流体出口に近づいていき，やがて，図 (c) のように吸着帯が出口に達すると，吸着質濃度が高くなり始め，入口濃度と等しくなる．

　出口の吸着質濃度変化は図 5.48 のようになり，これを破過曲線（breakthrough curve）という．破過点（break point）は破過濃度 C_B に達した点であり，破過点までの時間 t_B を破過時間という．破過濃度 C_B は入口濃度 C_0 の 5% または 10% とすることが多い．また，終末点（end point）は終末濃度 C_E（$= C_0 - C_B$）に達した点であり，それまでの時間を終末時間 t_E という．厳密には，吸着帯は破過濃度 C_B から終末濃度 C_E の範囲にあ

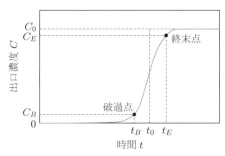

●図 5.48 ●　破過曲線

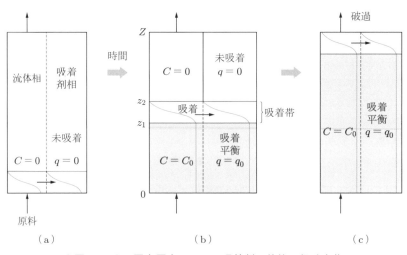

●図 5.47 ●　固定層内における吸着剤の状態の経時変化

る領域と定義される．破過時間は固定層吸着の操作時間を決める重要なパラメータである．

(2) 固定層吸着装置の設計（破過時間，吸着帯の幅）

フロイントリッヒの式やラングミュアの式に従う吸着平衡のように，吸着等温線が上に凸の曲線になる場合を好ましい（favorable）吸着という．この場合，ある程度の助走区間の後，吸着帯の幅が一定（定形濃度分布）となり，移動速度も一定と近似できることが多い．

前述したように，吸着剤と接触した原料がきわめて速く平衡に達すれば，吸着帯の幅は0になる．このときの破過曲線は，ある時間（仮想的破過時間 t_0 とよぶ）で急激に濃度が0から C_0 まで上昇する．入口濃度 C_0 [mol/m³] と平衡である吸着量を q_0 [mol/kg]，固定層内に充填された吸着剤質量を W [kg]，流体の体積流量を v [m³/s] としたとき，仮想的破過時間までの間に固定層に吸着された吸着質の物質量は，

$$q_0 W = C_0 v t_0 \tag{5.110}$$

となる．流体の体積流量を層断面積で割ったものが空塔速度 u [m/s] であり，層高を Z [m]，層断面積を S [m²]，吸着剤質量を固定層の体積で割ったものであるかさ密度を γ [kg/m³] とすると，

$$v = Su \tag{5.111}$$
$$W = \gamma S Z \tag{5.112}$$

となる．式 (5.110)～(5.112) を整理すると，吸

着帯の移動速度 v_a [m/s] は，次式のようになる．

$$v_a = \frac{Z}{t_0} = \frac{u C_0}{\gamma q_0} \tag{5.113}$$

一般に，仮想的破過時間 t_0 は破過時間 t_B と終末時間 t_E のほぼ中間にある．すなわち，

$$t_0 = \frac{t_B + t_E}{2} \tag{5.114}$$

である．吸着帯は破過濃度 C_B から終末濃度 C_E の範囲の領域なので，その幅 Z_a [m] は，

$$v_a = \frac{Z_a}{t_E - t_B} \tag{5.115}$$

となる．これより，破過時間 t_B は，次式となる．

$$t_B = t_0 \left(1 - \frac{Z_a}{2Z} \right) \tag{5.116}$$

吸着帯内の任意位置 z の吸着質濃度を C，吸着量を q とするとき，$z = z_1 \sim z$ の吸着質の物質収支は，

$$u S (C_0 - C) = \gamma v_a S (q_0 - q) \tag{5.117}$$

となる．式 (5.113) を用いると，次式が得られる．

$$q = \frac{q_0}{C_0} C \tag{5.118}$$

式 (5.118) は，吸着帯内の吸着質濃度 C と吸着量 q の関係を表す．操作線の式である．これと吸着等温線を用いて，図 5.49(a) のような作図により，吸着帯の任意位置における吸着質濃度 C に対応する吸着量 q と平衡吸着質濃度 C^* が求めら

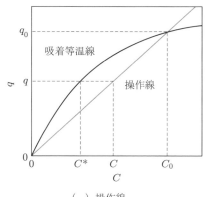

（a）操作線

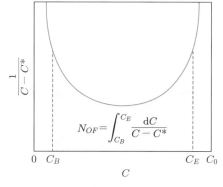

$$N_{OF} = \int_{C_B}^{C_E} \frac{\mathrm{d}C}{C - C^*}$$

（b）NTU の求め方

●図 5.49● 固定層吸着操作の操作線と NTU の求め方

れる.

吸着の推進力を $C - C^*$ として吸着速度を表すと, 総括物質移動係数 K_F [m/s], 固定層単位容積あたりの吸着剤外表面積 a [m²/m³] を用いて,

$$\gamma \frac{dq}{dt} = K_F \cdot a \, (C - C^*) \tag{5.119}$$

が得られる. なお, $K_F \cdot a$ [s⁻¹] を総括物質移動容量係数という. 式 (5.118) を用いて, 式 (5.119) は

$$\frac{\gamma q_0}{C_0} \cdot \frac{dC}{dt} = K_F \cdot a \, (C - C^*) \tag{5.120}$$

となり, $t = t_B \sim t_E$, $C = C_B \sim C_E$ で積分すると,

$$t_E - t_B = \frac{\gamma q_0}{K_F \cdot a C_0} \int_{C_B}^{C_E} \frac{dC}{C - C^*} \tag{5.121}$$

となる. 式 (5.113), (5.115) より,

$$Z_a = \frac{u}{K_F \cdot a} \int_{C_B}^{C_E} \frac{dC}{C - C^*} \tag{5.122}$$

がわかる. ここで, 移動単位高さ (HTU) H_{OF} [m] と移動単位数 (NTU) N_{OF} [-] をそれぞれ

$$\begin{cases} H_{OF} = \dfrac{u}{K_F \cdot a} \\ N_{OF} = \displaystyle\int_{C_B}^{C_E} \dfrac{dC}{C - C^*} \end{cases} \tag{5.123}$$

として, 吸着帯の幅 Z_a は H_{OF} と N_{OF} の積で求められる. これで得た吸着帯の幅を式 (5.116) に代入することで, 破過時間 t_B が求められる.

NTU の値は図 5.49(b) のように, $1/(C - C^*)$ を C に対してプロットした曲線と C 軸で囲まれた部分の面積として求められる. 多くの場合, 数値積分または図積分で NTU を求めるが, 吸着等温線がフロイントリッヒの式やラングミュアの式で表せる場合は, 解析的に解くこともできる.

 5.17 高さ 0.1 m の活性炭固定層に 0.10 kg/m³ フェノール水溶液を空塔速度 5.0×10^{-4} m/s で供給し, フェノールを吸着除去する. 破過曲線を測定したところ, 破過時間 407 h, 終末時間 491 h であった. N_{OF} が 2.6 のとき, 総括物質移動容量係数 $K_F \cdot a$ はいくらか.

解　答　仮想的破過時間 t_0 は, 式 (5.114) より,

$$t_0 = \frac{t_B + t_E}{2} = \frac{407 + 491}{2} = 449 \, \text{h}$$

吸着帯の長さ Z_a は, 式 (5.116) を変形して,

$$Z_a = 2Z\left(1 - \frac{t_B}{t_0}\right) = 2 \times 0.10 \times \left(1 - \frac{407}{449}\right) = 0.019 \, \text{m}$$

式 (5.122) より,

$$H_{OF} = \frac{Z_a}{N_{OF}} = \frac{0.019}{2.6} = 7.3 \times 10^{-3} \, \text{m}$$

なので, 総括物質移動容量係数 $K_F \cdot a$ は,

$$K_F \cdot a = \frac{u}{H_{OF}} = \frac{5.0 \times 10^{-4}}{7.3 \times 10^{-3}} = 0.068 \, \text{s}^{-1}$$

となる.

Coffee Break

圧力スイング吸着（PSA）による空気の分離

気体の吸着量はその分圧にともなって増加する．そこで，高圧で吸着して低圧で脱着すれば，そのときの吸着量の差に相当する気体を除去することができる．このような方法を圧力スイング吸着（PSA, pressure swing adsorption）といい，空気からの窒素

と酸素の分離，天然ガスの精製，空気の除湿などで工業的に利用されている．
空気分離では，分子ふるいカーボンという分子レベルで細孔サイズが制御された炭素質吸着剤が用いられる．窒素分子は酸素分子に比べてわずかに大きく，分子ふるいカーボンの細孔内に

入りにくいが，平衡状態に達すると窒素と酸素の吸着量にあまり差がない．しかし，吸着速度は大きく異なるので，短時間では酸素のみが素早く吸着して窒素との分離を成し遂げられる．平衡分離に対して，これを速度差分離という．

5.5 調湿・乾燥

空気の温度，湿度を制御する操作を空気調和（air control）といい，とくに湿度の調節を調湿（humidity control）とよぶ．湿度を高める操作を増湿（humidification），低くする操作を減湿（dehumidification）という．乾燥（drying）は，固体材料中の水分を加熱蒸発させて除去する操作である．これらの操作は，食品・農産物，製紙・木材，セラミックスなど，固体を対象とする多くの化学プロセスに適用されている．調湿，乾燥のいずれも物質から水分を分離する操作であり，その際に物質から熱と物質（水）の両者が移動する現象である．

ここではまず，湿った空気の性質や温度の影響について学習した後，調湿操作として増湿操作，減湿操作を習得する．続いて乾燥する速度，すなわち，経時変化について理解する．また，乾燥操作に要する時間を求める．

5.5.1 湿度の定義と湿り空気の性質

(1) 湿度の定義

水蒸気を含む空気を湿り空気（wet-air, WA），水蒸気をまったく含まない空気を乾き空気（dry-air, DA）とよぶ．

乾き空気1kgと共存する水蒸気のkg数を絶対湿度（absolute humidity）H [kg/kg-DA] という．絶対湿度は，全圧 P_t [Pa]，水蒸気分圧 p [Pa] によって次式で定義される．

$$H = \frac{M_{H2O}}{M_{air}} \times \frac{p}{P_t - p} = \frac{18}{29} \times \frac{p}{P_t - p}$$
(5.124)

ここで，M_{H2O}，M_{air} はそれぞれ水の分子量および空気の平均分子量である．工学計算では絶対湿度がよく用いられ，単に湿度という場合は絶対湿度を指す．飽和水蒸気圧 p_S [Pa] に達した湿り空気の絶対湿度を，飽和湿度 H_S [kg/kg-DA] という．

湿り空気の絶対湿度 H の飽和湿度 H_S に対する百分率は比較湿度（飽和度，percentage humidity）ψ [%] とよばれ，次式で表される．

$$\psi = \frac{H}{H_S} \times 100$$
(5.125)

湿り空気の水蒸気分圧 p の飽和水蒸気圧 p_S に対する百分率は関係湿度（相対湿度，relative humidity）ϕ [%] とよばれ，次式で表される．

$$\phi = \frac{p}{p_S} \times 100$$
(5.126)

気象学などでは関係湿度が用いられるが，基準となる飽和水蒸気圧が温度によって変化するため，工学計算では不便であり，あまり使われない．

(2) 湿り空気の性質

調湿操作を考えるうえで，湿り空気の性質が必要になる．工学計算のためには，乾き空気1kgあたりで考える．

湿り空気の定圧比熱は湿り比熱（humid heat）C_H [kJ/(kg-DA·K)] とよばれ，乾き空気1kgとそれに含まれる水蒸気の温度を1K上昇させるのに必要な熱量と定義される．絶対湿度 H [kg/kg-DA] の湿り空気には乾き空気1kgに対して水蒸気 H [kg] が含まれることから，乾き空気および水蒸気の常温付近の定圧比熱 $C_{p,DA}(= 1.00\,\mathrm{kJ/(kg·K)})$，$C_{p,W}(= 1.88\,\mathrm{kJ/(kg·K)})$ を用いて，湿り比熱 C_H は次式となる．

$$C_H = C_{p,DA} + HC_{p,W}$$
$$= 1.00 + 1.88H \tag{5.127}$$

乾き空気1kgと水蒸気 H [kg] からなる湿り空気の体積を湿り比容（humid volume）v_H [m³/kg-DA] という．標準状態における理想気体の状態方程式を用いて，温度 T [K]，全圧 P_t [Pa] における湿り比容は，

$$v_H = 1000\left(\frac{1}{M_{\mathrm{air}}} + \frac{H}{M_{\mathrm{H2O}}}\right)\frac{RT}{P_t}$$
$$= 1000\left(\frac{1}{29} + \frac{H}{18}\right)\frac{RT}{P_t} \tag{5.128}$$

である．ここで，R [J/(mol·K)] は気体定数である．なお，飽和湿度 H_S のときの湿り比容を飽和比容 v_{HS} という．

不飽和の湿り空気を冷却すると，やがて飽和湿度に達して水蒸気が凝縮して水滴を生じ始める．その温度を露点（dew point）T_d [K] という．露点における飽和水蒸気圧は水蒸気分圧 p に等しいので，露点がわかれば式（5.124）より絶対湿度 H を求めることができる．

(3) 湿度図表

図5.50は，湿り空気の温度と湿度の関係を示す湿度図表（humidity chart）である．ここでは湿度対温度曲線と断熱冷却線のみを示しているが，湿り比熱や湿り比容などの物性を同時掲載していることが多い．

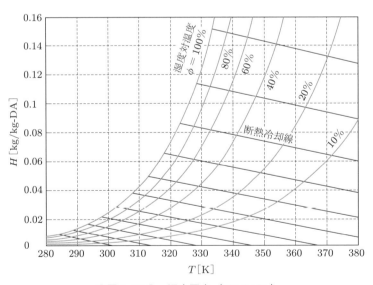

●図5.50● 湿度図表（101.3 kPa）

例 題 5.18 温度 320 K, 絶対湿度 0.020 kg/kg-DA の空気について, つぎの値を求めよ.
(1) 比較湿度 (2) 関係湿度 (3) 湿り比熱 (4) 湿り比容 (5) 露点

解 答 (1) 図 5.51 の点 A が温度 320 K, 絶対湿度 0.020 kg/kg-DA の空気を表している. 点 A を通る垂直線が関係湿度 100 %の湿度対温度曲線と交わる点 B が飽和湿度を表しており, $H_S = 0.072$ kg/kg-DA が読みとれる. したがって, 比較湿度はつぎのようになる.

$$\psi = \frac{0.020}{0.072} \times 100 = 28\,\%$$

(2) 点 A を通る湿度対温度曲線を読みとると, 関係湿度 $\phi = 30\,\%$である.

(3) 式 (5.127) より, 湿り比熱 C_H はつぎのようになる.

$$C_H = 1.00 + 1.88 \times 0.020 = 1.04\ \text{kJ/(kg-DA·K)}$$

(4) 式 (5.128) より, 湿り比容 v_H はつぎのようになる.

$$v_H = 1000 \times \left(\frac{1}{29} + \frac{0.020}{18}\right) \times \frac{8.314 \times 320}{1.013 \times 10^5} = 0.935\ \text{m}^3/\text{kg-DA}$$

(5) 点 A を通る水平線が関係湿度 100 %の湿度対温度曲線と交わる点 C が露点であるので, $T_d = 298$ K である.

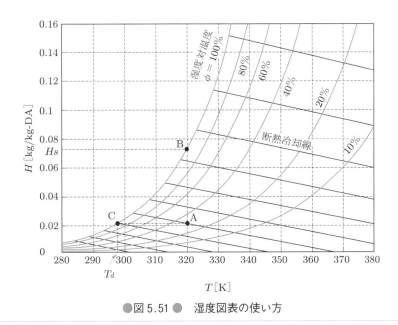

●図 5.51 ● 湿度図表の使い方

(4) 断熱飽和温度と湿球温度

外部と断熱した状態で温度 T [K], 絶対湿度 H [kg/kg-DA] の湿り空気を多量の水と長時間接触させると, 空気は水蒸気で飽和され, その温度は水温と等しくなる. この温度 T_S [K] を**断熱飽和温度** (adiabatic saturation temperature) とよぶ. 図 5.52 に示すように, この過程で水が空気から得た熱量 Q_w [J/kg-DA] は, 断熱飽和温度における水の蒸発エンタルピーを λ_S [J/kg] とすると,

$$Q_w = \lambda_S (H_S - H) \tag{5.129}$$

となる. また, 空気が失った熱量 Q_{air} [J/kg-DA] は,

$$Q_{air} = C_H (T - T_S) \tag{5.130}$$

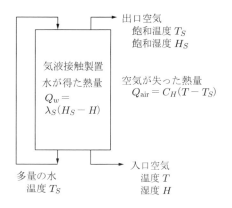

●図 5.52 ● 　断熱飽和温度

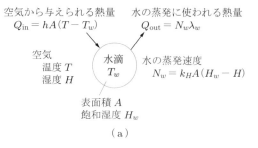

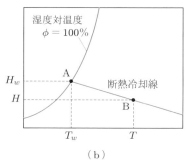

●図 5.53 ● 　湿球温度

となる．これが等しいとおけるので，次式が成立する．

$$C_H(T - T_S) = \lambda_S(H_S - H) \tag{5.131}$$

これは，湿り空気を断熱的に冷却したときの温度低下と湿度増加の関係を表している．これを変形して，

$$H = -\frac{C_H}{\lambda_S}(T - T_S) + H_S \tag{5.132}$$

が得られる．この関係を図示した直線を断熱冷却線（adiabatic cooling line）いう．図 5.50 中の，右斜め下がりの直線群が断熱冷却線である．

図 5.53(a) に示すように，温度 T [K]，湿度 H [kg/kg-DA] の湿り空気の流れの中に水滴が置かれているとき，空気から水滴に熱が供給され，それによって水が蒸発し，蒸発した水は空気中へと拡散していく．この熱移動と物質移動が動的平衡に達したときの水滴の温度 T_w [K] を湿球温度（wet-bulb temperature）という．

空気からの熱がすべて水の蒸発に利用されるとすれば，つぎのようなエネルギー収支が成立する．

$$h(T - T_w) = k_H\lambda_w(H_w - H) \tag{5.133}$$

すなわち，空気から与えられる熱量 Q_{in}[J/s] は，水の蒸発に使われる熱量 Q_{out}[J/s] と等しい．Q_{out} は水の蒸発速度 N_w[kg/s] に水の蒸発熱 λ_w[J/kg] をかけたものである．この N_w は，$(H_w - H)$ と A に比例し，その比例定数が境膜物質移動係数 k_H [kg/(m²·s)] である．

ここで，H_w [kg/kg-DA] と λ_w [J/kg] はそれぞれ湿球温度における飽和湿度と水の蒸発熱，h [kJ/(m²·K·s)] は境膜伝熱係数である．

式 (5.133) が表す温度と湿度の関係を図示した直線を，等湿球温度線という．これを利用して湿度を求める器具が乾湿球湿度計である．空気-水蒸気系の場合，実験的につぎのルイス（Lewis）の関係が成り立つことがわかっている．

$$\frac{h}{k_H} \fallingdotseq C_H \tag{5.134}$$

この関係から，空気-水蒸気系においては断熱冷却線と等湿球温度線はほぼ一致し，断熱飽和温度と湿球温度もほぼ等しいと考えてよい．したがって，図 5.53(b) に示すように，乾球温度 T，湿球温度 T_w の空気の絶対湿度 H は，T_w における飽和湿度 H_w の点を通る断熱冷却線が T に達する湿度である．

たとえば，$T = 360\,\mathrm{K}$，$T_w = 315\,\mathrm{K}$ の空気の湿度はつぎのように求める．$T_w = 315\,\mathrm{K}$ に対応する飽和湿度は，図 5.53(b) の点 A であり，これ通る断熱冷却線が $T = 360\,\mathrm{K}$ に達する点 B の湿度が，求めたい値 H になる．図 5.50 にあては

めると，湿度 $H = 0.032\,\text{kg/kg-DA}$ が求められる．

5.5.2 調湿操作

増湿操作にはおもに断熱増湿と温水増湿がある．断熱増湿は，断熱条件下で空気をその断熱飽和温度と等しい水と接触させる方法である．図 5.54 において，温度 T_1 [K]，湿度 H_1 [kg/kg-DA] の空気（点 A）を温度 T_B [K]（点 B）まで加熱し，これを断熱飽和温度 T_S [K]（点 S）の水と接触させると，空気の状態は断熱冷却線に沿って変化し，湿度は H_2 [kg/kg-DA]（点 C）に増加する．点 C の空気は飽和温度に近く凝縮しやすいので，再加熱することにより温度 T_2 [K]，湿度 H_2 の空気（点 D）を得る．B 〜 C の過程が冷却をともなう断熱増湿である．増湿効率 η を次式で定義する．

$$\eta = \frac{H_2 - H_1}{H_S - H_1} \tag{5.135}$$

一般に，$\eta = 0.9$ 程度である．

温水増湿は，あらかじめ加熱した水と空気を接触させ，水を蒸発させることで湿度を増加させる操作である．水の蒸発にともなって潜熱を奪うことにより水が冷却されるので，冷水操作として利用されることが多い．

減湿操作には，おもに冷却減湿と吸収減湿，吸着減湿がある．冷却減湿は，湿りガスを低温の固体面に接触させて冷却し，水蒸気を凝縮して湿度を低下させる操作である．

図 5.55 において，温度 T_1 [K]，湿度 H_1 [kg/kg-DA] の空気（点 A）をその露点 T_{d1} [K] まで冷却し，さらに温度を下げると，空気は関係湿度 100%の曲線に沿って水蒸気を凝縮しながら減湿される．所定の湿度 H_2 [K] に到達させるためにその露点 T_{d2} [K] まで冷却した後，加熱することによって温度 T_2 [K]，湿度 H_2 の空気を得る．

吸収減湿，吸着減湿は，湿りガス中の水蒸気を吸収剤や吸着剤によって除去する操作である．吸収剤としては塩化カルシウム，水酸化カリウム，酸化カルシウムなどの固体状のものと，塩化リチウム水溶液，トリエチレングリコール水溶液などの液状のものがある．吸着剤にはシリカゲル，活性アルミナ，ゼオライト（zeolite）などがある．

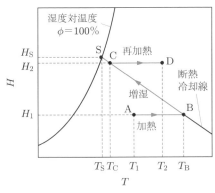

●図 5.54 ● 断熱増湿操作

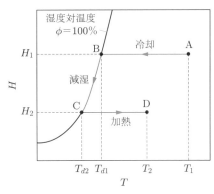

●図 5.55 ● 冷却減湿操作

5.19 $T_1 = 300\,\mathrm{K}$, $H_1 = 0.005\,\mathrm{kg/kg\text{-}DA}$ の空気の湿度を $H_2 = 0.030\,\mathrm{kg/kg\text{-}DA}$ まで断熱増湿したい．増湿効率を 90% とするとき，何 K まで加熱するべきか．また，乾燥空気 1 kg あたり加熱に必要な熱量を求めよ．

解 答 増湿効率 η は，式 (5.135) より

$$\eta = \frac{H_2 - H_1}{H_S - H_1}$$

なので，

$$H_S = H_1 + \frac{H_2 - H_1}{\eta} = 0.005 + \frac{0.030 - 0.005}{0.9} = 0.033\,\mathrm{kg/kg\text{-}DA}$$

となる．湿度図表（図 5.50）より，湿度 0.033 kg/kg-DA で相対湿度 100% の点を S とする．図 5.56 のように，この点を通る断熱冷却線を引き，湿度 0.005 kg/kg-DA にあたる点 B が加熱後の状態である．すなわち，B の温度 $T_B = 372\,\mathrm{K}$ まで加熱する必要がある．

加熱される空気の湿り比熱 C_H は，式 (5.127) より

$$C_H = 1.00 + 1.88 H_1 = 1.00 + 1.88 \times 0.005 = 1.009\,\mathrm{kJ/(kg\text{-}DA\cdot K)}$$

となり，したがって，加熱に必要な熱量 Q は，つぎのようになる．

$$Q = C_H(T_B - T_1) = 1.009 \times (372 - 300) = 73\,\mathrm{kJ/kg\text{-}DA}$$

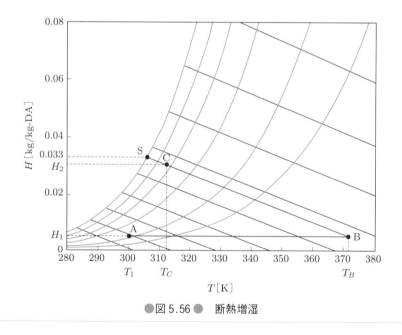

●図 5.56 ● 断熱増湿

5.5.3 乾燥

(1) 固体材料の含水率

固体材料中の乾燥は，単に水が蒸発するのとは異なり，固体材料内部での熱移動や物質移動がその種類や性状に影響されるため，固体材料内の水の状態を考慮して理解する必要がある．水分を含む材料を湿り材料（wet-stock, WS），水分をまったく含まない材料を乾き材料（dry-stock, DS）という．材料中に含まれる水分の割合を含水率（moisture content）といい，乾量基準含水率 $w\,[\mathrm{kg/kg\text{-}DS}]$ と湿量基準含水率 $w_W\,[\mathrm{kg/kg\text{-}WS}]$ がある．いま，$W_0\,[\mathrm{kg}]$ の乾き材料に水を含ませ

た W [kg] の湿り材料があったとすると，含水率は次式で定義される．

$$w = \frac{W - W_0}{W_0} \tag{5.136}$$

$$w_W = \frac{W - W_0}{W} \tag{5.137}$$

直観的には湿量基準含水率のほうがわかりやすいかもしれないが，基準には操作前後で変わらない乾き材料の重さを用いる．したがって，乾燥操作の計算ではおもに乾量基準含水率を用い，単に含水率という場合は乾量基準含水率を指す．乾量基準含水率と湿量基準含水率の関係は次式のとおりである．

$$w = \frac{w_W}{1 - w_W} \tag{5.138}$$

水分を含んだ固体材料を所定の温度および湿度の空気中で乾燥させると，材料中の水分量がある平衡値に到達する．このときの含水率を平衡含水率（equilibrium moisture content）w_e [kg/kg-DS] とよぶ．平衡含水率はとくに関係湿度と密接な関係にある．材料の含水率から平衡含水率を差し引いた値を自由含水率（free moisture content）w_f [kg/kg-DS] という．

$$w_f = w - w_e \tag{5.139}$$

これは所定の乾燥条件で除去できる水分量を表す．

(2) 乾燥速度と乾燥特性曲線
(a) 乾燥特性曲線

水分を含む固体材料を乾燥装置に入れて所定の温度および湿度条件下で乾燥させると，図 5.57(a) のような水分量の変化（減量曲線）が得られる．そして最終的に，水分量は平衡含水量に到達する．この減量曲線の傾きを $\mathrm{d}w/\mathrm{d}t$ [kg/(kg-DS·s)]，乾燥面積を A [m²]，乾き材料の質量を W_0 [kg-DS] とすると，乾燥速度（drying rate）R [kg/(m²·s)] は，次式で定義される．

$$R = -\frac{W_0}{A}\frac{\mathrm{d}w}{\mathrm{d}t} \tag{5.140}$$

乾燥速度 R を含水率 w に対してプロットした曲線を乾燥特性曲線（drying characteristic curve）といい，これは四つの領域に分けることができる（図 5.57(b)）．

① 点 A ～点 B：材料予熱期間
② 点 B ～点 C：定率乾燥期間（恒率乾燥期間）
③ 点 C ～点 D：減率乾燥期間（第 1 段）
④ 点 D ～点 E：減率乾燥期間（第 2 段）

材料予熱期間で材料の温度がある程度高くなった後，乾燥速度は一定となり，定率乾燥期間（constant drying rate period）に入る．さらに乾燥が進むと，乾燥速度が低下し始め，減率乾燥期間（decrrreasing drying rate period）となる．定率乾燥期間から減率乾燥期間に移行するときの含水率を限界含水率（critical moisture content）w_c [kg/kg-DS] という．乾燥特性曲線の形は材料に

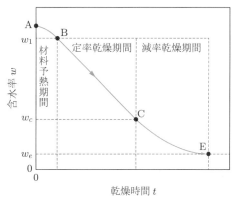

（a）減量曲線

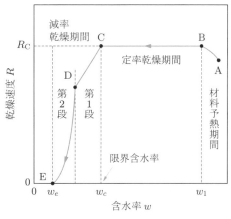

（b）乾燥特性曲線

●図 5.57 ● 減量曲線と乾燥特性曲線

強く依存し，減率乾燥期間の第2段がみられない場合や，定率乾燥期間が現れない場合もある．

(b) 定率乾燥期間

定率乾燥期間では，材料の表面は常に液体の水で濡れており，乾燥は表面からの自由水の蒸発によって起こる．また，毛管現象による内部から表面への水の供給も速やかに行われ，表面はほぼ湿球温度 T_w [K] に保たれている．したがって，湿球近傍の熱移動と物質移動に対する式 (5.133) の関係が成立すると考え，温度 T [K]，湿度 H [kg/kg-DA] の熱風による定率乾燥速度 R_c [kg/(m^2·s)] は，

$$R_c = k_H(H_w - H) = \frac{h\,(T - T_w)}{\lambda_w} \qquad (5.141)$$

となる．定率乾燥速度は一定値なので，式 (5.140) を定率乾燥期間 $w = w_1 \sim w_c$ について積分すると，定率乾燥に要する時間 t_c [s] が求められる．

$$t_c = \frac{W_0}{R_c A}(w_1 - w_c) \qquad (5.142)$$

(c) 減率乾燥期間

減率乾燥期間の第1段は，材料内部からの液状水の移動速度が低下して表面での蒸発に追いつかない状態である．したがって，表面は濡れた部分と乾いた部分が共存し，乾燥速度は水が毛管現象によって移動する速度によって支配される．

第1段の減率乾燥速度 R_d [kg/(m^2·s)] は，第2段が現れない場合，直線的に減少するとして次式のように表せる．

$$R_d = \frac{w - w_e}{w_c - w_e} R_c \qquad (5.143)$$

これを式 (5.140) に代入して $w = w_c \sim w_2$ について積分すると，減率乾燥の第1段に要する時間 t_d [s] が求められる．

$$t_d = \frac{W_0}{R_c A}(w_c - w_e) \ln \frac{w_c - w_e}{w_2 - w_e} \qquad (5.144)$$

減率乾燥期間の第2段では，蒸発面が表面ではなく材料内部に後退し，表面近傍は乾いた状態となる．熱はこの乾いた多孔質断熱層を通して供給され，蒸発した水もこの層を通して移動した後，熱風によって除去される．水は材料内部で毛管水や結合水として存在しており，後者は比較的強く材料と結合しているので，蒸発も起こりにくい．

 5.20 含水率 0.50 kg/kg-DS の湿り固体材料 90 kg を表面積 1.5 m^2 の容器に入れて熱風乾燥する．350 K，0.015 kg/kg-DA の熱風を用いるとき，限界含水率 0.26 kg/kg-DS まで乾燥するのに必要な時間を求めよ．ただし，境膜伝熱係数は 0.16 kJ/(m^2·s·K)，水の蒸発エンタルピーは 2.4×10^3 kJ/kg とする．また，固体材料の余熱時間は無視し，限界含水率まで乾燥させることに必要な時間は定率乾燥時間だけとする．

解答　湿度図表（図 5.50）より，熱風の湿球温度は 305 K である．したがって，定率乾燥速度 R_c は式 (5.141) より，

$$R_c = \frac{h(T - T_w)}{\lambda_w} = \frac{0.16 \times (350 - 305)}{2.4 \times 10^3} = 3.0 \times 10^{-3}\ \text{kg/(m}^2\text{·s)}$$

となる．材料の乾き質量 W_0 は式 (5.136) を変形して，

$$W_0 = \frac{W}{1 + w} = \frac{90}{1 + 0.50} = 60\ \text{kg}$$

となる．したがって，定率乾燥時間 t_c は式 (5.142) より，つぎのようになる．

$$t_c = \frac{W_0}{R_c A}(w_1 - w_c) = \frac{60}{3.0 \times 10^{-3} \times 1.5} \times (0.50 - 0.26) = 3.2 \times 10^3\ \text{s}\ (= 53\ \text{min})$$

5.1

12.0 mol% メタノール水溶液の標準沸点はいくらか.

5.2

アセトン-水系の気液平衡において，アセトンの液組成が 40.0 mol% のとき，それと平衡にある蒸気中のアセトンの組成はいくらか．ただし，このときの相対揮発度は 6.3 とする.

5.3

理想溶液の単蒸留について成り立つ式 (5.17) を導出せよ.

5.4

相対揮発度 3.4 の二成分液体理想混合物 7.50 kmol を単蒸留する．原料中の低沸点成分の組成が 60.0 mol% であり，蒸留後の残液の低沸点成分組成が 45.0 mol% であったとするとき，残液量はいくらになるか．また，留出液の低沸点成分の平均組成を求めよ.

5.5

40 mol% メタノール水溶液を 60 mol/s でフラッシュ蒸留し，25 mol% メタノール水溶液を液留分として得たい．液留分のモル流量はいくらになるか．表 5.1 のデータを用いて求めよ.

5.6

酸素は 101.3 kPa，20 ℃ で 1 L の水に 0.0444 g 溶ける．このときのヘンリー定数 H，H'，m を求めよ.

5.7

25 ℃，0.1 MPa でモル分率 0.1 のアセトンを含む空気を水に吸収させ，95% を回収したい．平衡関係は $y = 2.26x$ で表される．ガス基準総括物質移動単位数 N_{OG} を求めよ．ただし，$(L_M/G_M) = 4$ とする.

5.8

25 ℃，101.3 kPa の空気 500 m³/h に 2 mol% のメタノールが含まれている．これを塔底に供給し，塔頂から水を連続式に供給して向流接触させる．メタノールの 90% を回収する場合，塔高はいくらになるか．ただし，供給する水の流量は最小理論量の 2 倍とし，気液平衡関係を $y = 0.25x$，$H_G = 1.2$ m，$H_L = 0.2$ m とする.

5.9

酢酸 25 wt%，ベンゼン 75 wt% の混合液 100 kg に水を加えて酢酸を抽出し，抽残液の酢酸濃度を 3 wt% にするには，水を何 kg 用いればよいか.

5.10

例題 5.14 の条件で水 50 kg を 25 kg ずつに分けて 2 回抽出したときの抽出率を求めよ.

5.11

30 wt% エタノール水溶液 50 kg/h にエチルエーテル 120 kg/h を向流に多段接触させてエタノールを抽出し，抽残液中の濃度を 3.0 wt% 以下にしたい．何段の装置が必要か．ただし，水-エチルエーテル-エタノール系の液液平衡は表 5.8 で表され，各相の残りの組成は水の質量分率である.

■表 5.8■

水相 [wt%]		エチルエーテル相 [wt%]	
エチルエーテル	エタノール	エチルエーテル	エタノール
6.0	0.0	98.7	0.0
6.2	6.7	95.0	2.9
6.9	12.5	90.0	6.7
7.8	15.9	85.0	10.2
8.8	18.6	80.0	13.6
9.6	20.4	75.0	16.8
10.6	21.9	70.0	19.6
13.3	24.2	60.0	24.1
18.3	26.5	50.0	26.9
25.0	28.0	40.0	28.2
31.9	28.5	31.9	28.5

5.12

活性炭による酢酸の吸着平衡がつぎのヘンリーの式の変形型で表されるとき，5.0 mol/L の酢酸水溶液 1.0 L に活性炭 200 g を加えて吸着する.

$$q = 3.35C + 9.66 \quad (q\,[\text{mol/kg}],\ C\,[\text{mol/L}])$$

このとき，つぎの問いに答えよ.

(1) 酢酸水溶液に活性炭 200 g を加えたとき，平衡後の酢酸濃度はいくらか.

(2) 酢酸水溶液に活性炭 100 g を加えて平衡に到達した後，活性炭を除去する．この上澄み液にさらに活性炭 100 g を加えたとき，平衡後の酢酸濃度はいくらか.

5.13

ラングミュアの式 (5.103) が成り立つとき，固定層吸着の N_{OF} が次式で与えられることを導出せよ．

$$N_{OF} = \frac{1 + KC_0}{KC_0} \ln \frac{C_E}{C_B} + \frac{1}{KC_0} \ln \frac{C_0 - C_B}{C_0 - C_E}$$

ここで，C_0, C_B, C_E はそれぞれ，入口濃度，破過濃度，終末濃度である．

5.14

直径 250 mm，高さ 1.0 m の固定層に活性炭を充填し，0.020 kg/m³ のアセトンを含む空気を 80 m³/h で供給してアセトンを吸着除去する．このときの破過時間を求めよ．ただし，破過濃度と終末濃度はそれぞれ入口濃度の 10％，90％ とし，層のかさ密度は 450 kg/m³，総括物質移動容量係数は 5.0 s⁻¹，吸着平衡はつぎのフロイントリッヒの式で表されるとする．

$$q = 0.85C^{1/2.7} \quad (q\,[\text{kg/kg}],\ C\,[\text{kg/m}^3])$$

5.15

圧力 101.3 kPa，温度 320 K，関係湿度 60％ の湿り空気 5.0 m³ を定圧で 380 K まで加熱するために必要な熱量を求めよ．ただし，320 K の飽和水蒸気圧を 10.5 kPa とする．

5.16

温度 330 K，湿度 0.055 kg/kg-DA の空気を冷却減湿して湿度 0.025 kg/kg-DA にしたい．何 K まで冷却すればよいか．

5.17

乾量基準含水率 0.25 kg/kg-DS の湿り材料 80 kg がある．湿量基準含水率はいくらか．また，この湿り材料が 75 kg になるまで乾燥させたとき，乾量基準含水率はいくらになるか．

5.18

例題 5.20 の条件で，限界含水率 0.262 kg/kg-DS の材料を 1 時間熱風乾燥すると，含水率はいくらになるか．ただし，平衡含水率は 0.08 kg/kg-DS とし，減率乾燥速度は含水率に対して直線的に減少するとする．

第**6**章

粉体の基礎

　第5章までは，化学プロセスにおける気体・液体に関する移動現象，化学反応や分離について学んできた．しかし，化学プロセスでは固体を扱うこともある．たとえば，化学反応に使用される原料や触媒に加え，最終製品の医薬品，化粧品やプラスチックにも固体のものがある．これらは大きな塊でなく，粉末か粒状のものが多い．これらはすべて，粉体とよばれる．

　気体や液体は平衡によって状態が表される．一方，粉体は 1.2.1 項で示した機械的な操作もなされるため，外部の力が加わり，経験式や実験式で表されることが多い．したがって，化学プロセスにおいて粉体を取り扱う場合，粉体の大きさ，密度，形状，化学反応性，表面の状態等ごとに異なり，個別なものとなることが多い．そこで本章では，粉体に共通する物性である粒子の大きさ，密度，形状と粉体層としての特性について学習する．続いて第2章で述べた流体の流れのように，気体と固体系（気固系）における粒子の運動，粉体層内の流体流れについて解説する．

　なお，気固系のほかに固液系と気固液系があるが，本書では取り扱わない．

KEY🔑WORD

粉粒体操作	粒子径	粒子密度	粒子径分布	形状係数
終末速度	流動化開始速度	サイクロン	固定層	流動層

6.1 粉体を扱う化学プロセスの特徴（類似点と相違点）

　粉体（powder）を粒子（particle）の大きさで分けると概ね，塊（かたまり），粒（つぶ），粉（こな）となる．石炭の塊，砂粒，チョークの粉を思い浮かべてほしい．図 6.1(a) は教室にあるチョークの粉の拡大したものである．この粉が数 μm の粒子である．図 (b) はグラウンドの砂であり，粒子径（paricle diameter）（直径である）が約 200 μm（0.2 mm）である．図 (c) は約 30 mm の石炭の粒である．

　図 6.1 に示すような粒や粉の取り扱いを，一般に粉粒体操作とよぶ．その一例として，図 6.2 に示す石炭焚きボイラーについて考える．石炭焚きボイラーは，石炭の燃焼によって得られる熱で水を水蒸気にする装置である．その水蒸気でタービン，発電機を回せば電力となり，家庭に送電される．ここでは，ボイラー内（火炉）で石炭を燃焼

（酸化）させる化学プロセスについて考えてみよう．第1章で述べた化学プロセスについて思い出して欲しい．原料の調整，化学反応，分離の三つのステップは，粉粒体操作である石炭ボイラーでも変わらない．

　まず，原料調整であるが，石炭の塊をミルとよばれるすり潰し器によって，石炭の微粉にする．この微粉は空気に同伴され，配管内を通り，ボイラー内へ輸送される．第1章の水再生センターの中和反応槽の例では，中和剤の流量を制御すればよかった．しかし，石炭の場合には，すり潰した粉の大きさや空気との混合割合も，新たに制御する必要がある．

　つぎに，化学反応に関して，ボイラー内では石炭の酸化反応（燃焼）が起こり，燃焼熱，燃焼排ガス，燃えカスが発生する．ここでも水溶液の中

（a）黒板のチョークの粉
（約5μm）

（b）グラウンドの砂
（約200μm）

（c）瀝青炭
（石炭：約30 mm）

●図6.1● 粉体の具体例

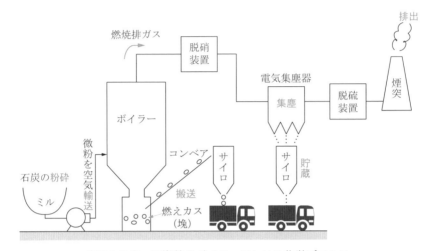

●図6.2● 石炭焚きボイラーにおける化学プロセス

和反応の例では，pHを7に制御すればよかったのに対し，石炭は外側表面から燃焼反応が進むので，石炭微粉の大きさ，微粉が燃焼する時間やボイラー内での微粉の均一分散も重要になる．しかも，石炭の産地によって石炭の物性が異なってくる．

最後に，分離について，NO_x，SO_x[*1]や小さな塵を含む燃焼排ガスは，脱硝装置，電気集塵器，脱硫装置とよばれる分離器によって有害物質や塵を除去（分離）した後，無害化されたガスを煙突から排出する．一方，ボイラー内からの燃えカスや集塵器からの塵は，サイロとよばれる貯蔵庫にいったん溜められた後に，有効利用できないものは産業廃棄物として扱われる．

このように図6.2の例では，粉砕，輸送，搬送，集塵，貯蔵，排出などが粉粒体操作に該当する．これらの操作はこれまで第1章〜第5章までに述べた気体や液体の場合と違って，粒子そのものの大きさや粒子内に含まれている成分，量を考えるだけでなく，粉体（集合体）としても性質を考えなければならない．たとえば，チョークの粉はその粒子間に相互作用がはたらくため，指で固められる．また，地震によって起こる地面の液状化現象（流動化）は，粉体（集合体）の挙動として考える必要がある．

図6.2に示す粉粒体操作のほかにも，製造（造粒や成形），分離，混合，分散などの操作がある．具体例をあげると，顆粒状の風邪薬やインスタントコーヒーの製造においては，核となる小さな粒子を薬やコーヒーの成分などでコーティングする

---

*1　石炭や石油中に含まれる硫黄分や窒素分に加えて，高温の燃焼温度の場合には空気中の窒素分も燃焼によって酸化される．それらの総称である．

ことによって，大きな粒子の製品にする造粒操作を行っている．ケーキをつくるときに小麦粉をふるいでふるうのは分離操作である．また，化粧をするということは微粒子が混合された化粧品を皮膚の表面に輸送，供給，分散する操作である．

これらの操作の中においても，粉体の単体としての物性，すなわち，粒子1個の大きさ，重さも大切である．加えて，集合体としての物性である密度，付着性や流れやすさ（流動性）も重要である．

Coffee Break

液状化現象

液状化は地震などの地面の揺れによって土と土の間に隙間ができ，その間に水が入り込んだときに起こる固液系の流動化現象である．また，雪崩は雪と雪の間に空気が入り込んだ気固系の流動化現象である．

6.2 粒子物性

粒子の物性に関して，大別すると，① 粒子そのものの物性，② 粉体（集合体）としての物性がある．

① 粒子そのものの物性
- 固体としての物性：密度，硬度，熱伝導度，摩擦係数，弾性率など
- 粒子特有の物性：粒子径，粒子径分布，粒子形状など

② 粉体（集合体）としての物性
空間率，かさ密度，充填率，流動性，凝集性，粉体圧，混合・偏析，粒子摩耗，充填容器の形状，粉体が置かれた環境（温度，圧力，水分など）

本節では，粒子そのものの物性の中でも粒子特有である粒子径，粒子径分布，粒子形状について述べる．硬度，熱伝導度などは物理的あるいは物理化学的な性質なので，本書では説明を省略する．

6.2.1 粒子径

一般に，粒子はさまざまな形状をしているので，粒子の大きさを決めるには代表長さ（粒子径）を用いる．

球形粒子の場合，粒子径は直径でよい．しかし，図6.3に示すような球形でない場合は，粒子の短径（b），長径（l）と高さ（t）を測定し，表6.1に示すとおり，使用目的に応じて平均径（mean diameter）や相当径（equivalent diameter），有効径を用いる．

表6.1にあるふるい粒子径とは，粒子にふるいをかけて測る大きさである．ふるいにおいて1インチ（25.4 mm）あたりの格子の数をメッシュ（mesh）という．

相当径とは，直接測定した投影面積や体積を，幾何学公式によって規則的な形状である円，球の粒子に換算した粒子径である．

有効径とは，粒子が球形と仮定してある法則（たとえば，ストークスの法則（Stoke's law））に従った挙動をすると考え，その実測値から球形の粒子の直径としたものである．

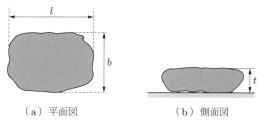

（a）平面図　　　　　（b）側面図
●図6.3● 代表長さの測定

■表6.1 ■ 代表的な粒子径

分類	名称および定義	測定法や使用目的
代表長さ径	短径 b, 長径 l, 高さ t	顕微鏡による画像測定
ふるい粒子径	メッシュ（mesh）	例題6.2参照
平均径	算術平均径 $(b + l)/2$, $(b + l + t)/3$ 幾何平均径 $(bl)^{1/2}$, $(blt)^{1/3}$	面積，体積を均等に割振
相当径	等面積円相当径 d_s $d_s = (4A_p/\pi)^{1/2}$	ガスの抗力など投影面積を考慮する場合
	等体積球相当径 d_v $d_v = (6V_p/\pi)^{1/3}$	質量，体積を考慮する場合
	等表面積球相当径 d_{sur} $d_{\mathrm{sur}} = (S_p/\pi)^{1/2}$	界面，反応など面積を考慮する場合
有効径	ストークス径	沈降法による粒径分布測定

A_p：粒子の投影面積 [m²]，V_p：粒子の体積 [m³]，S_p：粒子の表面積 [m²]
p は particle（粒子）を表す．粒子の直径は一般的に粒子径，粒径と略す．

Coffee Break

ふるい

100メッシュのふるいの目開きは 25.4 mm ÷ 約100個 ≒ 0.254 mm であり，このふるいを通る粒子の大きさは 254 µm より小さいと判断できる．ただし，厳密にはふるいの針金の太さを考慮する必要がある．たとえば，JIS（日本産業規格）の100メッシュのふるいには，図6.4のように直径 105 µm の針金が使われている．このため，実際の目開きは149 µm であり，254 µm より小さい．

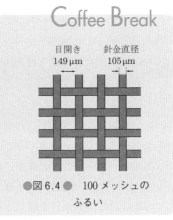

目開き 149 µm　針金直径 105 µm

●図6.4● 100メッシュのふるい

例題 6.1　図6.5のような，底面の直径が a であり，高さ $2a$ の円柱の粒子がある．この粒子の (1) 算術平均径，(2) 幾何平均径，(3) 等面積円相当径，(4) 等体積球相当径，(5) 等表面積球相当径を求めよ．

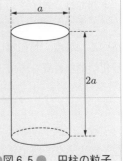

●図6.5● 円柱の粒子

　表6.1に従って計算する．

(1) 算術平均径 $\dfrac{b + l + t}{3} = \dfrac{a + a + 2a}{3} = \dfrac{4a}{3}$

(2) 幾何平均径 $(blt)^{1/3} = (a \times a \times 2a)^{1/3} = 2^{1/3}a$

(3) 等面積円相当径 $d_s = a$（投影面は直径 a の底面である）

(4) 円柱の体積 V_p から，つぎのように求める.

$$V_p = \frac{\pi}{4} a^2 \times 2a = \frac{\pi a^3}{2}$$

等体積球相当径 $d_v = \left(\frac{6 V_p}{\pi} \right)^{1/3} = \left\{ \frac{6}{\pi} \cdot \left(\frac{\pi a^3}{2} \right) \right\}^{1/3} = 3^{1/3} a$

(5) 円柱の表面積 S_p から，つぎのように求める.

$$S_p = \frac{\pi}{4} a^2 \times 2 + \pi a \times 2a = \frac{5}{2} \pi a^2$$

等表面積球相当径 $d_{\mathrm{sur}} = \left(\frac{S_p}{\pi} \right)^{1/2} = \left\{ \frac{\frac{5}{2} \pi a^2}{\pi} \right\}^{1/2} = \left(\frac{5}{2} \right)^{1/2} a$

6.2.2 平均粒子径と粒子径分布

粒子径にはバラツキがあり，分布をもつ．このため，その代表粒子径である平均粒子径を考える必要があるが，平均のとり方にはいくつかの種類がある．平均粒子径のおもなものを表 6.2 に示す．各々の平均粒子径について個数基準と質量基準がある．

個数あたりの平均値における算術平均径を例にとって説明する．粒子径 d_{p1} をもつ粒子が n_1 個あり，粒子径 d_{p2} をもつ粒子が n_2 個ある．これを繰り返して，粒子径 d_{pn} をもつ粒子が n_n 個ある場合，この算術平均径は

$$\frac{n_1 \cdot d_{p1} + n_2 \cdot d_{p2} + \cdots + n_n \cdot d_{pn}}{N}$$

となり，

$$\sum_{i=1}^{n} \frac{n_i d_{pi}}{N}$$

となる．ここで，N は粒子の全個数である．

なお，個数基準と質量基準の間には，つぎの関係がある．

$$w_i = \frac{4}{3} \pi \left(\frac{d_{pi}}{2} \right)^3 \cdot n_i \cdot \rho_p$$

ここで，ρ_p は粒子の密度 $[\mathrm{kg/m^3}]$ である．

■表 6.2 ■ 平均粒子径の種類

平均粒子径の種類	種類	個数基準（全個数 N）	質量基準（全質量 W）
(1) 個数あたりの平均値	算術平均径	$\sum_{i=1}^{n} (n_i d_{pi}/N)$	$\sum_{i=1}^{n} (w_i d_{pi}/W)$
	平均面積径	$\sum_{i=1}^{n} (n_i d_{pi}{}^2/N)^{1/2}$	$\sum_{i=1}^{n} (w_i d_{pi}{}^2/W)^{1/2}$
	平均体積径	$\sum_{i=1}^{n} (n_i d_{pi}{}^3/N)^{1/3}$	$\sum_{i=1}^{n} (w_i d_{pi}{}^3/W)^{1/3}$
(2) 長さ，面積，体積あたりの平均値	長さ平均径	$\sum_{i=1}^{n} (n_i d_{pi}{}^2)/\sum_{i=1}^{n} (n_i d_{pi})$	$\sum_{i=1}^{n} (w_i d_{pi}{}^2)/\sum_{i=1}^{n} (m_i d_{pi})$
	面積平均径	$\sum_{i=1}^{n} (n_i d_{pi}{}^3)/\sum_{i=1}^{n} (n_i d_{pi}{}^2)$	$\sum_{i=1}^{n} (w_i d_{pi}{}^3)/\sum_{i=1}^{n} (m_i d_{pi}{}^2)$
	体積（質量）平均径	$\sum_{i=1}^{n} (n_i d_{pi}{}^4)/\sum_{i=1}^{n} (n_i d_{pi}{}^3)$	$\sum_{i=1}^{n} (w_i d_{pi}{}^4)/\sum_{i=1}^{n} (m_i d_{pi}{}^3)$
(3) 粒子径分布曲線から得られるもの	メディアン径	各基準における粒子径分布の累積値が 50% 粒子径	
	モード径	各基準における粒子径分布の最大頻度の粒子径	

d_{pi}：粒子径 $[\mathrm{m}]$，n_i：粒子径 d_{pi} をもつ粒子の個数 $[-]$，w_i：粒子の質量 $[\mathrm{kg}]$

例題 **6.2**　グランドの砂 100 g をふるいで分級（粒子径ごとに分けること）したところ，図 6.6 のような結果が得られた．このとき，以下の問いに答えよ．なお，代表粒子径は上下のふるいの目開きの算術平均とする．

(1) 質量基準のモード径（mode），メディアン径（median）を求めよ．

(2) 質量基準の算術平均径を求めよ．

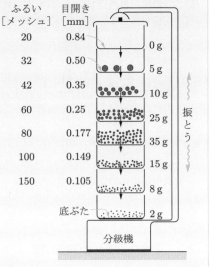

ふるい [メッシュ]	目開き [mm]	
20	0.84	0 g
32	0.50	5 g
42	0.35	10 g
60	0.25	25 g
80	0.177	35 g
100	0.149	15 g
150	0.105	8 g
底ぶた		2 g

振とう　分級機

●図 6.6●　グランドの砂のふるい分け結果

　ふるい分けの結果から，代表粒子径に対する質量頻度および，ふるい下積算粒子割合を表 6.3 にまとめる．質量頻度は，質量割合を目開きの差で割って規格化した値であり，ふるい下積算粒子割合は，ある目開きのふるいを通過する粒子の割合である．粒子径分布は，平均相対度数をヒストグラム，ふるい下粒子割合を曲線で表したもので，図 6.7 となる．

(1) 質量基準のモード径，メディアン径は，図 6.7 より，それぞれ 0.16 mm，0.22 mm である．

(2) 質量基準の算術平均径は，表 6.2 に示す定義にしたがって，つぎのように求める．

$$\sum_{i=0}^{n} \frac{w_i\, dp_i}{W}$$

$$= \frac{5 \times 0.67 + 10 \times 0.43 + 25 \times 0.30 + 35 \times 0.21 + 15 \times 0.163 + 8 \times 0.127 + 2 \times 0.053}{100} = 0.26\,\text{mm}$$

■表 6.3 ■　質量頻度分布とふるい下積算粒子割合の算出

ふるい [メッシュ]	目開き [mm]	代表粒子 [mm]	質量 [g]	質量割合 [wt%]	質量頻度 [wt%/mm]	ふるい下積算粒子 割合 [wt%]
			0	0		
20	0.84					100
		0.67	5	5	15	
32	0.50					95
		0.43	10	10	67	
42	0.35					85
		0.30	25	25	250	
60	0.25					60
		0.21	35	35	479	
80	0.177					25
		0.163	15	15	536	
100	0.149					10
		0.127	8	8	182	
150	0.105					2
		0.053	2	2	19	
底ぶた	0					0

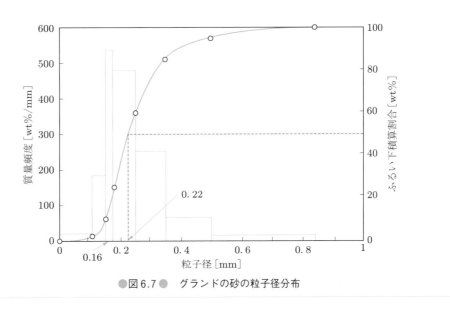

●図6.7● グランドの砂の粒子径分布

6.2.3 粒子の形状係数

粒子の形状を表す方法に形状係数（shape factor）などがある．表 6.4 に一般的な形状係数

と円形度，球形度の定義を示す．とくに，円形度と球形度とは異なる定義のため注意が必要である．

■表 6.4 ■ 形状係数と円形度，球形度

分類	定義	球における値
表面積形状係数	$\phi_s = S_p/d_p{}^2$	π
体積形状係数	$\phi_v = V_p/d_p{}^3$	$\pi/6$
比表面積形状係数	$\phi = \phi_s/\phi_v$	6
カルマンの形状係数	$\phi_c = 6/\phi$	1
円形度	$\dfrac{粒子と同じ面積をもつ円周}{実際の粒子の周りの長さ}$	1
球形度	$\dfrac{粒子と同じ体積をもつ球表面積}{実際の粒子表面積}$	1

S_p：粒子の表面積 [m^2]，d_p：粒子径 [m]，V_p：粒子の体積 [m^3]

例題 6.3 図 6.8 のような，直径 a の円が底面であり，高さが a の円柱がある．表 6.4 中に示す ϕ_s，ϕ_v，ϕ，ϕ_c および，球形度を求めよ．ただし，粒子径 d_p は等体積球相当径とする．

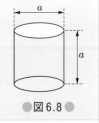

●図6.8●

解答 表 6.4 に従って計算する．

円柱の表面積 $S_p = \dfrac{\pi}{4}a^2 \times 2 + \pi a^2 = \dfrac{3}{2}\pi a^2$

円柱の体積 $V_p = \dfrac{\pi}{4}a^2 \times a = \dfrac{\pi}{4}a^3$

等体積球相当径 $d_p = \left(\dfrac{6V_p}{\pi}\right)^{1/3} = \left(\dfrac{6\dfrac{\pi}{4}a^3}{\pi}\right)^{1/3} = \left(\dfrac{3}{2}\right)^{1/3}a$

第1章
第2章
第3章
第4章
第5章
第6章
付録・付表
演習問題解答
参考文献・さくいん

d_p を直径とする玉の表面積 $S_p' = \pi d_v^2 = \pi\left\{\left(\dfrac{3}{2}\right)^{1/3}a\right\}^2 = \pi\left(\dfrac{3}{2}\right)^{2/3}a^2$

以上より，以下がわかる.

表面積形状係数 $\phi_s = \dfrac{S_p}{d_p^2} = \dfrac{\dfrac{3}{2}\pi a^2}{\left\{\left(\dfrac{3}{2}\right)^{1/3}a\right\}^2} = \left(\dfrac{3}{2}\right)^{1/3}\pi$

体積形状係数 $\phi_v = \dfrac{V_p}{d_p^3} = \dfrac{\dfrac{\pi}{4}a^3}{\left\{\left(\dfrac{3}{2}\right)^{1/3}a\right\}^3} = \dfrac{\pi}{6}$

比表面積形状係数 $\phi = \dfrac{\phi_s}{\phi_v} = \dfrac{\left(\dfrac{3}{2}\right)^{1/3}\pi}{\left(\dfrac{\pi}{6}\right)} = 6\left(\dfrac{3}{2}\right)^{1/3}$

カルマンの形状係数 $\phi_c = \dfrac{6}{\phi} = \dfrac{6}{6\left(\dfrac{3}{2}\right)^{1/3}} = \left(\dfrac{2}{3}\right)^{1/3}$

球形度 $= \dfrac{S_p'}{S_p} = \dfrac{\left(\dfrac{3}{2}\right)^{2/3}\pi a^2}{\left(\dfrac{3}{2}\right)\pi a^2} = \left(\dfrac{2}{3}\right)^{1/3}$

したがって，球形度は $(2/3)^{1/3} = 0.87$ 程度である.

6.2.4　粒子密度

粒子には図 6.9 に示すような空隙，空洞，細孔が存在するので，3 種類の密度が存在する．それらは，① かさ密度 ρ_b，② 粒子密度 ρ_p，③ 真密度 ρ_t である[*2].

かさ密度は容器に粒子を入れたときの単位体積あたりの質量であり，すべての粒子の重さ W を容器の体積 V で割ったものである．したがって，次式となる.

$$\rho_b = \frac{W}{V} \tag{6.1}$$

これは，粒子間の空隙も含むものである.

粒子密度は粒子 1 個の単位体積あたりの質量であり，粒子 1 個の重さ W_p を粒子 1 個の体積 V_p で割ったものである．したがって，次式となる.

$$\rho_p = \frac{W_p}{V_p} \tag{6.2}$$

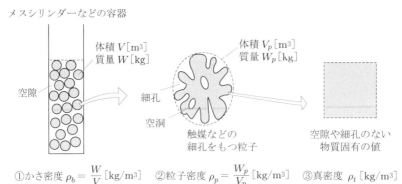

①かさ密度 $\rho_b = \dfrac{W}{V}\,[\text{kg/m}^3]$　　②粒子密度 $\rho_p = \dfrac{W_p}{V_p}\,[\text{kg/m}^3]$　　③真密度 $\rho_t\,[\text{kg/m}^3]$

●図 6.9 ●　3 種類の粒子密度

----

*2　ρ_b, ρ_p, ρ_t の b, p, t は，それぞれ bulk（かさ），particle（粒子），true（真）の頭文字である.

細孔や粒子内の空洞も含むものである．

　真密度は粒子自身のみにおける単位体積あたり

の質量であり，粒子を磨り潰した場合の密度と考えるとわかりやすい．

6.3 粉体としての物性

　前節では，粒子の物性の中で粒子そのものの物性（とくに，粒子径，粒子形状，粒子密度）について学んだ．本節では，粉体（集合体）としての物性について述べる．

6.3.1 粒子径と粒子密度による粉体の分類

　図 6.1 に示したような μm オーダー[*3] や mm オーダーの粒子において，粒子単体の粒子径 d_p と粒子密度 ρ_p によって，粉体（集合体）としての性質を大まかに分類したものが図 6.10 である[*4]．A，B，C，D 粒子の四つの粉体に分類され，各々の粉体の特徴をイメージしやすい．A 粒子は比較的粒子径が小さく，サラサラとしたものである．B 粒子はザラザラとした砂のようなもの，C 粒子は粒子径が小さいため付着性をもつもの，D 粒子はゴツゴツしたものである．粉粒体操作では，操作

性のよい A 粒子，B 粒子がおもに用いられる．

6.3.2 粉体層内の空間率

　かさ密度は前述したように，容器に粒子を入れたときの単位体積あたりの重量である．粉体層内の空間率（voidage）ε とは，容器に粒子を入れたときの粒子以外の空間の割合である．この空間率 ε，粒子密度 ρ_p，空気密度 ρ_f，容器体積 V に対する関係は，次式で表される．

$$充填重量 \ W = (1 - \varepsilon)\rho_p V + \varepsilon \rho_f V \qquad (6.3)$$

したがって，粉体層内の空間率 ε は次式で表される．

$$\varepsilon = \frac{\rho_p V - W}{V(\rho_p - \rho_f)} \qquad (6.4)$$

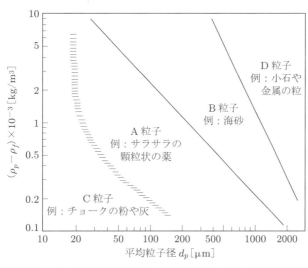

●図 6.10 ● 単一の平均粒子径 d_p と粒子密度 ρ_p による流動性の分類

（ρ_f は流体の密度であり，常温常圧の空気の ρ_f は $1.2\,\mathrm{kg/m^3}$ である．）

[*3] μm オーダーはマイクロメートル（μm＝10^{-6} m）程度の，またナノオーダーはナノメートル（nm＝10^{-9} m）程度の大きさを指す．現在，単位重量あたりの表面積が大きいナノ粒子が注目されてきている．

[*4] 分類方法は，"Geldart, D., Powder Technology, 7, 285 (1973)" による．

例 題 6.4 粒子径 200 μm，真密度 2500 kg/m³ の砂 500 g をメスシリンダーに入れ，体積を測ると 360 mL であった．このときのかさ密度 ρ_b を求めよ．また，空間率 ε を求めよ．ただし，砂そのものの中に空洞はないものとする．

解 答　粒子の質量を W，粒子層の体積を V とすると，式 (6.1) より，

$$\rho_b = \frac{W}{V} = \frac{0.5}{360 \times 10^{-6}} = 1390 \, \text{kg/m}^3$$

である．

空間率とは，容器に粒子を入れたときの粒子以外の空間の割合である．空間率 ε，粒子密度 ρ_p，空気密度 ρ_f の関係は，式 (6.3) で表される．

$$W = (1 - \varepsilon)\rho_p V + \varepsilon \rho_f V$$

ここで，空気密度 $\rho_f \ll \rho_p$ であるので，ρ_f を無視すると，

$$\varepsilon = 1 - \frac{W}{\rho_p V} = 1 - \frac{0.5}{2500 \times 360 \times 10^{-6}} = 0.44$$

となる．したがって，メスシリンダーには砂が 56 vol %，空気が 44 vol % 入っていることがわかる．

Step up 空間率

粒子径がすべて同じである球形粒子を大きな容器に充填する場合を考える．

最疎は図 6.11(a) のような単純立方格子による充填で，空間率 $\varepsilon = 0.476$ である．最密は図 (b) のような面心立方格子による充填で，空間率 $\varepsilon = 0.259$ である．粒子に径分布がある通常の粒子の場合，空間率 ε は 0.4 程度である．

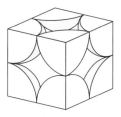 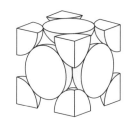

（a）最疎：単純立方格子　　　　（b）最密：面心立方格子
　　　（$\varepsilon = 0.476$）　　　　　　　　　　（$\varepsilon = 0.259$）

●図 6.11 ●

6.3.3　安息角（流動性）

粉体プロセスの例として，小麦粉，とうもろこし，ポリエチレン，ポリプロピレンなどの製品をサイロに溜め，そこから製品を排出して袋詰めした後，トラックによって輸送することが考えられる．このような粉体の貯蔵，排出，供給，充填な

どの操作において，粉体の流動性の評価が重要となるが，その指標として安息角がある．安息角とは，平面上に粒子を積み上げ，安定を保つ角度であり，図 6.12 に示す測定法によって求めることができる．安息角が小さいほど流動性がよい．粉体の流動性が悪い場合には，貯蔵庫から製品の排

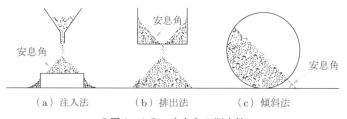

（a）注入法　　　（b）排出法　　　（c）傾斜法
●図 6.12 ●　安息角の測定法

出の際に排出口が詰まる閉塞（へいそく）のトラブルが発生する場合がある。その対策として、サイロの排出口の角度の検討や、粉体を流れやすくするエアレー

ション設備（aeration）（空気を送る設備）の設置が必要となることもある。

Coffee Break

エアレーション

エアレーションとは、エア（空気または、窒素）をサイロの中に送ることである。とくに詰まりそうな箇所へエアを送り、閉塞トラブルが発生しないようにする。

まれに、粒子の排出口近傍にて粒子が詰まった場合、サイロを外側から木槌で叩くこともある。これは叩くこと

によって粉体層に空間を与え、エアレーションと同じ効果を得ようとしている。固まったインスタントコーヒーの瓶を叩いた経験はないだろうか。

6.3.4 粒子間相互作用

粉体における粒子間には、粒子間相互作用がはたらく。たとえば、教室にあるチョークの粉や小麦粉を指で固めることができるのも、粒子間で付着する力がはたらいているからである。この粒子間相互作用は、微粒子ほど重力の影響を受けなくなるので、取り扱いが難しくなる。

おもな粒子間相互作用は、① 水分などの影響である液架橋力（liquid bridge force）、② ファン・デル・ワールス力（van der Waals force）、③ 粒子間にはたらく静電気力、などである。μmオーダーレベルの粉の場合、液架橋力が最も大

きく、つぎがファン・デル・ワールス力である。液架橋力 F_C は

$$F_C = \pi \gamma d_p \cos \theta \qquad (6.5)$$

で、ファン・デル・ワールス力 F_v は

$$F_v = \frac{A}{24} \frac{d_p}{z^2} \qquad (6.6)$$

で与えられる。ここで、γ は液の表面張力、d_p は粒子径、θ は液と粒子表面の接触角、z は粒子間の距離、A は物質に特有な定数（ハマーカー定数（Hamaker constant））である。なお、静電気力は粒子の電荷、粒子中心間の距離、誘電率から求める。

6.4 流体中の粒子の運動

6.4.1 単一粒子にかかる力と終末速度

単一粒子が静止した流体中を重力によって落下、沈降する場合、図6.13のように、下向きに重力が、上向きに浮力と流体抗力がはたらく。これら三つの力が粒子にはたらくので、粒子の運動方程式は次式で表される。

（粒子の質量）×（加速度）
　　＝（重力）－（浮力）－（流体抗力）　　(6.7)

この流体抵抗 R は、式 (2.24) と同様に次式で表される。

$$R = C_D \cdot A \cdot \frac{\rho_f u^2}{2}$$

ここで、u [m/s] は粒子速度、ρ_f [kg/m³] は流体密度、C_D [-] は表6.5に示す抵抗係数（drag

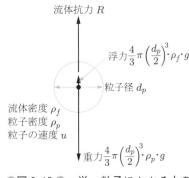

●図6.13● 単一粒子にかかる力のつりあい

■表 6.5 ■　抵抗係数 C_D と終末速度 u_t

適用範囲	C_D の値	終末速度 u_t	
層流域（ストークス域） $Re \leq 5.76$ $Ar \leq 104$	$24/Re$	$\dfrac{d_p{}^2 \cdot g\,(\rho_p - \rho_f)}{18\mu}$ （ストークスの式）	式 (6.9)
遷移域（アレン域） $5.76 < Re < 517$ $104 < Ar < 94300$	$10/Re^{0.5}$	$d_p\left\{\dfrac{4g^2(\rho_p - \rho_f)^2}{225\rho_f\mu}\right\}^{1/3}$ （アレンの式）	式 (6.10)
乱流域（ニュートン域） $517 \leq Re < 10^5$ $94300 \leq Ar$	0.44	$\left\{d_p\dfrac{3g(\rho_p - \rho_f)}{\rho_f}\right\}^{1/2}$ （ニュートンの式）	式 (6.11)

$Re = d_p u_t \rho_f/\mu\,[-]$：粒子レイノルズ数，ここで μ は流体の粘度
$Ar = d_p{}^3\rho_f(\rho_p - \rho_f)g/\mu^2\,[-]$：アルキメデス数

coefficient），$A\,[\mathrm{m^2}]$ は粒子の投影面積（projecter area）（$= \pi d_p{}^2/4$）である．したがって，球形粒子において，式 (6.7) は次式となる．

$$\frac{4}{3}\pi\left(\frac{d_p}{2}\right)^3 \cdot \rho_p \cdot \frac{du}{dt}$$
$$= \frac{4}{3}\pi\left(\frac{d_p}{2}\right)^3 \cdot \rho_p \cdot g - \frac{4}{3}\pi\left(\frac{d_p}{2}\right)^3 \cdot \rho_f \cdot g$$
$$- \frac{C_D A \rho_f u^2}{2} \tag{6.8}$$

ここで，$d_p[\mathrm{m}]$ は粒子径，$\rho_p\,[\mathrm{kg/m^3}]$ は粒子密度，$g\,[\mathrm{m/s^2}]$ は重力加速度，である．

式 (6.8) において，加速度 $du/dt = 0$，すなわち，等速度で粒子が落下する速度を終末速度（terminal velocity）とよぶ．式 (6.8) を $du/dt = 0$ とし，所定の C_D を代入し，u について解くと，表 6.5 中の終末速度 u_t を求める式となる．

たとえば，粒子レイノルズ数 Re が小さく，粘性が支配的な層流域（2.3 節を参照）の中では，

$$C_D = \frac{24}{Re} = \frac{24\,\mu}{\rho_f u_t d_p}$$

となり，これを式 (6.8) に代入する．

$$0 = \frac{\pi}{6}d_p{}^3 \cdot g\,(\rho_p - \rho_f) - \frac{\dfrac{24\,\mu}{\rho_f u_t d_p} \cdot A \cdot \rho_f \cdot u_t{}^2}{2}$$

したがって，次式が得られる．

$$u_t = \frac{d_p{}^2 \cdot g\,(\rho_p - \rho_f)}{18\mu} \tag{6.9}$$

一方，層流と乱流の中間である遷移域や，Re が大きく，慣性力が支配的な乱流域においても，式 (6.8) の C_D に $10/Re^{0.5}$，0.44 をそれぞれ代入して，同様に終末速度を求めることができる．

$$u_t = d_p\left\{\frac{4g^2(\rho_p - \rho_f)^2}{225\,\rho_f\mu}\right\}^{1/3} \tag{6.10}$$

$$u_t = \left\{d_p\frac{3g(\rho_p - \rho_f)}{\rho_f}\right\}^{1/2} \tag{6.11}$$

なお，C_D や u_t を算出する場合，まずはじめにアルキメデス数（Archimedes number）によって C_D，u_t の適用範囲を検討したほうがよい．それは，粒子レイノルズ数 Re によって適用範囲を検討した場合，最初に仮定した u_t がこの適用範囲で妥当かどうか最終的に再確認が必要となるからである．

例 題 6.5 粒子径 $d_p = 150\,\mu\text{m}$，粒子密度 $\rho_p = 2500\,\text{kg/m}^3$ である球形の砂がある．この砂の粒子について空気中の場合および，水中の場合における終末速度を求めよ．ただし，空気の密度は $1.2\,\text{kg/m}^3$，空気の粘度は $1.8 \times 10^{-5}\,\text{Pa·s}$，水の密度は $1000\,\text{kg/m}^3$，水の粘度は $0.001\,\text{Pa·s}$ とする．

解 答　（1）空気中の場合

$$Ar = \frac{d_p^{\,3}\rho_f(\rho_p - \rho_f)g}{\mu^2} = \frac{(150\times 10^{-6})^3 \times 1.2 \times (2500 - 1.2) \times 9.8}{(1.8\times 10^{-5})^2} = 306$$

となる．よって，適用範囲は遷移域である．

遷移域における u_t を求める式（6.10）を用いる．砂の終末速度 u_t はつぎのようになる．

$$u_t = d_p\left\{\frac{4g^2(\rho_p - \rho_f)^2}{225\rho_f\mu}\right\}^{1/3} = 150\times 10^{-6} \times \left\{\frac{4\times 9.8^2 \times (2500 - 1.2)^2}{225 \times 1.2 \times 1.8 \times 10^{-5}}\right\}^{1/3} = 1.2\,\text{m/s}$$

（2）水中の場合

$$Ar = \frac{d_p^{\,3}\rho_f(\rho_p - \rho_f)g}{\mu^2} = \frac{(150\times 10^{-6})^3 \times 1000 \times (2500 - 1000) \times 9.8}{(0.001)^2} = 50$$

となる．よって，適用範囲は層流域である．

層流域における u_t を求める式（6.9）を用いる．砂の終末速度 u_t はつぎのようになる．

$$u_t = \frac{d_p^{\,2}\cdot g\,(\rho_p - \rho_f)}{18\mu}$$

$$= \frac{(150\times 10^{-6})^2 \times 9.8 \times (2500 - 1000)}{18\times 0.001} = 0.018\,\text{m/s}$$

念のため Re を求めると，つぎのように 2.7 を得る．

$$Re = \frac{d_p u_t \rho_f}{\mu} = 150\times 10^{-6} \times 0.018 \times \frac{1000}{0.001} = 2.7$$

したがって，$Re \leqq 5.76$ であるため，表 6.5 に示すように層流域における式を用いたことは妥当であった．

6.4.2　サイクロン

(1)　サイクロンの原理

　家庭用掃除機はゴミと空気を一緒に吸い込み，ゴミをゴミパック（フィルター）の中に入れ，一方の空気を排気する．現在では，より効率的にゴミと空気を分離するためサイクロン型（cyclone）のものがある[*5]．化学工業においても，集塵の最も代表的なものに遠心力を利用したサイクロンがある．

　図 6.14 にサイクロンの構造とその標準的なサイズを示す．粒子とガスは矩形入口（幅 $B\,[\text{m}]$ ×高さ $h\,[\text{m}]$）からガス速度 $u_{\text{in}}\,[\text{m/s}]$ で入り，旋回しながら円錐部へいく．粒子は回転による遠心力によってサイクロンの壁に押し付けられ，ガス（気流）はサイクロン内を N 回転する．その後，粒子は円錐部の下部の排出口から落ち，分離，集塵される．一方，ガスは円錐の下部から反転し，中心の出口管から排出される．

(2)　分離限界粒子径

　サイクロンで完全に分離される最小の粒子径（分離限界粒子径）について述べる．

　粒子径が小さい場合，粒子レイノルズ数 Re が小さく，ガス流れが層流になるので遠心場における粒子の沈降速度 $u_t{'}\,[\text{m/s}]$ は，ストークスの式

＊5　サイクロンの語源はインド洋に発生する熱帯性低気圧であり，日本でいえばタイフーンである．また，メキシコ湾で発生するそれはハリケーンとよばれる．

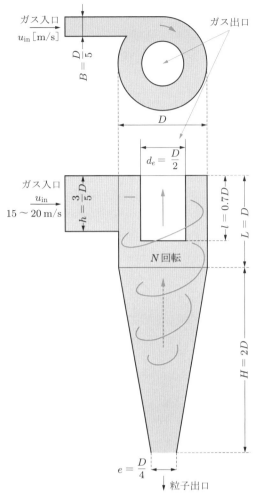

ガス入口
u_{in} [m/s]

ガス出口

$B = \dfrac{D}{5}$

D

$d_e = \dfrac{D}{2}$

ガス入口
u_{in}
15 〜 20 m/s

$h = \dfrac{3}{5}D$

$l = 0.7D$

$L = D$

N 回転

$H = 2D$

$e = \dfrac{D}{4}$

粒子出口

●図 6.14 ●　標準的なサイズのサイクロン

(6.9) が成り立つ. この式において重力加速度 g のかわりに遠心力 (centrifugal force) による加速度 $r\omega^2$ を代入して求められる. ここで, r, ω はそれぞれ半径 [m], 角速度 [rad/s] である.

$$u_t{}' = \frac{d_p{}^2 \cdot r\omega^2 (\rho_p - \rho_f)}{18\mu} \tag{6.12}$$

粒子径 d_p [m] の粒子が N 回転する距離 $2\pi r N$ [m] を入口速度 u_{in} [m/s] で移動する. u_{in} の最適な速度は 15〜20 m/s, N は通常 3〜5 である. この移動時間 t [s] は,

$$t = \frac{2\pi r N}{u_{\text{in}}} \tag{6.13}$$

である. 入口から入った粒子は, 遠心力によりサイクロンの壁に向かって沈降する. その沈降距離はガス入口の幅 B [m] に等しいので, 沈降時間 t' [s] は,

$$t' = \frac{B}{u_t{}'} \tag{6.14}$$

となる.

粒子の移動時間 t が沈降時間 t' より大きければ, その粒子はサイクロンによって分離される. したがって, 分離限界粒子径 $d_{p,min}$ は $t = t'$ を満たす粒子径であり, 式 (6.12) および $u_{\text{in}} = r\omega$ の関係を用いると,

$$d_{p,min} = \left\{ \frac{9B\mu}{\pi N u_{\text{in}} (\rho_p - \rho_f)} \right\}^{1/2} \tag{6.15}$$

となる.

 例題 6.6　粒子密度 2500 kg/m³ の砂が含まれた空気を直径 $D = 0.3$ m のサイクロンによって分離する. 粒子回転数 $N = 3$, 入口ガス速度 $u_{\text{in}} = 15$ m/s のとき, 分離限界粒子径および, 空気の処理流量を求めよ.

解答　図 6.14 より, $B = D/5 = 0.06$ m, $h = (3/5)D = 0.18$ m である. したがって, 分離限界粒子径 $d_{p,min}$ は, 式 (6.15) より,

$$d_{p,min} = \left\{ \frac{9B\mu}{\pi N u_{\text{in}} (\rho_p - \rho_f)} \right\}^{1/2} = \left\{ \frac{9 \times 0.06 \times (1.8 \times 10^{-8})}{\pi \times 3 \times 15 \times (2500 - 1.2)} \right\}^{1/2} = 5.2\,\mu\text{m}$$

となり, 空気の処理流量 Q [m³/s] は

$$Q = u_{\text{in}} B h = 15 \times 0.06 \times 0.18 = 0.162\,\text{m}^3/\text{s}$$

となる.

6.5 粉体層内における流体の流れ

図 4.2 に示したように，気固系触媒反応器は，① 固定層，② 移動層，③ 流動層の三つに大別される．これら反応器の設計因子のうち，層内の均一流れの指標としてとくに重要な層内圧力損失 ΔP [Pa] について，実験を通して学び，粉体層内を流体がどのように流れるかを解説する．

6.5.1 固定層の圧力損失

図 6.15 に固定層と流動層の圧力損失を測定する実験装置を示す．本体は透明塩ビ製とし，層中の様子がわかるようになっている．層内には固体触媒の代用として市販の球形ガラスビーズが充填されており，この粒子層を通過する流体の圧力損失を求める．分散板（distributor）には直径 2 mm の穴が 5 個開けてあり，その上に充填粒子が下に落ちないように目の小さな金網をひいてい

る．ガス流量計のバルブを開閉させることによって空気流量 Q [m³/s] を調節し，空塔ガス速度 $u_0 (= Q/A)$ [m/s][*6] を変化させる．その u_0 に対して水マノメータ（manometer）の読み，Δh [mm] を測定する．この Δh [mm] の値が，固定層および流動層の圧力損失となる．

図 6.16 に球形ガラスビーズ（$d_p = 170$ μm, $\rho_p = 2500$ kg/m³）を用いた実験における u_0 対 $\Delta P(\Delta h)$ の結果を示す．空塔ガス速度（superficial gas velocity）u_0 が流動化開始速度（minimum fluidization velocity）u_{mf} 以下の領域（固定層）では，圧力損失 ΔP は直線的に増加する．u_0 が u_{mf} 以上（流動層）では ΔP が一定となるが，これについては次項で述べる．

固定層を通過する流体の圧力損失 ΔP の算出には，式 (6.16) に示すエルガン（Erugn）の式，ま

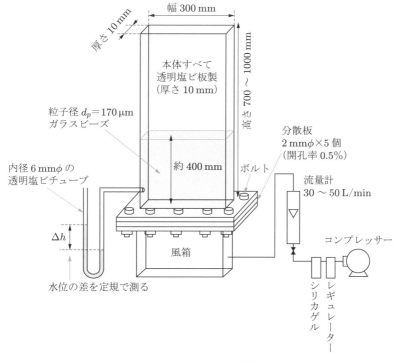

幅 300 mm

厚さ 10 mm

高さ 700 ～ 1000 mm

本体すべて
透明塩ビ板製
（厚さ 10 mm）

粒子径 $d_p = 170$ μm
ガラスビーズ

約 400 mm

内径 6 mmφ の
透明塩ビチューブ

分散板
2 mmφ × 5 個
（開孔率 0.5%）

ボルト

流量計
30 ～ 50 L/min

コンプレッサー

Δh

風箱

水位の差を定規で測る

レギュレーター

シリカゲル

●図 6.15● 二次元固定層・流動層実験装置

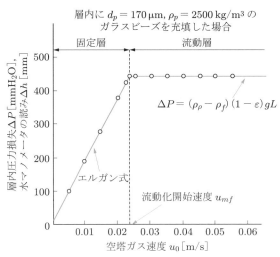

●図6.16●　空塔ガス速度 u_0 対圧力損失 ΔP の実験結果

たは，式（6.17）に示すコゼニー・カルマン (Kozeny-Carman) の式が一般に用いられる．

$$\frac{\Delta P}{L} = \frac{1-\varepsilon}{\phi d_p \varepsilon^3}\left\{\frac{150\,(1-\varepsilon)\,\mu u_0}{\phi d_p} + 1.75\,\rho_f\,u_0^{\,2}\right\} \tag{6.16}$$

$$\frac{\Delta P}{L} = \frac{k\,(1-\varepsilon)^2\,S_v^{\,2}\,\mu u_0}{\varepsilon^3} \tag{6.17}$$

ここで，ε は空間率（図6.11参照），ϕ は球形度（表6.4参照），ρ_f はガスの密度，μ はガスの粘度，L [m] は層高である．また，k はコゼニー定数とよばれ，粒子層内をガスが流れる距離と充填層の厚さの比である．通常，$k = 5$ が用いられる．S_v は比表面積（単位体積あたりの粒子表面積）であり，球形粒子の場合は $6/d_p$ である．

　粒子径 $d_p=170\,\mu\text{m}$，粒子密度 $\rho_p=2500\,\text{kg/m}^3$ の球形ガラスビーズを図6.15に示す実験装置に充填した．この固定層における層内圧力損失 ΔP [Pa] の計算値として，エルガンの式による値を求めよ．ただし，空塔ガス速度は $u_0=0.01\,\text{m/s}$ とし，そのときの層高 $L=0.36\,\text{m}$，空間率 $\varepsilon=0.4$ とする．また，ガス（空気）の粘度は $1.8 \times 10^{-5}\,\text{Pa·s}$ とする．

解　答　ガラスビーズは球形なので，$\phi = 1$ である．エルガンの式（6.16）より，つぎのようになる．

$$\begin{aligned}
\Delta P &= L\frac{1-\varepsilon}{\phi d_p \varepsilon^3}\left\{\frac{150\,(1-\varepsilon)\,\mu u_0}{\phi d_p} + 1.75\,\rho_f\,u_0^{\,2}\right\}\\
&= 0.36 \times \frac{1-0.4}{1\times170\times10^{-6}\times0.4^3} \times \left\{\frac{150\times(1-0.4)\times1.8\times10^{-5}\times0.01}{1\times170\times10^{-6}} + 1.75\times1.2\times0.01^2\right\}\\
&= 1.9\times10^3\,\text{Pa}\,(= 190\,\text{mmH}_2\text{O})
\end{aligned}$$

[補足]　図6.16に示す固定層の圧力損失 ΔP の実験結果とエルガンの式による計算値は，ほぼ一致した．逆にいうと，空塔ガス速度 $u_0=0.01\,\text{m/s}$ における固定層の空間率 ε を 0.4 と仮定したことは妥当であった．

Step up 固定層触媒反応器の設計

固定層触媒反応器の設計において重要なポイントには,
① 触媒量あたりの処理流量（SV：Space Velocity）の決定
② 層内圧力損失
③ 偏流（不均一流れ）の防止
④ スケールアップ
⑤ 触媒充填
などがある. ①, ②は運転条件から設計条件とされ, ③と④は均一流れを実現させるために必要であり, 設計者の腕

の見せどころである. ⑤についても設計者が検討すべき項目が多い. 触媒の形状は球形, 円柱, 三つ葉型などどれにするか, これらの触媒を反応塔にランダムに充填するのか, あるいは規則正しくするのか, 最密充填か, それによって反応器の性能（反応率や触媒の劣化など）に影響するため反応塔のサイズまで変わる. ちなみに, 大型の固定層触媒反応器の場合, 触媒充填を機械（ロボット）によって行っている.

6.5.2 流動層

(1) 流動層とは

固定層の状態からさらに空塔ガス速度を増加させた場合, 粒子が浮遊し始め, 粉体層はまるで液体のような挙動を示す. これを流動層とよび[*7], 粒子にかかる重力と浮力, 流体による抗力がつりあった状態になる. 流動層は, 層内に存在する気泡により層内が完全に混合されるという長所をもつ. 図6.17は, 図6.15に示した二次元流動層実

●図6.17● 気泡流動層（二次元流動層）

験装置を用いて撮映した気泡の写真である.

化学工業の実用化例には, エチレン・プロピレンの重合反応装置や重質油をガソリンへ分解する装置（FCC：Fluid Catalytic Cracking）がある. 環境・エネルギー分野においては, 石炭, ゴミ, バイオマスなどの熱回収, 発電を目的とした流動層ボイラーがある.

(2) 流動層の層内圧力損失

図6.16に示すように, 空塔ガス速度が0 m/sから増加するにつれ, 層内圧力損失 ΔP は, 0 mmH₂Oから増加し, ある空塔ガス速度からΔPがほぼ一定となる. この空塔ガス速度は流動化開始速度 u_{mf} とよばれ, 次式で求められる.

$$u_{mf} = \frac{d_p{}^2 (\rho_p - \rho_f) g}{1650 \mu} \qquad (Ar < 19 \times 10^4) \tag{6.18}$$

$$u_{mf} = \left\{ \frac{d_p (\rho_p - \rho_f) g}{24.5 \rho_f} \right\}^{1/2} \quad (Ar > 2.45 \times 10^7) \tag{6.19}$$

ここで, アルキメデス数Arは,

$$Ar = \frac{d_p{}^3 \rho_f (\rho_p - \rho_f) g}{\mu^2} \tag{6.20}$$

で与えられる値である.

流動化開始速度 u_{mf} 以上の空塔ガス速度では,

[*7] 移動層は, 粒子が充填された状態で装置内を重力によって移動する方式であり, 固定層と流動層の中間の長所, 短所をもつ. 代表的な工業化例は製鐵所の溶鉱炉である. 内面を耐火煉瓦（キャスタブル）で覆われた溶鉱炉内に鉄鉱石, 石炭（コークス）, 石灰石を順番に何層も積み, 鉄鉱石を還元し, 鉄を得る.

右側欄外：第1章 第2章 第3章 第4章 第5章 第6章 付録・付表 演習問題解答 参考文献・さくいん

図6.18に示すように流体が流動層内を通過するときの抗力（drag force）（層内圧力損失 ΔP）が，粒子層にかかる重力と浮力とつりあう．これより次式が得られる．

$$\Delta P = (1 - \varepsilon)L(\rho_p - \rho_f)g \qquad (6.21)$$

ここで，ε は空間率である[*8]．

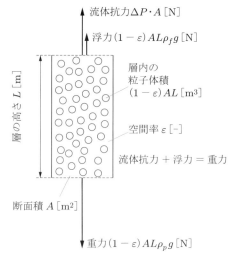

●図6.18● 流動層内における力のつりあい

流体抗力 $\Delta P \cdot A$ [N]

浮力 $(1 - \varepsilon)AL\rho_f g$ [N]

層内の粒子体積 $(1 - \varepsilon)AL$ [m³]

空間率 ε [−]

流体抗力 + 浮力 = 重力

断面積 A [m²]

重力 $(1 - \varepsilon)AL\rho_p g$ [N]

Coffee Break

FCC（Fluid Catalytic Cracking）

炭化水素の混合物である原油を沸点の差で分ける，すなわち蒸留によってガソリンがつくられる．そのガソリンの割合は原油の約25%に過ぎない．

世の中に自動車が出現し，「原油からもっとガソリンがつくれないか，重質油（炭素数が多いもの）からガソリンがつくれないか」というニーズが発生した．そこで，重質油からガソリンを製造する熱分解プロセスが1913年に，固定層触媒反応プロセスが1929年に工業化された．これらのプロセスは，炭素数の多い重質油のC-C結合を切ることによってガソリン留分の炭

素数8個にするものである．ちなみに，ハイオクはオクタン（8個）がハイ（多い）を意味する．

しかし，固定層触媒反応塔において温度制御や触媒を失活させるコークスの生成，触媒反応と再生の頻繁な切り替え操作など多くの課題が残っていた．

第2次世界大戦が始まり，オクタン価の高い航空機用のガソリンが大量に必要となり，1941年に移動層のプロセスも実用化されたが，大量生産に課題があった．当時，米国の国家プロジェクトによって多くの技術者が動員され，流動接触分解装置FCC（Fluid

Catalytic Cracking）が1942年稼動した．

流動層を用いたFCCは，重油分解反応と触媒再生が連続して行え，温度制御や触媒ハンドリングなどの課題を解決した．その後，触媒とプロセスの改良が並行して行われ，より重質な重油分解が可能となり現在に至っている．このように，FCCがエネルギー問題に大きく貢献した結果，40年前に40年であった原油可採年数は現在も40年である．

 例題6.8　例題6.7の条件における流動化開始速度 u_{mf} を求めよ．

解答　アルキメデス数 Ar を求め，u_{mf} を算出する式を決定する．式(6.20)より，

$$Ar = \frac{d_p^3 \rho_f (\rho_p - \rho_f) g}{\mu^2} = \frac{(170 \times 10^{-6})^3 \times 1.2 \times (2500 - 1.2) \times 9.8}{(1.8 \times 10^{-5})^2} = 445$$

である．したがって，流動化開始速度 u_{mf} は式(6.18)によって算出する．

$$u_{mf} = \frac{d_p^2 (\rho_p - \rho_f) g}{1650 \mu} = \frac{(170 \times 10^{-6})^2 \times (2500 - 1.2) \times 9.8}{(1650 \times 1.8 \times 10^{-5})^2} = 0.023 \, \text{m/s}$$

［補足］ 図6.16に示す流動化開始速度の実験結果と，計算による値はほぼ一致した．

★8　図6.17の気泡流動層の状態からさらに空塔ガス速度を増加させた場合，空間率 ε も増加する．気泡流動層では粒子相が主であったが，ε の増加にともない空気相が主となる循環流動層（乱流流動層，高速流動層）の操作領域を経て，ε が0.95以上の空気輸送の状態となる．

演・習・問・題・6

6.1

例題 6.2 に示す分級結果において，個数基準における以下を求めよ．

(1) モード径　　(2) メジアン径

6.2

球形粒子が真半分に割れてしまった．この半分になった粒子の表面積形状係数 ϕ_s，体積形状係数 ϕ_v，比表面積形状係数 ϕ，カルマンの形状係数 ϕ_c，球形度を求めよ．ただし，粒子径は等体積球相当径とする．

6.3

スカイダイビングをしている人がいる．このときの落下速度（終末速度）を求めよ．ただし，人間を直径 0.5 m の球と仮定せよ．

　また，人間を直径 0.2 m × 長さ 1.7 m の円柱と仮定した場合の終末速度と比較せよ．このとき，式 (6.7)，式 (6.8) を用い，断面積 A は 0.2 m × 1.7 m とせよ．

6.4

例題 6.7 において，エルガンの式で表せる固定層の圧力損失と流動層層内圧力損失の値が等しくなるガス速度が流動化開始速度 u_{mf} であると仮定して，その値を求めよ．ただし，流動化開始時の空間率 $\varepsilon_{mf} = 0.4$ とし，球形度は 1 とする．

第1章
第2章
第3章
第4章
第5章
第6章
付録・付表
演習問題解答
参考文献・さくいん

付録　単位と単位換算

　化学工学の計算では単位の異なる多くの物理量を扱う．混同すると誤った結果につながるため，単位とその換算方法の把握が重要である．

　表 A.1 に国際単位系（SI：international system of units，以下 SI 単位という）の基本単位を示す．また，表 A.2 に固有名称をもつ基本単位から誘導される誘導単位（組立単位）のうち，固有名称をもつ重要な SI 誘導単位を示す．SI 単位は，つぎのように整理されている．

①　1 N：質量 1 kg のものに加速度 1 m/s^2 を与える力

②　1 Pa：1 N の力を面積 1 m^2 にかかる圧力

③　1 J：1 N の力を 1 m 移動させる仕事

④　1 W：1 J の仕事を 1 s で行うときの仕事率

　数値が何桁にもなる場合には，ミリ，マイクロ，キロのような接頭語をつけるとわかりやすい．

　化学工学でも SI 単位を使うのが基本だが，古い文献や他分野の技術資料などで，慣用的な単位系が使われている場合には，単位換算が必要となる．たとえば cal（カロリー）は，1 cal＝4.1868 J により J（ジュール）を使用する．代表的な単位換算を換算表として表 A.3～ A.6 に示す．

■表 A.1■　国際単位系の基本単位[*1]

物理量	単位の名称		単位の記号
質量	キログラム	kilogram	kg
長さ	メートル	meter	m
時間	秒	second	s
熱力学温度	ケルビン	Kelvin	K
物質量	モル	mole	mol

■表 A.2■　固有名称をもつ SI 誘導単位

物理量	単位の名称		記号	SI 基本単位による定義
力	ニュートン	Newton	N	kg・m/s^2
圧力	パスカル	Pascal	Pa	kg/(m・s^2)
エネルギー	ジュール	Joule	J	kg・m^2/s^2
仕事量	ワット	Watt	W	kg・m^2/s^3

■表 A.3■　長さの単位換算表

m	mm	inch	ft
1	1000	39.37	3.281
0.001	1	0.03937	0.003281
0.02540	25.40	1	0.08333
0.3048	304.8	12	1

■表 A.4■　圧力の単位換算表

Pa	atm	mmHg（＝Torr）	mmH$_2$O	kg-force/cm^2
1	9.869×10^{-6}	7.501×10^{-3}	0.1020	1.020×10^{-5}
1.013×10^5	1	760	1.033×10^4	1.033
133.3	1.316×10^{-3}	1	13.60	1.360×10^{-3}
9.807	9.678×10^{-5}	7.356×10^{-2}	1	1×10^{-4}
9.807×10^4	0.9678	735.6	1×10^4	1

■表 A.5■　粘度の単位換算表

Pa・s（＝kg/(m・s)）	cP（＝10^{-2} g/(cm/s)）
1	1000
0.001	1

■表 A.6■　エネルギーの単位換算表

J	cal	Btu
1	0.23885	9.4782×10^{-4}
4.1868	1	3.9683×10^{-3}
1055.1	252.00	1

[*1]　K（ケルビン）のみ単位記号が大文字である．単位を示す物理量に関する法則を発見した人物に敬意を表し，その頭文字を単位記号にすることがあるが，K は William Thomson の爵位ケルビン卿（Kelvin）に由来する．

付 | 表

■付表1■　化学工学で頻出の記号

物理量	単位	単位体積あたりの物理量 [物理量/m³]	物性，係数	流束 [物理量/(m²·s)]	変数
物質量	kg, mol	密度 ρ [kg/m³]	拡散係数 $\mathcal{D}$ [m²/s] 物質移動係数 k_c [m/s]	物質量流束 N [kg/(m²·s)]	濃度 C [mol/m³]
熱量	J	熱の密度 [J/m³] = 比熱 [J/(kg·K)]×密度 [kg/m³]	熱伝導度 k [J/(m·s·K)] 伝熱係数 h [J/(m·s·K)]	熱流束 Q [J/(m²·s)]	温度 T [K]
運動量	kg·m/s	運動量の密度 [(kg·m/s)/m³] = 密度 [kg/m³]×速度 [m/s]	粘度 μ [Pa·s] 摩擦係数 f [−]	運動量流束 [(kg·m/s)/(m²·s)]	速度 v [m/s]

■付表2■　移動現象において取り扱う物理量の類似性

物理量	単位	法則	収支	移動現象		
				流束の単位	流れがない場合 （濃度，温度，速度 差による）	流れによるもの
物質量	kg, mol	質量保存の法則 【連続の式】	物質収支	kg/(m²·s)	$N=-\mathcal{D}\dfrac{dC}{dx}$ （フィックの法則）	$N=k_c\cdot\Delta C$ 物質移動係数 k_c （c：濃度基準）
熱量	J	エネルギー保存の 法則 【ベルヌーイの式】	エネルギー 収支	J/(m²·s)	$q=-k\dfrac{dT}{dx}$ （フーリエの法則）	$q=h\cdot\Delta T$ 伝熱係数 h
運動量 （＝力×時間）	kg·m/s	運動量保存の法則 【ナビエ-ストーク スの式】	運動量収支 （力のつり あい）	$\dfrac{\text{kg}\cdot\text{m/s}}{\text{m}^2\cdot\text{s}}$	$\tau=-\mu\dfrac{du}{dx}$ （ニュートンの法則）	$\tau=f\dfrac{\rho u^2}{2}$ 摩擦係数 f

x は長さ [m]

■付表3■　各種平均の求め方

名称	求め方
算術平均	$(a+b)/2$
幾何平均（相乗平均）	$\sqrt{ab}$
対数平均	$(a-b)/\ln(a/b)$

演 習 問 題 解 答

演習問題1

1.1 $Re = \dfrac{\rho u D}{\mu}$

より，単位はつぎのように計算される．

$$\frac{[\mathrm{kg/m^3}][\mathrm{m/s}][\mathrm{m}]}{[\mathrm{Pa \cdot s}]}$$

$$= \frac{[\mathrm{kg/m^3}][\mathrm{m/s}][\mathrm{m}]}{[\mathrm{kg \cdot m/s^2}][\mathrm{s/m^2}]} = [-] \ (\text{無次元})$$

1.2 $1\,\mathrm{atm} = 1.013 \times 10^5\,\mathrm{Pa} = 10.33\,\mathrm{mH_2O}$
$= 1.033 \times 10^4\,\mathrm{kg}\,\text{重}/\mathrm{m^2}$

1.3 氷 100 g において，$x\,[\mathrm{mol}]$ が水になる場合，以下の式が成り立つ．

$0.1\,[\mathrm{kg}] \times 2.029\,[\mathrm{kJ/(kgK)}] \times \{0 - (-10)\}$
$\quad + x\,[\mathrm{mol}] \times 7.663\,[\mathrm{kJ/mol}]$
$= 10\,[\mathrm{kcal}] \times 4.186\,[\mathrm{kJ/kcal}]$

よって，$x = 5.2\,\mathrm{mol}$．したがって，0℃の氷が 6 g と 0℃の水が 94 g になる．

1.4 メタンとエタンを燃焼させたときの化学反応式は，つぎのようになる．

$\mathrm{CH_4 + 2O_2 \longrightarrow CO_2 + 2H_2O}$
$\mathrm{C_2H_8 + 4O_2 \longrightarrow 2CO_2 + 4H_2O}$

したがって，原料都市ガス 100 mol を基準に物質収支をとると，解表1で示される．したがって，排ガス組成は $\mathrm{CH_4}$：0.37%，$\mathrm{C_2H_8}$：0.041%，$\mathrm{O_2}$：0.97%，$\mathrm{N_2}$：75%，$\mathrm{CO_2}$：6.9%，$\mathrm{H_2O}$：16%となる．

1.5 求める供給空気の質量流量を $Q\,[\mathrm{kg/h}]$ として，乾燥器における物質収支をとると解表2で示される．水分に関して物質収支をとると，つぎの式が成り立つ．

$$500 \times 0.2 - \frac{500 \times 0.8 \times 0.02}{1 - 0.02}$$

$$= \frac{Q \times 0.05 \times 0.995}{1 + 0.005} - \frac{Q \times 0.005}{1 + 0.005}$$

したがって，供給空気の質量流量 $Q = 2060\,\mathrm{kg/h}$ となる．

■解表1■

	反応前	95%反応	反応後	排ガス組成
$\mathrm{CH_4}$ [mol]	90	$-90 \times 0.95 = -85.5$	4.5	4.5/1233 = 0.0037
$\mathrm{C_2H_8}$ [mol]	10	$-10 \times 0.95 = -9.5$	0.5	0.5/1233 = 0.00041
$\mathrm{O_2}$ [mol]	$(90 \times 2 + 4 \times 10) \times (1 + 0.15)$ $= 253$	$-253 \times 0.95 = -240$	13	12/1233 = 0.0097
$\mathrm{N_2}$ [mol]	$(90 \times 2 + 3.5 \times 10) \times (1 + 0.15) \times 79/21$ $= 930$	0	930	930/1233 = 0.75
$\mathrm{CO_2}$ [mol]	0	$+90 \times 0.95 = 85.5$	85.5	85.5/1233 = 0.069
$\mathrm{H_2O}$ [mol]	0	$+(90 \times 2 + 10 \times 3) \times 0.95$ $= 199.5$	199.5	199.5/1233 = 0.16
全体	$90 + 10 + 253 + 930 = 1283$		1233	

■解表2■

1時間あたりを基準	乾燥前	乾燥後
(1) 原料 500 kg	水の質量分率 0.2	水の質量分率 0.02
① 水分	500×0.2	$500 \times 0.8 \times 0.02/(1 - 0.02)$
② 固体	500×0.8	500×0.8
(2) 供給空気 Q kg	0.005 kg-水/kg 乾燥空気	0.05 kg-水/kg 乾燥空気
① 水分	$Q \times 0.005/(1 + 0.005)$	$Q \times 0.05 \times 0.995/(1 + 0.005)$
② 乾燥空気	$Q \times 0.995/(1 + 0.005)$	$Q \times 0.995/(1 + 0.005)$

演習問題2

2.1 体積流量

$$v_2 = \frac{\pi \times (2 \times 0.0254)^2}{4} \times 5 = 0.010 \text{ m}^3/\text{s}$$

質量流量 $w_2 = \frac{\pi \times (2 \times 0.0254)^2}{4} \times 5 \times 1.2$

$$= 0.012 \text{ kg/s}$$

質量流束 N

$$= \left\{ \frac{\pi \times (2 \times 0.0254)^2}{4} \times 5 \times 1.2 \right\} \Big/ \left\{ \frac{\pi \times (0.0254)^2}{4} \right\}$$

$$= 24 \text{ kg/(m}^2 \cdot \text{s)}$$

2.2 ポンプが行った仕事 W [J/kg] は次式で求められる.

$$W = g \times \Delta h + F = 9.8 \times 3 + 20 = 49.4 \text{ J/kg}$$

2.3 解表3のとおり,

■解表3■

流体	流動状態	摩擦係数 f
水	乱流	0.0053
空気	遷移流	0.0047〜0.010

2.4 ベルヌーイの式より, $g \times \Delta h = \Sigma F$,

$$9.8 \times 2 = \frac{1}{2} \times u^2 \times \left(\frac{4 \times 0.005 \times 4}{0.025} + 0.2 + 2 \times 0.8 \right)$$

管内流速 $u = 2.8$ m/s であり, したがって, 流れる水の質量流量 w は $w = u \times \frac{\pi}{4}(0.025)^2 \times \rho = 1.4$ kg/s となる.

演習問題3

3.1 式 (3.20) より, 内表面 A_1 基準の総括伝熱係数 U_1 は, $U_1 = 1.97$ kJ/(m²·s·K) となる. 式 (3.33) より,

$$Q = C_{ph}w_h(T_{h1} - T_{h2}) = 1.84 \times 1.3 \times (343 - 313)$$
$$= 71.8 \text{ kJ/s}$$
$$Q = C_{pc}w_c(T_{c1} - T_{c2}) = 4.18 \times 1.5 \times (T_{c1} - 293)$$
$$T_{c1} = 304.4 \text{ K}$$

よって, 対数平均温度 $(\Delta T)_{lm}$ は,

$$(\Delta T)_{lm} = \frac{\Delta T_1 - T_2}{\ln (\Delta T_1/T_2)}$$
$$= \frac{(343 - 304.4) - (313 - 293)}{\ln [(343 - 304.4)/(313 - 293)]} = 28.3 \text{ K}$$

式 (3.34) より, 伝熱管の長さを L [m] が以下のように求められる.

$$Q = U_1 A (\Delta T)_{lm} = U_1 (\pi D_1 L) (\Delta T)_{lm}$$
$$= 1.97 \times \pi \times 0.029 \times L \times 28.3$$
$$L = \frac{71.8}{1.97 \times \pi \times 0.029 \times 28.3} = 14 \text{ m}$$

3.2 式 (3.33) より, 通常時は,

$$Q = C_{ph}w_h(T_{h1} - T_{h2}) = C_{pc}w_c(T_{c1} - T_{c2})$$
$$= UA(\Delta T)_{lm}$$

$$\frac{C_{pc}w_c}{C_{ph}w_h} = \frac{T_{h1} - T_{h2}}{T_{c1} - T_{c2}} = \frac{473 - 363}{303 - 283} = 5.5$$

となり, 夏季は,

$$Q = C_{ph}w_h(T_{c1} - T_{c2}) = C_{pc}w_c(T_{c1}{}' - T_{c2}{}')$$
$$= UA'(\Delta T)'_{lm}$$
$$\frac{C_{pc}w_c}{C_{ph}w_h} = \frac{T_{h1} - T_{h2}}{T_{c1} - T_{c2}} = \frac{473 - 363}{T_{c1}{}' - 303} = 5.5$$
$$T_{c1}{}' = 323 \text{ K}$$

となる. したがって,

$$\frac{A'}{A} = \frac{(\Delta T)'_{lm}}{(\Delta T)_{lm}} = \frac{119.4}{98.2} = 1.22$$

となり, 夏季対策に伝熱面積を22%増やす必要がある.

3.3 $D_1 = 0.084$ m, $L = 0.1$ m, $u = 1$ m/s, $k = 0.61$ J/(m·s·K), $\mu = 8.0 \times 10^{-4}$ Pa·s, $\rho = 1.0 \times 10^3$ kg/m³, $C_p = 4.2 \times 10^3$ J/(kg·K) の値を用いて, 容器の外側では,

$$Re = \frac{0.084 \times 1 \times 1.0 \times 10^3}{8.0 \times 10^{-4}} = 1.05 \times 10^5$$

式 (3.26) より,

$$\frac{h_1 D_1}{k} = 0.26 \left(\frac{D_1 u \rho}{\mu} \right)^{0.6} \left(\frac{C_p \mu}{k} \right)^{0.37}$$

$$h_1 = \left(\frac{0.61}{0.084} \right) \times 0.26 \times \left(\frac{0.084 \times 1 \times 1.0 \times 10^3}{8.0 \times 10^{-4}} \right)^{0.6}$$

$$\times \left(\frac{4.2 \times 10^3 \times 8.0 \times 10^{-4}}{0.61} \right)^{0.37}$$

$$= 3.7 \times 10^3 \text{ J/(m}^2 \cdot \text{s} \cdot \text{K)}$$

容器の内側では, 式 (3.25) より, $D_2 = 0.080$ m, $Re = 2100$, $\mu = \mu_w$ として,

$$\frac{h_2 D_2}{k} = 1.86 Re^{1/3} \left(\frac{C_p \mu}{k} \right)^{1/3} \left(\frac{D_2}{L} \right)^{1/3} \left(\frac{\mu}{\mu_w} \right)^{0.14}$$

$$h_2 = \left(\frac{0.61}{0.080} \right) \times 1.86 \times (2100)^{1/3}$$

$$\times \left(\frac{4.2 \times 10^3 \times 8.0 \times 10^{-4}}{0.61} \right)^{1/3} \times \left(\frac{0.080}{0.1} \right)^{1/3}$$

$$= 3.7 \times 10^3 \text{ J/(m}^2 \cdot \text{s} \cdot \text{K)}$$

銅製容器の容器外表面基準の総括物質移動係数 U_1 は, 銅の熱伝導度 $k' = 400$ J/(m·s·K) を用いて, つぎのように得られる.

$$\frac{1}{U_1} = \frac{1}{h_1} + \frac{x}{k'(A_{av}/A_1)} + \frac{1}{h_2(A_2/A_1)}$$
$$= \frac{1}{3.7 \times 10^3} + \frac{0.002}{400 \times (0.0310/0.0319)}$$
$$+ \frac{1}{3.0 \times 10^2 \times (0.0301/0.0319)}$$
$$U_1 = 270 \text{ J/(m}^2 \cdot \text{s} \cdot \text{K)}$$

ガラス容器の U_1 は, ガラスの熱伝導度 $k' = 1$ J/(m·s·K) を用いて,

$$\frac{1}{U_1} = \frac{1}{3.7\times10^3} + \frac{0.002}{1\times0.0301/0.0319}$$
$$+ \frac{1}{3.0\times10^2\times(0.0310/0.0319)}$$

$$U_1 = 170\,\text{J/(m}^2\cdot\text{s}\cdot\text{K)}$$

ポリエチレン製容器の U_1 は，ポリエチレンの熱伝導度 $k' = 0.4\,\text{J/(m}\cdot\text{s}\cdot\text{K)}$ を用いて，

$$\frac{1}{U_1} = \frac{1}{3.7\times10^3} + \frac{0.002}{0.4\times0.0310/0.0319}$$
$$+ \frac{1}{3.0\times10^2\times(0.0301/0.0319)}$$

$$U_1 = 110\,\text{J/(m}^2\cdot\text{s}\cdot\text{K)}$$

演習問題 4

4.1 式 (4.9) より，$r_{O2} = -5r_1 - r_2$，$r_{H2O} = 6r_1 - r_3$，$r_{NO} = 4r_1 - 2r_2 + r_3$，$r_{NO2} = 2r_2 - 3r_3$ となる．

4.2 式 (4.112)〜(4.116) の素反応の反応速度式は，それぞれつぎのように書ける．

$$r_1 = k_1 C_{Br2} \tag{k.1}$$
$$r_2 = k_2 C_{H2} C_{Br\cdot} \tag{k.2}$$
$$r_3 = k_3 C_{H\cdot} C_{Br2} \tag{k.3}$$
$$r_4 = k_4 C_{H\cdot} C_{HBr} \tag{k.4}$$
$$r_5 = k_5 C_{Br\cdot}^2 \tag{k.5}$$

素反応速度式 (k.1)〜(k.5) より $H\cdot$ と $Br\cdot$ の生成速度を導き，定常状態を近似して 0 とおく．

$$r_{H\cdot} = r_2 - r_3 - r_4 = 0 \tag{k.6}$$
$$r_{Br\cdot} = 2r_1 - r_2 + r_3 + r_4 - 2r_5 = 0 \tag{k.7}$$

量論式 (4.111) の反応速度 r は H_2 の消失速度に等しく，素反応速度式 (k.2)，(k.4) および式 (k.6) より，

$$r = -r_{H2} = r_2 - r_4 = r_3 \tag{k.8}$$

となる．式 (k.7) に式 (k.6) を代入する．

$$r_1 - r_5 = 0$$
$$k_1 C_{Br2} - k_5 C_{Br\cdot}^2 = 0$$

したがって，$C_{Br\cdot}$ が次式のようになる．

$$C_{Br\cdot} = (k_1/k_5)^{1/2} C_{Br2}^{1/2} \tag{k.9}$$

式 (k.6) に式 (k.2)〜(k.4) を代入する．

$$r_{H\cdot} = k_2 C_{H2} C_{Br\cdot} - k_3 C_{H\cdot} C_{Br2} - k_4 C_{H\cdot} C_{HBr} - 0 \tag{k.10}$$

$C_{H\cdot}$ について整理し，式 (k.9) を代入する．

$$C_{H\cdot} = \frac{k_2 C_{H2} C_{Br\cdot}}{k_3 C_{Br2} + k_4 C_{HBr}} = \frac{k_2 (k_1/k_5)^{1/2} C_{H2} C_{Br2}^{1/2}}{k_3 C_{Br2} + k_4 C_{HBr}} \tag{k.11}$$

式 (k.8) に式 (k.3)，(k.11) を代入すると，以下のように式 (4.117) が得られる．

$$r = k_3 C_{H\cdot} C_{Br2} = \frac{k_3 k_2 (k_1/k_5)^{1/2} C_{H2} C_{Br2}^{3/2}}{k_3 C_{Br2} + k_4 C_{HBr}}$$
$$= \frac{(k_2 k_3/k_4)(k_1/k_5)^{1/2} C_{H2} C_{Br2}^{1/2}}{(k_3/k_4) + C_{HBr}/C_{Br2}}$$

4.3 素反応 (4.119) は平衡状態にあると考えるので，この正反応速度 r_1 と逆反応速度 r_2 は等しい．

$$k_1 C_{NO}^2 = k_2 C_{N2O2}$$

したがって，

$$C_{N2O2} = \frac{k_1 C_{NO}^2}{k_2}$$

となる．量論式 (4.118) の反応速度 r は素反応 (4.120) の反応速度 r_3 に等しいので，

$$r = r_3 = k_3 C_{N2O2} C_{O2} = \frac{k_1 k_3 C_{NO}^2 C_{O2}}{k_2}$$

となる．

4.4 温度 T_1 のときの反応速度定数を k_1，温度 T_2 のときの反応速度定数を k_2 とすると，アレニウスの式 (4.51) は次のようになる．

$$\frac{k_2}{k_1} = \frac{\exp(-E/RT_2)}{\exp(-E/RT_1)} = \exp\left[-\frac{E}{R}\left(\frac{1}{T_2} - \frac{1}{T_1}\right)\right]$$

これに $T_1 = 20\,\text{℃} = 293\,\text{K}$，$T_2 = 30\,\text{℃} = 303\,\text{K}$ のときの値を代入して，活性化エネルギー E を求める．

$$E = -\frac{R\ln(k_2/k_1)}{1/T_2 - 1/T_1} = -\frac{8.314\times\ln(0.50/0.25)}{1/303 - 1/293}$$
$$= 5.12\times10^4\,\text{J/mol}$$

したがって，$T_3 = 40\,\text{℃} = 313\,\text{K}$ のときの反応速度定数 k_3 は，

$$k_3 = k_1 \exp\left[-\frac{E}{R}\left(\frac{1}{T_3} - \frac{1}{T_1}\right)\right]$$
$$= 0.25\times\exp\left[-\frac{5.12\times10^4}{8.314}\left(\frac{1}{313} - \frac{1}{293}\right)\right] = 0.96\,\text{s}^{-1}$$

となる．

4.5 題意および式 (4.62)〜(4.64) より，

$$y_{A0} = 0.90$$
$$\delta_A = -1 + \frac{c}{a} + \frac{d}{a} = -1 + 1 + \frac{2}{1} = 2$$
$$\varepsilon_A = \varepsilon_A y_{A0} = 2\times0.90 = 1.8$$

である．定温定圧であれば，気相の全成分のモル濃度 C_t は入口から出口まで一定であるので，

$$C_{A0} = y_{A0} C_t = 0.90 C_t$$
$$C_C = y_A C_t = 0.28 C_t$$

となる．管型反応器での気相反応なので，表 4.6 の非定容系の式があてはまる．題意より，$\theta_C = 0$，$a = 1$，$c = 1$ なので，成分 A の反応率 x_A はつぎのように求められる．

$$C_C = \frac{C_{A0}[\theta_C + (c/a)x_A]}{1 + \varepsilon_A x_A} = \frac{C_{A0} x_A}{1 + \varepsilon_A x_A}$$
$$x_A = \frac{C_C}{C_{A0} - \varepsilon_A C_C} = \frac{0.28 C_t}{0.90 C_t - 1.8\times0.28 C_t}$$
$$= 0.707 = 71\%$$

4.6 反応速度式に，表 4.6 の非定容系の濃度の式を代入する．

$$-r_A = \frac{kC_{A0}{}^2(1-x_A)(\theta_B - bx_A)}{(1+\varepsilon_A x_A)^2}$$

これを管型反応器の設計方程式 (4.92) に代入し, 整理して積分する.

$$\tau = C_{A0}\int_0^{x_A} \frac{(1+\varepsilon_A x_A)^2}{kC_{A0}{}^2(1-x_A)(\theta_B - bx_A)}\,dx_A$$
$$= \frac{1}{kC_{A0}}\int_0^{x_A}\left\{\frac{\varepsilon_A^2}{b} + \frac{(1+\varepsilon_A)^2}{\theta_B - b}\cdot\frac{1}{1-x_A}\right.$$
$$\left. - \frac{(b+\varepsilon_A\theta_B)^2}{b(\theta_B - b)}\cdot\frac{1}{\theta_B - bx_A}\right\}dx_A$$
$$= \frac{1}{kC_{A0}}\left[\frac{\varepsilon_A^2}{b}x_A - \frac{(1+\varepsilon_A)^2}{\theta_B - b}\ln(1-x_A)\right.$$
$$\left. + \frac{(b+\varepsilon_A\theta_B)^2}{b^2(\theta_B - b)}\ln(\theta_B - bx_A)\right]_0^{x_A}$$

したがって,

$$bkC_{A0}\tau = \varepsilon_A^2 x_A + \frac{(1+\varepsilon_A)^2}{\theta_B/b - 1}\ln\frac{1}{1-x_A}$$
$$+ \frac{(1+\varepsilon_A\theta_B/b)^2}{\theta_B/b - 1}\ln\frac{\theta_B/b - x_A}{\theta_B/b}$$

となる.

4.7 定容回分反応器の 1 次反応に対する反応時間と反応率の関係は, 表 4.7 より,

$$kt = \ln\frac{1}{1-x_A}$$

である. したがって, 求めたい反応率はつぎのようになる.

$$x_A = 1 - \exp(-kt)$$
$$= 1 - \exp(-7.6\times10^{-4}\times45\times60)$$
$$= 0.87 = 87\%$$

4.8 定圧回分反応器の 0 次反応に対する反応時間と反応率の関係は, 表 4.7 より,

$$kt = \frac{C_{A0}}{\varepsilon_A}\ln(1+\varepsilon_A x_A) \tag{k.12}$$

である. 題意および式 (4.62)〜(4.64) より,

$$y_{A0} = 0.80$$
$$\delta_A = -1 + \frac{c}{a} + \frac{d}{a} = -1 + \frac{2}{1} + \frac{1}{1} = 2$$
$$\varepsilon_A = \delta_A y_A = 2\times0.80 = 1.6$$

となる. 反応器入口の成分 A のモル濃度 C_{A0} は, 理想気体の法則が成立するとして,

$$C_{A0} = \frac{n_{A0}}{V} = \frac{y_{A0}P_{t0}}{RT} = \frac{0.80\times0.32\times10^6}{8.314\times500}$$
$$= 61.6\,\text{mol/m}^3$$

がわかり, 式 (k.12) は

$$4.5\times10^{-2}\times10\times60 = \frac{61.6}{1.6}\ln(1+1.6x_A)$$

となる. したがって, 求めたい反応率はつぎのように得られる.

$$x_A = 0.64 = 64\%$$

4.9 連続槽型反応器の 1 次反応に対する反応時間と反応率の関係は, 表 4.7 より,

$$k\tau = \frac{x_A}{1-x_A}$$

である. したがって, 求めたい反応率はつぎのように得られる.

$$x_A = \frac{k\tau}{1+k\tau} = \frac{7.6\times10^{-4}\times45\times60}{1+7.6\times10^{-4}\times45\times60}$$
$$= 0.67 = 67\%$$

4.10 液相反応なので体積流量を一定とすると, 反応器出口の生成物質量流量 $F_C\,[\text{mol/s}]$ と生成物濃度 $C_C\,[\text{mol/m}^3]$, 原料の体積流量 $v_0\,[\text{m}^3/\text{s}]$ の関係は, 式 (4.67) より,

$$F_C = v_0 C_C \tag{k.13}$$

となる. また, 生成物濃度 C_C と成分 A の反応率 $x_A\,[-]$ の関係は表 4.6 から求められ, $\theta_C = C_{C0}/C_{A0} = 0$ なので,

$$C_C = C_{A0}\left(\theta_C + \frac{c}{a}x_A\right) = \frac{C_{A0}x_A}{2} \tag{k.14}$$

となる. 式 (k.13), (k.14) より,

$$v_0 = \frac{2F_C}{C_{A0}x_A} \tag{k.15}$$

がわかる. 連続槽型反応器の液相 2 次反応に対する空間時間と反応率の関係は, 表 4.7 より,

$$kC_{A0}\tau = kC_{A0}\frac{V}{v_0} = \frac{x_A}{(1-x_A)^2} \tag{k.16}$$

である. 式 (k.15) を式 (k.16) に代入して整理すると,

$$\frac{kVC_{A0}{}^2}{2F_C} = \frac{1}{(1-x_A)^2}$$
$$x_A = 1 - \left(\frac{2F_C}{kVC_{A0}{}^2}\right)^{1/2}$$
$$= 1 - \left(\frac{2\times3.0}{7.4\times10^{-6}\times5.0\times2500^2}\right)^{1/2} = 0.84$$

となり, 式 (k.15) に代入すると,

$$v_0 = \frac{2F_C}{C_{A0}x_A} = \frac{2\times3.0}{2500\times0.84} = 2.9\times10^{-3}\,\text{m}^3/\text{s}$$

が得られる.

4.11 連続槽型反応器の 1 次反応に対する空間時間 τ_m と反応率 x_A の関係は, 表 4.7 より,

$$k\tau_m = \frac{x_A}{1-x_A} = \frac{0.80}{1-0.80} = 4.0$$

である. 管型反応器の 1 次反応に対する反応時間 τ_p と反応率 x_A の関係は, 液相反応なので $\varepsilon_A = 0$ として, 表 4.7 より,

$$k\tau_p = \ln\frac{1}{1-x_A} = \ln\frac{1}{1-0.80} = 1.6$$

が得られる. したがって, 体積比は,

$$\frac{V_p}{V_m} = \frac{\tau_p v_0}{\tau_m v_0} = \frac{k\tau_p}{k\tau_m} = \frac{1.6}{4.0} = 0.4\,倍$$

となる.

4.12 N 槽の連続多段槽型反応器の 1 槽あたりの空間時間 τ は，式 (4.96) より，

$$\tau = \frac{1}{k}\left\{\left(\frac{1}{1-x_A}\right)^{1/N} - 1\right\}$$

である．N 槽分の空間時間 τ_N はこれの N 倍であり，$1/N = a$, $1/(1-x_A) = b$ として槽数無限大の極値を求めると，

$$\lim_{N\to\infty}\tau_N = \lim_{N\to\infty}\frac{N}{k}\left\{\left(\frac{1}{1-x_A}\right)^{1/N} - 1\right\} = \lim_{a\to 0}\frac{b^a - 1}{ka}$$

が得られる．これは，0/0 の不定形なので，ロピタルの定理より分母分子を a で微分すると，

$$\lim_{N\to\infty}\tau_N = \lim_{a\to 0}\frac{b^a \ln b}{k} = \frac{\ln b}{k} = \frac{1}{k}\ln\frac{1}{1-x_A}$$

となる．これは，表 4.7 に示す 1 次反応のときの管型反応器で $\varepsilon_A = 0$ としたときの式と一致する．

4.13 (1) 管型反応器の定圧 2 次反応に対する空間時間 τ と反応率 x_A の関係は，表 4.7 より，

$$kC_{A0}\tau = (1+\varepsilon_A)^2\frac{x_A}{1-x_A}$$
$$+ 2\varepsilon_A(1+\varepsilon_A)\ln(1-x_A) + \varepsilon_A{}^2 x_A$$

である．題意および式 (4.62)〜(4.64) より，

$$y_{A0} = 1$$

$$\delta_A = -1 + \frac{c}{a} + \frac{d}{a} = -1 + \frac{1}{2} + \frac{2}{2} = 0.5$$

$$\varepsilon_A = \delta_A y_{A0} = 0.5 \times 1 = 0.5$$

となる．反応器入口の成分 A のモル濃度 C_{A0} は，理想気体の法則が成立するとして，

$$C_{A0} = \frac{n_{A0}}{V} = \frac{y_{A0}P_{t0}}{RT} = \frac{1 \times 800 \times 10^3}{8.314 \times 600} = 160\,\text{mol/m}^3$$

となる．したがって，反応器体積 V がつぎのように求められる．

$$V = \frac{v_0}{kC_{A0}}\left\{(1+\varepsilon_A)^2\frac{x_A}{1-x_A}\right.$$
$$+ 2\varepsilon_A(1+\varepsilon_A)\ln(1-x_A) + \varepsilon_A{}^2 x_A\right\}$$

$$= \frac{4.0/3600}{5.2\times10^{-4}\times160}\left\{(1+0.5)^2\frac{0.90}{1-0.90}\right.$$
$$\times(1+0.5)\times\ln(1-0.90) + 0.5^2\times0.90\right\}$$

$$= 0.227 = 0.23\,\text{m}^3$$

(2) (1) より反応器体積が得られたので，必要な管の本数 N は，

$$N = \frac{\text{反応器体積}}{\text{管 1 本あたりの体積}}$$
$$= \frac{0.227}{3.14\times(28\times10^{-3})^2\times3.0/4} = 122.9\,\text{本}$$

となる．実際には最小の整数として，123 本必要である．

4.14 反応速度式に表 4.6 の定容系の濃度の式を代入すると，$\theta_C = C_{C0}/C_{A0} = 600/(2.0\times10^3) = 0.3$ なので，

$$-r_A = kC_{A0}{}^2(1-x_A)\left(\theta_C + \frac{c}{a}x_A\right)$$

$$= kC_{A0}{}^2(1-x_A)\left(0.3 + \frac{1}{1}x_A\right)$$

$$= 0.1 \times kC_{A0}{}^2(1-x_A)(3+10x_A)$$

$$= 0.1 \times kC_{A0}{}^2(3 + 7x_A - 10x_A{}^2) \tag{k.17}$$

がわかる．

(1) 連続槽型反応器の空間時間 τ_m は，式 (4.87) に式 (k.17) を代入すると，つぎのようになる．

$$\tau_m = C_{A0}\frac{x_A}{-r_A} = \frac{x_A}{0.1kC_{A0}(1-x_A)(3+10x_A)}$$

$$= \frac{0.80}{0.1\times3.7\times10^{-6}\times2.0\times10^3\times(1-0.80)\times(3+10\times0.80)}$$

$$= 490\,\text{s}$$

(2) 管型反応器の空間時間 τ_p は，式 (4.92) に式 (k.17) を代入すると，つぎのようになる．

$$\tau_m = C_{A0}\int_0^{x_A}\frac{\mathrm{d}x_A}{-r_A}$$

$$= \frac{1}{0.1kC_{A0}}\int_0^{x_A}\frac{\mathrm{d}x_A}{(1-x_A)(3+10x_A)}$$

$$= \frac{1}{0.1kC_{A0}}\int_0^{x_A}\frac{1}{13}\left(\frac{1}{1-x_A} + \frac{10}{3+10x_A}\right)\mathrm{d}x_A$$

$$= \frac{1}{1.3kC_{A0}}\left[\ln\frac{3+10x_A}{1-x_A}\right]_0^{x_A}$$

$$= \frac{1}{1.3kC_{A0}}\ln\frac{3+10x_A}{3(1-x_A)}$$

$$= \frac{1}{1.3\times3.7\times10^{-6}\times2.0\times10^3}\ln\frac{3+10\times0.80}{3\times(1-0.80)}$$

$$= 300\,\text{s}$$

(3) 式 (k.17) を反応率で微分すると，最大の反応速度 $-r_{A,max}$ とそのときの反応率 $x_{A,max}$ が得られる．

$$\frac{\mathrm{d}(-r_A)}{\mathrm{d}x_A} = 0.1kC_{A0}{}^2(7 - 20x_A) = 0$$

$$x_{A,max} = 0.35$$
$$-r_{A,max} = 0.1kC_{A0}{}^2(3 + 7x_{A,max} - 10x_{A,max}{}^2)$$
$$= 0.1 \times 3.7 \times 10^{-6} \times (2.0\times10^3)^2$$
$$\times (3 + 7\times0.35 - 10\times0.35^2)$$
$$= 6.25\,\text{mol/(m}^3\cdot\text{s)}$$

したがって，連続槽型反応器では反応率 35%，管型反応器では反応率 80% になる．連続槽型反応器の空間時間 τ_m は，式 (4.87) に式 (k.17) を代入すると，

$$\tau_m = C_{A0}\frac{x_{A,max}}{-r_{A,max}} = 2.0\times10^3\times\frac{0.35}{6.25} = 112\,\text{s}$$

となる．管型反応器の空間時間 τ_p は，式 (4.92) に式 (k.17) を代入すると，

$$\tau_p = C_{A0}\int_{x_{A,max}}^{x_A}\frac{\mathrm{d}x_A}{-r_A}$$

$$= \frac{1}{0.1kC_{A0}}\int_{x_{A,max}}^{x_A}\frac{\mathrm{d}x_A}{(1-x_A)(3+10x_A)}$$

$$= \frac{1}{1.3kC_{A0}}\left[\ln\frac{3+10x_A}{1-x_A}\right]_{x_{A,max}}^{x_A}$$

$$= \frac{1}{1.3kC_{A0}}\ln\frac{(3+10x_A)(1-x_{A,max})}{(1-x_A)(3+10x_{A,max})}$$

$$= \frac{1}{1.3 \times 3.7 \times 10^{-6} \times 2.0 \times 10^3}$$
$$\times \ln \frac{(3 + 10 \times 0.80) \times (1 - 0.35)}{(1 - 0.80) \times (3 + 10 \times 0.35)}$$
$$= 177 \text{ s}$$

となる.

以上を合わせて，求めたい空間時間がつぎのように得られる.

$$\tau = \tau_m + \tau_p = 112 + 177 = 289 \text{ s}$$

4.15 i 層目出口の反応率 $x_{A,i}$ を用い，式 (4.93) に式 (k.17) を代入する.

$$\tau_i = \frac{V_i}{v_0} = \frac{C_{A,i-1} - C_{A,i}}{-r_{A,i}}$$
$$= \frac{C_{A,i-1} - C_{A0}(1 - x_{A,i})}{0.1kC_{A0}^2(3 + 7x_{A,i} - 10x_{A,i}^2)}$$

これは $x_{A,i}$ に関する 2 次方程式である.

$$kC_{A0}^2 \tau_i x_{A,i}^2 - (0.7kC_{A0}^2 \tau_i - C_{A0})x_{A,i}$$
$$- (0.3kC_{A0}^2 \tau_i + C_{A0} - C_{A,i-1}) = 0$$

$$x_{A,i} = \frac{1}{2kC_{A0}^2 \tau_i} \big[(0.7kC_{A0}^2 \tau_i - C_{A0})$$
$$+ \{ (0.7kC_{A0}^2 \tau_i - C_{A0})^2 + 4(kC_{A0}^2 \tau_i)$$
$$(0.3kC_{A0} \tau_i + C_{A0} - C_{A,i-1}) \}^{0.5} \big]$$

$i = 1$ のとき，$C_{A,i-1} = C_{A0} = 2.0 \times 10^3 \text{ mol/m}^3$, $\tau_i = 200 \text{ s}$ を代入して解くと，

$$x_{A,1} = 0.560 = 56\%$$

となる. $i = 2$ のとき，

$$C_{A,i-1} = C_{A,1} = C_{A0}(1 - x_{A,1})$$
$$= 2.0 \times 10^3 \times (1 - 0.560) = 880 \text{ mol/m}^3$$

を代入して解くと，

$$x_{A,2} = 0.836 = 84\%$$

となる.

したがって，1 槽目は 56%，2 槽目は 84% となる.

4.16 $-r_A = kC_A$, $k = 3.2 \times 10^{-4} \text{ s}^{-1}$

1 次反応を仮定して，式 (4.95) に従ってプロットすると，解図 1 を得る. 直線関係が得られたことから，1 次反応の仮定が正しかったことがわかる. したがって，反応速度式は，

$$-r_A = kC_A$$

である.

また，解図 1 の直線より，$t = 500 \text{ s}$ のとき，$\ln C_A = 4.08$，$t = 3000 \text{ s}$ のとき，$\ln C_A = 3.28$ と読みとれる. 式 (4.98) より，直線の傾きから，反応速度定数

$$k = -\frac{3.28 - 4.08}{3000 - 500} = 3.2 \times 10^{-4} \text{ s}^{-1}$$

が得られる.

[補足] この値は，例題 4.12 の微分法による結果と一致している.

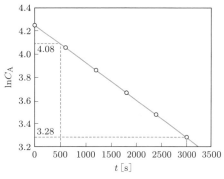

●解図 1 ●

演習問題 5

5.1 表 5.1 は 101.3 kPa の気液平衡を表しているので，液組成 x のときの平衡温度 T が標準沸点になる. したがって，10.0 mol% および 15.0 mol% メタノール水溶液の標準沸点はそれぞれ 87.7 ℃，84.4 ℃ である. これより，12.0 mol% メタノール水溶液の標準沸点は，比例配分より，

$$T = \frac{0.120 - 0.100}{0.150 - 0.100} \times (84.4 - 87.7) + 87.7 = 86.4 ℃$$

となる.

5.2 式 (5.3) より，蒸気中のアセトンの組成 y は

$$y = \frac{\alpha_{AB} x}{1 + (\alpha_{AB} - 1)x} = \frac{6.3 \times 0.40}{1 + (6.3 - 1) \times 0.40} = 0.808$$
$$= 81 \text{ mol\%}$$

となる.

5.3 理想溶液では式 (5.3) が成り立つので，これを式 (5.16) に代入し，部分分数分解を利用して積分する.

$$\ln \frac{L_1}{L_0} = \int_{x_0}^{x_1} \frac{dx}{y - x} = \int_{x_0}^{x_1} \frac{dx}{\frac{\alpha_{av} x}{1 + (\alpha_{av} - 1)x} - x}$$
$$= \int_{x_0}^{x_1} \frac{1 + (\alpha_{av} - 1)x}{(\alpha_{av} - 1)x(1 - x)} dx$$
$$= \frac{1}{\alpha_{av} - 1} \int_{x_0}^{x_1} \left(\frac{1}{x} + \frac{\alpha_{av}}{1 - x} \right) dx$$
$$= \frac{1}{\alpha_{av} - 1} \left[\ln x - \alpha_{av} \ln (1 - x) \right]_{x_0}^{x_1}$$
$$= \frac{1}{\alpha_{av} - 1} \left(\ln \frac{x_1}{x_0} + \alpha_{av} \ln \frac{1 - x_0}{1 - x_1} \right)$$

5.4 式 (5.17) より，

$$\ln \frac{L_1}{L_0} = \frac{1}{\alpha_{av} - 1} \left(\ln \frac{x_1}{x_0} + \alpha_{av} \ln \frac{1 - x_0}{1 - x_1} \right)$$
$$= \frac{1}{3.4 - 1} \left(\ln \frac{0.450}{0.600} + 3.4 \times \ln \frac{1 - 0.600}{1 - 0.450} \right)$$
$$= -0.571$$

である. 残液量 L_1 は，つぎのようになる.

$$L_1 = L_0 e^{-0.571} = 7.50 \times 0.565 = 4.24 \text{ kmol}$$

また，式 (5.13) より，留出液の平均組成 $\bar{x}_D$ は，つぎのようになる.

第1章
第2章
第3章
第4章
第5章
第6章
付録・付表
演習問題解答
参考文献・さくいん

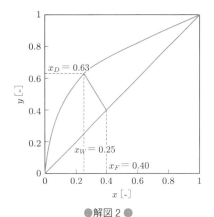

●解図2●

$$\bar{x}_D = \frac{L_0 x_0 - L_1 x_1}{L_0 - L_1} = \frac{7.50 \times 0.60 - 4.24 \times 0.45}{7.50 - 4.24}$$
$$= 0.795 = 79.5\,\mathrm{mol\%}$$

5.5 解図2のメタノール-水系の x-y 線図より，$x_W = 0.25$ の液留分と平衡な蒸気留分の組成を読みとり，$x_D = 0.63$ を得る．式(5.20)より，液留分（W）と蒸気留分（D）の流量比は，

$$\frac{W}{D} = -\frac{x_D - x_F}{x_W - x_F} = -\frac{0.63 - 0.40}{0.25 - 0.40} = 1.5$$

となる．物質収支より，

$$F = D + W = \frac{W}{1.5} + W = \frac{5}{3}W$$

$$W = \frac{3}{5}F = \frac{5}{3} \times 60 = 36\,\mathrm{mol/s}$$

が得られる．

5.6 酸素の溶解度 $C = \dfrac{0.0444/32}{0.001} = 1.39\,\mathrm{mol/m^3}$

液相のモル分率 $x = \dfrac{0.0444/32}{0.0444/32 + 1000/18}$
$$= 2.50 \times 10^{-5}$$

気相のモル分率 $y = 1$，$p = HC$（式(5.40)）より

より，式(5.41)〜(5.43)から，$H = 7.3 \times 10^4$ Pa·m³/mol，$H' = 4.1 \times 10^9$ Pa/モル分率，$m = 4.0 \times 10^4$ [-] となる．

5.7 5.2.8項の記号を用いる．題意より，$y_0 = 0.1$，$x_2 = 0$，

$$y_2 = \frac{0.1(1-0.95)}{0.1(1-0.95) + (1-0.1)} = 0.0055$$

である．式(5.57)より，

$$x_0 = 0.0238$$
$$y_0{}^* = m x_0 = 2.26 \times 0.0238 = 0.0537$$

$x_2 = 0$ より，$y_2{}^* = 0$
となる．以上の値を式(5.71)に代入すると，$N_{OG} = 7.7$ となる．

5.8 5.2.8項の記号を用いる．

$$y_0 = 0.02$$
$$y_2 = 0.02(1 - 0.90) = 0.002$$

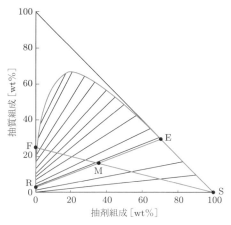

●解図3● 単抽出

$$x_0{}^* = \frac{0.02}{0.25} = 0.08$$

$$(L_M/G_M)_{min} = \frac{0.02 - 0.002}{0.08} = 0.225$$

$$0.225 \times 2 = 0.45 \text{（実際の液ガス比）}$$

$$x_0 = \frac{0.02 - 0.002}{0.45} = 0.04$$

$$y_0{}^* = 0.25 \times 0.04 = 0.01$$

$$y_0 - y_0{}^* = 0.02 - 0.01 = 0.01$$

$$y_2 - y_2{}^* = 0.002 - 0 = 0.002$$

$$(y - y^*)_{lm} = 0.004972$$

$$N_{OG} = 3.62$$

$$H_{OG} = 1.2 + 0.2 \frac{0.25}{0.45} = 1.31\,\mathrm{m}$$

よって，式(5.69)より，
塔高 $= 3.62 \times 1.31 = 4.74\,\mathrm{m}$

5.9 解図3において，抽残液 R を通るタイライン RE を引き，原料 F と抽剤 S を結ぶ線分 FS との交点 M をとる．この酢酸濃度 z_M は $16\,\mathrm{wt\%}$ と読みとれる．式(5.81)を変形して，

$$S = \frac{F(x_F - z_M)}{z_M} = \frac{100 \times (0.25 - 0.16)}{0.16} = 56\,\mathrm{kg}$$

が得られる．

5.10 解図4において，原料 F と抽剤 S を結ぶ線分 FS を $S:F = 25:200$ に内分する点 M_1 をとる．この酢酸濃度 z_{M1} は，式(5.81)より

$$z_{M1} = \frac{F x_F}{F + S} = \frac{200 \times 0.40}{200 + 25} = 0.36 = 36\,\mathrm{wt\%}$$

である．点 M_1 を通るタイラインから1回目の抽残液 R_1 と抽出液 E_1 を解図4にとる．図より，抽残液の酢酸濃度 $x_1 = 0.20$，抽出液の酢酸濃度 $y_1 = 0.64$ として，抽残液の質量 R_1 と抽出液の質量 E_1 は，式(5.82)，(5.83)より

$$R_1 = \frac{y_1 - z_{M1}}{y_1 - x_1}(F + S) = \frac{0.64 - 0.36}{0.64 - 0.20} \times (200 + 25)$$
$$= 143\,\mathrm{kg}$$

$$E_1 = (F + S) - R_1 = (200 + 25) - 143 = 82\,\mathrm{kg}$$

となる. 抽残液 R_1 と抽剤 S を結ぶ線分 R_1S を $S:R_1 = 25:143$ に内分する点 M_2 をとる. この酢酸濃度 z_{M2} は,

$$z_{M2} = \frac{R_1 x_1}{R_1 + S} = \frac{143 \times 0.20}{143 + 25} = 0.17 = 17\,\text{wt\%}$$

である. 点 M_2 を通るタイラインから 2 回目の抽残液 R_2 と抽出液 E_2 を解図 4 にとる. 図より, 抽残液の酢酸濃度 $x_2 = 0.07$, 抽出液の酢酸濃度 $y_2 = 0.43$ として, 抽出液の質量 E_2 は,

$$E_2 = \frac{z_{M2} - x_2}{y_2 - x_2}(R_1 + S) = \frac{0.17 - 0.07}{0.43 - 0.07} \times (143 + 25)$$
$$= 47\,\text{kg}$$

である. したがって, 抽出率 η は, 式 (5.84) よりつぎのようになる.

$$\eta = \frac{\sum_i E_i y_i}{F x_F} = \frac{82 \times 0.64 + 47 \times 0.43}{200 \times 0.40} = 0.91 = 91\%$$

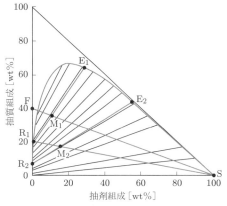

●解図 4 ● 多回抽出

5.11 原料の点 F と抽剤の点 S を解図 5 の三角図にとり, 線分 FS を $S:F = 50:120$ に内分する点 M をとる. また, 抽残液の点 R_N, 線分 $R_N M$ の延長線と溶解度曲線の交点として抽出液の点 E_1, 線分 FE_1 と線分 $R_N S$ の延長線の交点 D をそれぞれとる. そして, 点 E_1 と平衡な点

R_1 をタイラインを引いてとり, 線分 DR_1 の延長線と溶解度曲線の交点 E_2 をとる.

これを繰り返すと, 4 回目でエタノール濃度 3.0wt% 以下に達する. したがって, 装置に必要な段数は 4 段である.

5.12 (1) 物質収支式 (5.108) に吸着等温式を代入する.

$$(C_0 - C)V = qW = (HC + b)W$$
$$C = \frac{C_0 V - bW}{V + HW} = \frac{5.0 \times 1.0 - 9.66 \times 200 \times 10^{-3}}{1.0 + 3.35 \times 200 \times 10^{-3}}$$
$$= 1.8\,\text{mol/L}$$

(2) 吸着剤の量が異なるだけなので, 同様に,

$$C = \frac{C_0 V - bW}{V + HW} = \frac{5.0 \times 1.0 - 9.66 \times 100 \times 10^{-3}}{1.0 + 3.35 \times 100 \times 10^{-3}}$$
$$= 3.0\,\text{mol/L}$$

である. C_0 が 3.0 mol/L になったと考えて,

$$C = \frac{C_0 V - bW}{V + HW} = \frac{3.0 \times 1.0 - 9.66 \times 100 \times 10^{-3}}{1.0 + 3.35 \times 100 \times 10^{-3}}$$
$$= 1.5\,\text{mol/L}$$

となる.

5.13 ラングミュアの式の変形である式 (5.104) より,

$$q = \frac{q_s K C^*}{1 + K C^*}$$
$$q_0 = \frac{q_s K C_0}{1 + K C_0}$$

である. 式 (5.118) にこれらを代入すると,

$$\frac{q_s K C^*}{1 + K C^*} = \frac{q_s K C_0 /(1 + K C_0)}{C_0} C$$
$$\frac{C^*}{1 + K C^*} = \frac{C}{1 + K C_0}$$
$$C^* = \frac{C}{1 + K C_0 - KC}$$
$$\frac{1}{C - C^*} = \frac{1}{C - \frac{C}{1 + K C_0 - KC}}$$
$$= \frac{1 + K C_0 - KC}{KC(C_0 - C)}$$

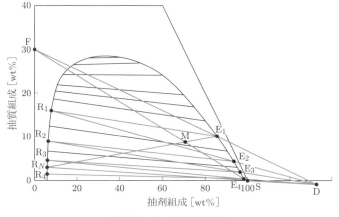

●解図 5 ● 向流多段抽出

■ 解表 4 ■

C	0.002	0.004	0.006	0.008	0.010	0.012	0.014	0.016	0.018
q	0.020	0.040	0.060	0.080	0.100	0.120	0.140	0.160	0.180
C^*	0.00005	0.00026	0.00078	0.0017	0.0031	0.0051	0.0077	0.0110	0.0151
$1/(C - C^*)$	513	267	192	159	145	145	159	200	345

となる．部分分数分解すると，

$$\frac{1}{C - C^*} = \frac{1}{K_0 C}\left(\frac{1 + K C_0}{C} + \frac{1}{C_0 - C}\right)$$

となり，式 (5.123) に代入し，N_{OF} はつぎのようになる．

$$N_{OF} = \int_{C_B}^{C_E} \frac{\mathrm{d}C}{C - C^*}$$
$$= \frac{1}{K_0 C}\int_{C_B}^{C_E}\left(\frac{1 + K C_0}{C} + \frac{1}{C_0 - C}\right)\mathrm{d}C$$
$$= \frac{1 + K C_0}{K_0 C}\ln\frac{C_E}{C_B} + \frac{1}{K_0 C}\ln\frac{C_0 - C_B}{C_0 - C_E}$$

5.14 入口濃度 $C_0 = 0.02\,\mathrm{kg/m^3}$ における平衡吸着量 q_0 は，与えられた吸着等温式より，

$$q_0 = 0.85 C_0^{1/2.7} = 0.85 \times 0.020^{1/2.7} = 0.20\,\mathrm{kg/m^3}$$

である．操作線の式 (5.118) より，

$$q = \frac{q_0}{C_0} C = \frac{0.20}{0.020} C = 10C$$

となる．

解表 4 のように，破過濃度 $C_B = 0.1 C_0 = 0.1 \times 0.020 = 0.002\,\mathrm{kg/m^3}$，終末濃度 $C_E = 0.9 C_0 = 0.9 \times 0.020 = 0.018\,\mathrm{kg/m^3}$ の範囲で 0.002 刻みで，吸着等温式より q と平衡な濃度 C^* を計算して，N_{OF} を台形則による数値積分で求める．

$$N_{OF} = \int_{C_B}^{C_E} \frac{\mathrm{d}C}{C - C^*}$$
$$= \left(\frac{513}{2} + 267 + 192 + 159 + 145 + 145\right.$$
$$\left. + 159 + 200 + \frac{345}{2}\right) \times 0.002$$
$$= 3.4$$

層内の流体の空塔速度 u は式 (5.111) より，

$$u = \frac{v}{S} = \frac{v}{\pi D^2/4} = \frac{50/3600}{3.14 \times 0.25^2/4} = 0.28\,\mathrm{m/s}$$

である．したがって，H_{OF} は，

$$H_{OF} = \frac{u}{K_F \cdot a} = \frac{0.28}{5.6} = 0.050\,\mathrm{m}$$

となる．吸着帯の幅 Z_a は式 (5.122) より，

$$Z_a = H_{OF} N_{OF} = 0.050 \times 3.4 = 0.17\,\mathrm{m}$$

仮想的破過時間 t_0 は式 (5.113) より，

$$t_0 = \frac{\gamma q_0 Z}{u C_0} = \frac{450 \times 0.20 \times 1.2}{0.28 \times 0.020} = 1.9 \times 10^4\,\mathrm{s}$$

である．以上より，破過時間 t_B は式 (5.116) より，

$$t_B = t_0\left(1 - \frac{Z_a}{2Z}\right) = 1.9 \times 10^4 \times \left(1 - \frac{0.17}{2 \times 1.2}\right)$$
$$= 1.8 \times 10^4\,\mathrm{s} = 5.0\,\mathrm{h}$$

となる．

5.15 式 (5.126) より，水蒸気分圧 p は，

$$p = \frac{\phi p_S}{100} = \frac{60 \times 10.5}{100} = 6.3\,\mathrm{kPa}$$

である．式 (5.124) より，絶対湿度は，

$$H = \frac{18}{29} \cdot \frac{p}{P_t - p} = \frac{18}{29} \times \frac{6.3}{101.3 - 6.3}$$
$$= 0.041\,\mathrm{kg/kg\text{-}DA}$$

となり，式 (5.127) より，湿り比熱は，

$$C_H = 1.00 + 1.88 H = 1.00 + 1.88 \times 0.041$$
$$= 1.08\,\mathrm{kJ/kg\text{-}DA}$$

となり，式 (5.128) より，湿り比容は，

$$v_H = 1000\left(\frac{1}{29} + \frac{H}{18}\right)\frac{RT}{P_t}$$
$$= 1000 \times \left(\frac{1}{29} + \frac{0.041}{18}\right)\frac{8.31 \times 320}{101.3 \times 10^3}$$
$$= 0.96\,\mathrm{m^3/kg\text{-}DA}$$

となる．したがって，この湿り空気 $5.0\,\mathrm{m^3}$ を $380\,\mathrm{K}$ まで加熱するのに必要な熱量 Q は，

$$Q = \frac{V}{v_H} C_H \Delta T = \frac{5.0}{0.96} \times 1.08 \times (380 - 320) = 340\,\mathrm{kJ}$$

である．

5.16 解図 6 の点 $A(T_1, H_1)$ の空気を冷却すると，点 B の温度 $315\,\mathrm{K}$ で水蒸気の凝縮が始まって減湿が行われ，点 C に達したところで湿度が $0.025\,\mathrm{kg/kg\text{-}DA}$ になる．このときの温度は，図より $302\,\mathrm{K}$ である．

5.17 式 (5.138) より，

$$w_w = \frac{w}{1 + w} = \frac{0.25}{1 + 0.25} = 0.20\,\mathrm{kg/kg\text{-}WS}$$

となる．

乾き材料の質量 W_0 は，式 (5.136) を変形して，

$$W_0 = \frac{W}{1 + w} = \frac{80}{1 + 0.25} = 64\,\mathrm{kg}$$

である．したがって，乾燥後の含水率は，

$$w = \frac{75 - 64}{64} = 0.17\,\mathrm{kg/kg\text{-}DS}$$

となる．

5.18 減率乾燥速度が含水率に対して直線的に減少するので，減率乾燥時間 t_d は式 (5.144) で表せる．これを変

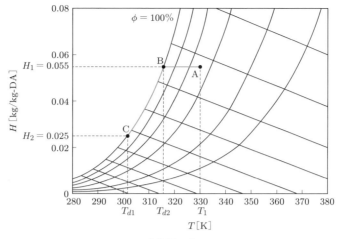

●解図6●

形して,

$$w_2 = \frac{w_c - w_e}{\exp\left\{\dfrac{R_c A t_d}{W_0(w_c - w_e)}\right\}} + w_e$$

$$= \frac{0.26 - 0.08}{\exp\left\{\dfrac{3.0 \times 10^{-3} \times 1.5 \times 3600}{60 \times (0.26 - 0.08)}\right\}} + 0.08$$

$$= 0.12\,\text{kg/kg-DA}$$

が得られる.

演習問題6

6.1 まず,質量基準から個数基準への変換を行う.

区間代表の粒子径 x_i である粒子区間 i での粒子個数を n_i,その n_i 個の粒子全重量を m_i とする.n_i と m_i の関係は,次式で表される.

$$m_i = \frac{\pi x_i^3}{6} \rho n_i$$

$$n_i = \frac{6 m_i}{\pi \rho x_i^3}$$

したがって,区間 i における個数基準の割合 $N_i(x_i)$ は,次式で表される.

$$N_i(x_i) = \frac{n_i}{\sum_i n_i} = \frac{6 m_i / (\pi \rho x_i^3)}{\sum_i 6 m_i / (\pi \rho x_i^3)}$$

$$= \frac{(m_i / x_i^3)}{\sum_i (m_i / x_i^3)}$$

つぎに,解表5の作成手順を以下に示す.目開きごとに m_i / x_i^3 を計算し,その合計を求める.続いて個数割合 $N_i(x_i)$ を各目開きにおいて計算する.この結果より,個数頻度,ふるい下積算粒子割合を求める.解表5の計算結果を図にすると,解図7となる.モード径は個数頻度の分布の最頻値であるので,0.053 mm となる.メジアン径はふるい下積算粒子割合の分布曲線の 50% のところの粒子径をグラフから読みとり,0.11 mm を得る.

■解表5■　個数頻度分布とふるい下積算粒子割合の算出

ふるい [メッシュ]	目開き (粒子径) [mm]	代表粒子径 x_i[mm]	質量 m_i[g]	質量 代表粒子径^3 m_i/x_i^3 [g/mm³]	個数割合 $N_i(x_i)$[%]	個数頻度 [%/mm]	ふるい下積 算粒子割合 [wt%]
30	0.84		0				100
		0.67		16.6	0.064	0.19	
32	0.50		5				99.6
		0.43		126	0.490	3.27	
42	0.35		10				99.1
		0.30		926	3.60	36.0	
60	0.25		25				95.5
		0.21		3.78×10^3	14.7	201	
80	0.177		35				80.8
		0.163		3.46×10^3	13.5	482	
100	0.149		15				67.3
		0.127		3.91×10^3	15.2	345	
150	0.105		8				52.1
		0.053		1.34×10^4	52.1	496	
底ぶた	0		2				0
合計			100	2.57×10^4			

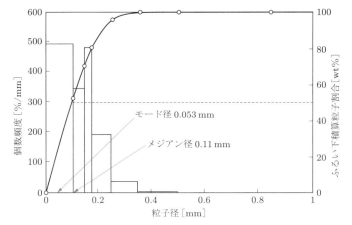

●解図7● ヒストグラムとふるい下分布曲線（通過率曲線）

●解図8●

(1) 0.053 mm　(2) 0.11 mm

6.2 解図8に示すように，半分に割れた粒子の直径が $D = 2$ とすると，半分に割れた粒子の体積 V_p，半分に割れた粒子の表面積 S_p，等体積球相当径 d_p は，それぞれつぎのようになる．

$$V_p = \frac{1}{2} \times \frac{4}{3}\pi \times \left(\frac{D}{2}\right)^3 = \frac{2\pi}{3}$$

$$S_p = \frac{\pi}{4} \times D^2 + 4\pi\left(\frac{D}{2}\right)^2 \times \frac{1}{2} = 3\pi$$

$$d_p = \left(\frac{6V_p}{\pi}\right)^{1/3} = 4^{1/3}$$

求める表面積形状係数 ϕ_s，体積形状係数 ϕ_v，比表面積形状係数 ϕ，カルマンの形状係数 ϕ_c，球形度は，表 6.4 よりつぎのように得られる．

$$\phi_s = \frac{S_p}{d_p{}^2} = \frac{3\pi}{(4^{1/3})^2} = 3.7$$

$$\phi_v = \frac{V_P}{d_p{}^3} = \frac{2\pi/3}{(4^{1/3})^3} = 0.52$$

$$\phi = \frac{\phi_s}{\phi_v} = \frac{3.74}{0.523} = 7.2$$

$$\phi_c = \frac{6}{\phi} = \frac{6}{7.15} = 0.84$$

$$\text{球形度} = 4\pi\frac{(d_p/2)^2}{S_p} = \frac{4\pi\,(4^{1/3}/2)^2}{3\pi} = 0.84$$

6.3 人の形を解図9のようなものとして考える．
人が球形の場合：表 6.5 に示すアルキメデス数 Ar を求めると

$$Ar = 0.5^3 \times 1.2 \times (1000-1.2) \times \frac{9.8}{(1.8 \times 10^{-5})^2}$$

$$= 453 \times 10^{10}$$

●解図9●

であるので，終末速度 u_t を求める式は，式 (6.11) となる．したがって，

$$u_t = \left\{3 \times 9.8 \times (1000-1.2) \times \frac{0.5}{1.2}\right\}^{1/2}$$

$$= 110\,\text{m/s}$$

が得られる．

人が円柱の場合：$C_D = 0.44$，$A = 0.2 \times 1.7\,\text{m}^2$ を式 (6.8) に代入すると，

$$0 = (\pi D^2/4 \times L)\rho_p g + (\pi D^2/4 \times L)\rho_f g$$
$$- 0.44 \times (0.2 \times 1.7) \times 1.2 \times u_t{}^2/2$$

となる．したがって，$u_t = 76\,\text{m/s}$ が得られる．

6.4 題意より，図 6.16 において流動層層内圧力損失 ΔP とエルガンの式による固定層の圧力損失 ΔP が等しくなるように，式を立てればよい．したがって，次式が得られる．

$$(\rho_p - \rho_f)(1-\varepsilon)\,gL$$
$$= \frac{1-\varepsilon}{\phi d_p \varepsilon^3} \cdot \left\{\frac{150(1-\varepsilon)\mu u_0}{\phi d_p} + 1.75\rho_f\,u_0{}^2\right\} \cdot L$$

この式に $\phi = 1$，$\varepsilon = 0.4$ など，与えられた値を代入すると，

$$u_0{}^2 + 4.538u_0 - 0.1268 = 0$$

が得られ，$u_0 = u_{mf} = 0.028\,\text{m/s}$ となる．

参 | 考 | 文 | 献

■第1章
1) 酒井清隆（編）：化学工学, 朝倉書店（2006）
2) 小宮山宏, 化学工学会（監）：反応工学, 培風館（2002）

■第2章
1) 橋本健治, 荻野文丸（編）：現代化学工学, 産業図書（2001）

■第3章
1) 日本機械学会（編）：伝熱工学, 丸善（2005）
2) 相良紘：よくわかる化学工学計算の基礎, 日刊工業新聞社（2009）

■第4章
1) 橋本健治：反応工学改訂版, 培風館（1993）
2) 草壁克己, 増田隆夫：反応工学, 三共出版（2010）

■第5章
1) 竹内雍, 松岡正邦, 越智健二, 茅原一之：解説化学工学 改訂版, 培風館（2001）
2) 小島和夫, 越智健二, 本郷尤, 加藤昌弘, 鈴木功, 栃木勝己：入門化学工学 改訂版, 培風館（1996）
3) 橋本健治, 荻野文丸（編）：現代化学工学, 産業図書（2001）
4) 水科篤郎, 桐栄良三（編）：化学工学概論, 産業図書（1983）

■第6章
1) 鞭巌, 森滋勝, 堀尾正靱：流動層の反応工学, 培風館（1984）
2) 化学工学会（編）：流動層反応装置, 化学工業社（1987）
3) 橋本健治：ベーシック化学工学, 化学同人（2006）
4) 日高重助, 神谷秀博：基礎粉体工学, 日刊工業新聞社（2017）

第1章
第2章
第3章
第4章
第5章
第6章
付録・付表
演習問題解答
参考文献・さくいん

さくいん

第1章

第2章

第3章

第4章

第5章

第6章

付録・付表

演習問題解答

参考文献・さくいん

著 者 略 歴

石井宏幸（いしい・ひろゆき）
　1991 年　東京農工大学大学院工学研究科物質生物工学専攻博士後期課程修了
　現　在　北九州工業高等専門学校生産デザイン工学科教授
　　　　　博士（工学）

成瀬一郎（なるせ・いちろう）
　1989 年　名古屋大学大学院工学研究科博士後期課程修了
　現　在　名古屋大学未来材料・システム研究所教授
　　　　　工学博士

衣笠　巧（きぬがさ・たくみ）
　1987 年　名古屋大学工学部化学工学科卒業
　現　在　新居浜工業高等専門学校生物応用化学科教授
　　　　　博士（工学）

金澤亮一（かなざわ・りょういち）
　2004 年　広島大学大学院工学研究科物質化学システム専攻博士後期課程修了
　現　在　都城工業高等専門学校物質工学科准教授
　　　　　博士（工学）

編集担当　富井　晃・太田陽喬（森北出版）
編集責任　藤原祐介（森北出版）
組　　版　創栄図書印刷
印　　刷　同
製　　本　同

物質工学入門シリーズ　　　　　　　　　　　　© 石井宏幸・成瀬一郎・
基礎からわかる化学工学　　　　　　　　　　　　衣笠　巧・金澤亮一　*2020*

2020 年 4 月 13 日　第 1 版第 1 刷発行　　　　【本書の無断転載を禁ず】

著　　者　石井宏幸・成瀬一郎・衣笠　巧・金澤亮一
発 行 者　森北博巳
発 行 所　森北出版株式会社
　　　　　東京都千代田区富士見 1-4-11（〒102-0071）
　　　　　電話 03-3265-8341／FAX 03-3264-8709
　　　　　https://www.morikita.co.jp/
　　　　　日本書籍出版協会・自然科学書協会　会員
　　　　　JCOPY ＜（一社）出版者著作権管理機構 委託出版物＞

落丁・乱丁本はお取替えいたします.

Printed in Japan／ISBN978-4-627-24601-0